WILHELM LAMPETER

ZWALCZANIE CHWASTÓW W PRODUKCJI NASIENNEJ

Wilhelm Lampeter

ZWALCZANIE CHWASTÓW W PRODUKCJI NASIENNEJ

Przewodnik do rozpoznawania najczęściej występujących obcych gatunków i najważniejszych chwastów nasiennych oraz wskazówki do ich zwalczania

---

PAŃSTWOWE WYDAWNICTWO ROLNICZE I LEŚNE • WARSZAWA 1967

Tytuł oryginału:

UNKRÄUTER IN DER SAATGUTERZEUGUNG

Anteilung zum Erkennen sowie Hinweise zur Beurteilung und Bekämpfung der häufigsten Fremdarten und der wichtigsten Samenunkräuter

von Dr habil. WILHELM LAMPETER
AKADEMIE VERLAG, BERLIN 1962

Przełożyli z niemieckiego
doc. dr ROMAN MORACZEWSKI i inż. ALEKSANDER FREIMAN

Dr OTTO WEHSARGOWI

pionierowi badań naukowych nad zwalczaniem chwastów w Niemczech

poświęcam

SPIS TREŚCI

PRZEDMOWA DO WYDANIA POLSKIEGO

Z niemałą satysfakcją przyjąłem propozycję dokonania przekładu książki W. Lampetera — „Zwalczanie chwastów w produkcji nasiennej". Napisanie tej książki zostało podyktowane troską o podniesienie kultury rolnej w zakresie prowadzenia walki z chwastami w tak ważnej dla rolnictwa dziedzinie, jaką jest produkcja nasienna.

Prof. dr habil. Wilhelm Lampeter, dyrektor Instytutu Użytków Zielonych i Uprawy Pastewnych Roślin Polowych Uniwersytetu im. Karola Marksa w Lipsku, jest wybitnym znawcą biologii roślin pastewnych oraz eksperymentatorem w zakresie prowadzenia plantacji nasiennych różnych roślin pastewnych. Jego dążenie do uzyskania największych plonów nasion skłoniło Go do napisania tej książki, opartej na wieloletnich doświadczeniach własnych, prowadzonych w Instytucie Użytków Zielonych i Badań Torfowisk w Paulinenaue. Książka ta zapoznaje czytelnika z istniejącą bogatą literaturą światową w tym zakresie oraz uwzględnia nie tylko tradycyjne metody walki z chwastami, ale obszernie omawia także nowsze osiągnięcia w zakresie rozsądnego stosowania chemicznych środków do zwalczania chwastów i roślin obcych na plantacjach nasiennych, nie pomijając także samej techniki młocki i czyszczenia nasion. Zawiera ona również nadzwyczaj trafne zestawienia cech rozpoznawczych i porównawczych roślin obcych i chwastów występujących na plantacjach nasiennych oraz starannie wykonane rysunki czarno-białe, jak też tablice barwne. To metodyczne i graficzne opracowanie książki podnosi dodatkowo jej walory dydaktyczne jako podręcznika i przewodnika dla szerokiej rzeszy agronomów i instruktorów nasiennictwa oraz kierowników gospodarstw nasiennych, pracujących bezpośrednio w produkcji nasiennej, a także całej służby doradczej w zakresie ochrony roślin. Może ona również stanowić cenną lekturę dla studentów wydziałów rolniczych oraz pomoc dla łąkarzy pracujących w terenie.

W dobie walki o wysoką jakość produkcji nasiennej ukazanie się tej książki w przekładzie polskim należy uznać za rzecz godną najwyższego uznania, a czytelnikom życzyć najszerszego wykorzystania jej treści.

Warszawa, styczeń 1966

doc. dr Roman Moraczewski

PRZEDMOWA AUTORA

W czasie szkolenia kwalifikatorów, producentów nasion, a także studentów, często zwracano się do mnie z prośbą o opracowanie kolorowych tablic chwastów występujących na plantacjach nasiennych, a rozmnażających się przez nasiona, oraz o podanie przy tym opisu tych chwastów, ich występowania oraz sposobów zwalczania. Życzeniu temu, wprawdzie z lekkim wahaniem, postanowiłem zadośćuczynić. Zdecydowałem się na to, pomimo ukazania się już wielu nowych książek, omawiających chwasty polowe i ich zwalczanie.

Na pewno nawet wykwalifikowanemu rolnikowi nie jest łatwo rozpoznawać rośliny na podstawie czarno-białych rysunków, a z pewnością duże trudności sprawia mu także wyobrażenie sobie naturalnej wielkości roślin podanych na rysunkach w niejednolitej skali. W tej książce podjąłem próbę wyeliminowania tych trudności. Podobne rośliny, o ile było to możliwe, zostały przedstawione na jednej tablicy, wszystkie w jednakowym zmniejszeniu, a najważniejsze części roślin, na przykład nasiona, narysowano na milimetrowej siatce (5×5 mm), dzięki czemu nawet przy niejednakowym powiększeniu tych części można od razu poznać ich naturalną wielkość.

Jeżeli udało mi się w pewnym stopniu ułatwić rolnikom i uczącej się młodzieży wiejskiej rozpoznawanie najważniejszych chwastów nasiennych oraz wyjść naprzeciw dążeniom zmierzającym do podniesienia plonów nasion, które obecnie zawierają duże domieszki nasion chwastów, to opracowanie tej książki jest całkowicie usprawiedliwione, a cel jej osiągnięty.

Tablice 8 i 13 wykonała z natury dyplomowana kreślarka p. Christine Hessel, a wszystkie pozostałe — dyplomowana kreślarka p. Ute Herrmann. Obu paniom chciałbym na tym miejscu jeszcze raz podziękować.

Przy wyborze chwastów i roślin uprawnych kierowałem się jedynie znaczeniem poszczególnych gatunków, występujących jako chwasty lub jako obce gatunki uprawne na plantacjach nasiennych i w zasiewach roślin pastewnych. Nie uwzględniłem więc chwastów nasiennych zasadniczo nie występujących w materiałach siewnych lub całkowicie dających się oddzielać w procesie czyszczenia nasion, nawet takich, jak żółtlica drobnokwiatowa (*Galinsoga parviflora* Cav.), rozmaite gatunki rodzajów *Sonchus, Cirsium* i *Carduus* oraz wiele innych, które z powodu masowego występowania w uprawach polowych zasługują na szczególną uwagę przy zwalczaniu chwastów.

Ażeby nie utrudniać rolnikom-praktykom korzystania z tej książki, całkowicie pominąłem omawianie literatury. Wykaz literatury chwastów znajduje się w załączniku. Dane dotyczące zwalczania poszczególnych chwastów czerpałem z prac Rademachera (96), Linsera i Frohnera (71), Grossmanna (28), Rademachera i Flocka (99), Schmidta (106) oraz z podstawowych prac Wehsarga (124), Petersena (87) i Korsmo (56); wykorzystałem również wyniki badań własnych i przemysłu chemicznego.

Jako uzupełnienie wiadomości o samych chwastach i roślinach stanowiących domieszki obcouprawne wydawało mi się konieczne i celowe, chociaż powszechnie nie przyjęte, omówienie uszkodzeń i strat materiału siewnego powstających w czasie młocki i czyszczenia. Opracowanie poświęcone temu tematowi było potrzebne, ponieważ w czasie młócenia traw i bukowania koniczyn powstają znaczne straty, których można uniknąć; postanowiłem więc skorzystać z okazji i udowodnić producentom nasion, że szkody te mogą być mniejsze. Niektóre tabele włączono, aby podać studiującej młodzieży wiadomości brakujące w innych książkach.

We wszystkich państwach świata chwasty corocznie zmniejszają wartość zbieranych plonów o wiele miliardów marek niemieckich. Trudno ocenić również nakłady pracy poświęcanej co roku zwalczaniu chwastów oraz koszty środków chemicznych corocznie stosowanych. Tylko dokładna znajomość poszczególnych gatunków chwastów, ich biologii i wymagań pozwoli na skuteczne ich zwalczanie oraz zapewni uzyskiwanie odpowiednich efektów w produkcji roślinnej, zwłaszcza w produkcji nasiennej przy niewielkich nakładach; pragnąłbym, aby do tego mogła dopomóc niniejsza książka.

W tym miejscu chciałbym złożyć specjalne podziękowanie Zjednoczeniu Państwowych Gospodarstw Nasiennych i jego naczelnemu dyrektorowi Panu G. Koehlerowi za pomoc finansową udzieloną na wydanie tej książki, co umożliwiło wydanie jej w pięknej formie po stosunkowo niskiej cenie.

Autor

Paulinenaue, wiosna 1961

WSTĘP

Plantacje nasienne powinny być wolne od chwastów i roślin obcych gatunków uprawnych. Cel ten stara się osiągnąć każdy producent nasion, ponieważ wie, że chwasty są niebezpiecznymi konkurentami roślin uprawnych i tylko na tych polach można osiągać najwyższe plony nasion. Liczne chwasty odznaczają się dużą agresywnością w walce o miejsce na polu, wskutek czego wypierają, lub nawet zagłuszają rośliny uprawne; wiele z nich ze względu na zdolność bardzo intensywnego przyswajania składników pokarmowych z gleby oceniane jest jako oczywiste szkodniki; o niektórych wiadomo nawet, że wydzielają specyficzne substancje hamujące wzrost roślin uprawnych. Wiele chwastów spełnia rolę pośrednich żywicieli szkodliwych owadów lub przenosicieli chorób roślin, utrudniając zwalczanie tych wrogów roślin uprawnych.

Chwasty na plantacjach nasiennych są niebezpieczne nie tylko dlatego, że bezpośrednio zmniejszają plony nasion, ale również dlatego, że ich nasion nie można bez strat lub w ogóle usunąć z materiału siewnego roślin uprawnych. Jeżeli nasiona takie wraz z materiałem siewnym dostaną się do gleby, mogą bardzo silnie pogorszyć jakość i zmniejszyć ilość plonu rośliny uprawnej. Fakty te znane są każdemu rolnikowi i już od tysięcy lat, odkąd człowiek uprawia rolę próbuje on stworzyć roślinom uprawnym możliwie jak najlepsze warunki wzrostu i rozwoju oraz dostatecznie wcześnie niszczyć chwasty i gatunki obce, będące konkurentami roślin uprawnych.

W walce tej, w każdym roku na nowo podejmowanej, nigdy nie udaje się rolnikowi uzyskać pola absolutnie wolnego od chwastów. Romantyczny przyjaciel przyrody nie potrzebuje przeto obawiać się, że w przyszłości krajobraz stanie się monotonny, jeżeli będzie coraz mniej łanów zbóż z kąkolem, chabrem lub makiem. W większości chwasty nie są tak dekoracyjne, jak mak i chaber, ale od nich bardziej szkodliwe. W miarę zwalczania chwastów zapewne zmieni się obraz naszych pól, łąk i pastwisk, ale mimo to pozostanie nadal bardzo różnorodny.

Niektóre gatunki chwastów, jak żółtlica wielokwiatowa, komosa biała, szarłat szorstki, ostrożeń itp., jeżeli nie będą skutecznie zwalczane, mogą występować masowo i łanom roślin uprawnych nadawać wygląd ruderalny.

Rolnik powinien umieć rozpoznać chwasty występujące na jego polu i znać dokładnie możliwości ich zwalczania, aby w razie potrzeby zastosować środki najskuteczniejsze. Dla producentów materiałów siewnych jest to szczególnie ważne. Ich powinny interesować zwłaszcza te chwasty, których nasiona mogą zanieczyszczać produkowany materiał siewny. Nasiona takich chwastów przyczyniają się do powstawania dużych strat materiałów siewnych w czasie ich czyszczenia, zwłaszcza wtedy, gdy już zebrany i przygotowany materiał siewny musi być zdyskwalifikowany z powodu zbyt dużej zawartości nasion chwastów. Oprócz tego taki materiał siewny przyczynia się do wielkich strat ponoszonych przez późniejszych jego użytkowników, z powodu obniżania plonów roślin uprawnych. Dlatego pierwsza część tej książki poświęcona jest rozpoznawaniu, ocenie i zwalczaniu poszczególnych gatunków, które jako chwasty lub rośliny obcouprawne mają większe znaczenie w produkcji nasiennej.

Obecnie oprócz prac pielęgnacyjnych wykonywanych ręcznie, coraz większe znaczenie w produkcji nasiennej będzie miało stosowanie na dużych powierzchniach chemicznych środków chwastobójczych. Ostatnio przeprowadzono wiele badań dotyczących działania środków chemicznych na różne rośliny uprawne i gatunki chwastów. Opublikowanie wyników tych prac dla plantatorów nasion i instruktorów nasiennictwa ma szczególnie duże znaczenie. Na ogół nie mają oni możliwości bezpośredniego zapoznania się ze wszystkimi tymi pracami, lub nawet z ich częścią. Dlatego przy opisie poszczególnych gatunków chwastów podano wskazówki dotyczące działania rozmaitych herbicydów na dany gatunek, a w specjalnym załączniku podano ogólne wiadomości dotyczące chemicznego zwalczania chwastów. Wiadomości te nie zostały włączone do książki, ponieważ z powodu burzliwego rozwoju badań i produkcji nowych środków chemicznych do walki z chwastami rozdział taki w krótkim czasie stałby się przestarzały. Treść zaś załącznika we wszystkich kolejnych wydaniach tej książki może być dostosowywana zawsze do aktualnego stanu.

Proces składający się na produkcję nasion bynajmniej nie kończy się w chwili sprzętu rośliny nasiennej z pola; należy bowiem do niego także omłot i przygotowanie materiału siewnego. Przygotowanie materiału siewnego roślin pastewnych oraz specjalnych jest często bardzo skomplikowane i dlatego zwykle jest przeprowadzane na zlecenie producenta w specjalnych zakładach. Z tego też powodu przygotowywanie materiału siewnego zostało opisane w oddzielnej pracy [1]. Duże straty mogą powstawać przy młóceniu traw i koniczyn, jak również przy bukowaniu koniczyn. Ponieważ tego rodzaju prace wstępne w procesie przygotowywania materiału siewnego do siewu należą zawsze, lub prawie zawsze, do gospodarstw nasiennych, przeto zagadnieniom tym poświęciłem w tej książce oddzielny rozdział.

[1] W. Lampeter: Die Saatgutaufbereitung, Deutscher Bauernverlag, Berlin, 1957.

I. OBJAŚNIENIE WAŻNIEJSZYCH POJĘĆ BOTANICZNYCH

W celu dokładnego scharakteryzowania gatunku rośliny konieczne jest posługiwanie się ustalonymi terminami botanicznymi. Rolnicy, dla których książka ta jest przeznaczona, najczęściej nie są biegli w tej dziedzinie, dlatego na wstępie zostaną omówione najważniejsze pojęcia botaniczne.

1. Liście

Liście stanowią charakterystyczną cechę taksonomiczną każdej rośliny. Niejednokrotnie już na ich podstawie można rozpoznać roślinę; one to właśnie najczęściej umożliwiają rozpoznawanie i oznaczanie roślin w stanie bezkwiatowym. Liście traw na pozór nie wykazują niemal żadnych różnic; odznaczają się jednak szczególnymi cechami, na podstawie których z całą pewnością można określać gatunki traw w stanie bezkwiatowym. Najpierw zostaną scharakteryzowane liście roślin dwuliściennych (*Dicotyledoneae*), do których, z wyjątkiem traw, należą wszystkie opisane tu chwasty.

a. Liście roślin dwuliściennych

Liście różnią się przede wszystkim kształtem. Podłużne liście o brzegach równoległych nazywamy liśćmi równowąskimi (rys. 1), zwężające się zaś ku wierzchołkowi i podstawie — liśćmi lancetowatymi (rys. 2). Łopatkowaty (rys. 3) jest liść rozszerzający się od podstawy ku wierzchołkowi, o wierzchołku bardziej lub mniej tępo uciętym. Podłużny liść rozszerzony znacznie w dolnej połowie jest liściem jajowatym (rys. 4), wykazujący zaś znaczną szerokość w górnej połowie — liściem odwrotnie jajowatym (rys. 5). Jeśli podłużny liść jest najszerszy mniej więcej w połowie blaszki

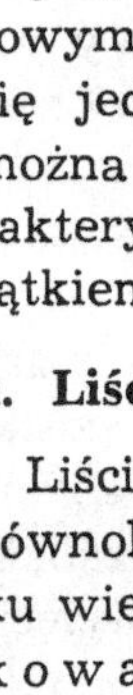

Rys. 1

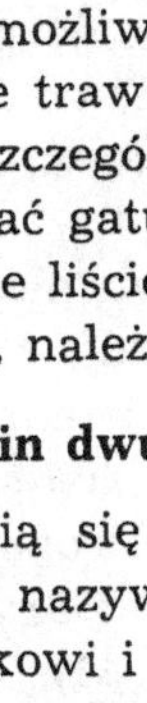

Rys. 2

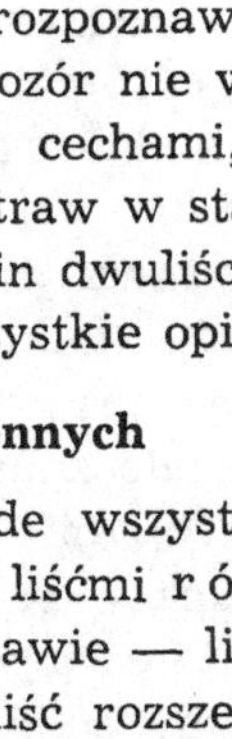

Rys. 3

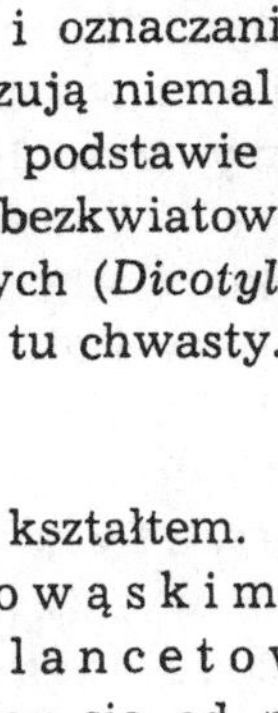

Rys. 4

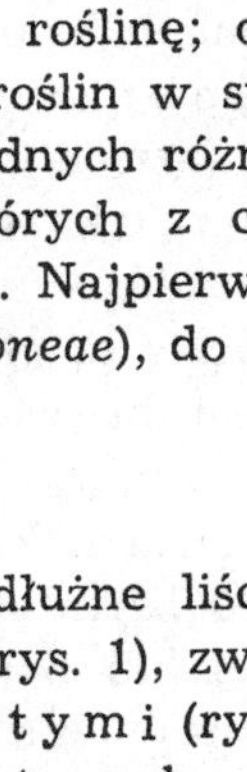

Rys. 5

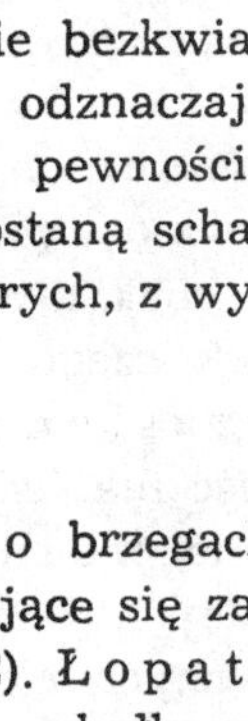

Rys. 6

i zwęża się prawie równomiernie ku obydwu końcom jednakowej długości mówimy wtedy o liściu *eliptycznym* (rys. 6). Liść o blaszce liściowej mniej więcej okrągłej nazywamy *kolistym* (rys. 7), a jeśli przy ogonku blaszka jest wycięta — *nerkowatym* (rys. 8). Nerkowaty liść może być spiczasto zakończony i wtedy określany jest jako *sercowaty* (rys. 9). Podłużny liść z dwoma w dół skierowanymi bocznymi końcami blaszki nazywamy

Rys. 7

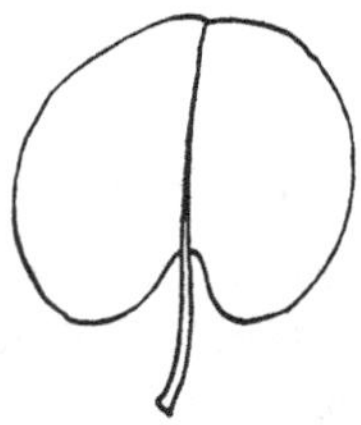
Rys. 8

Rys. 9

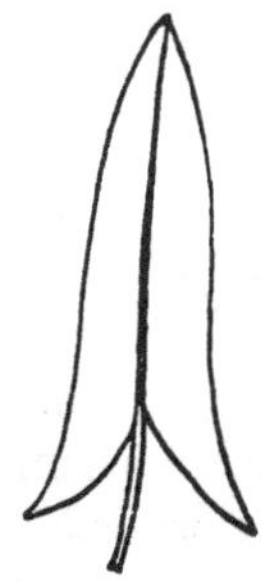
Rys. 10

Rys. 11

liściem *strzałkowatym* (rys. 10). Gdy końce te są poziomo odgięte, liść jest *oszczepowaty* (rys. 11).

Ukształtowanie brzegu blaszki liściowej jest także cechą rozpoznawczą. Liść może być *całobrzegi* (rys. 12), *piłkowany* (rys. 13), *podwójnie piłkowany* (rys. 14), *ząbkowany* (rys. 15), *haczystodzielny* lub *wstecznie ząbkowany* (rys. 16), *karbowany* (rys. 17) albo *zatokowy* (rys. 18).

Niekiedy wcięcia są głębokie, dochodzące prawie do nerwu głównego, wskutek czego dzielą blaszkę liściową na odcinki (łatki); wtedy liść jest *pierzastodzielny* (rys. 19). Łatki mogą być przy tym niejednakowe; jeżeli liść ma jedną dużą łatkę szczytową, a pozostałe zmniejszające się ku podstawie, mówimy o liściu *lirowatym* (rys. 20). Liść współśrodkowo wcinany mający 5 mniej lub bardziej wyraźnych łatek o brzegach podwójnie ząbkowanych określamy jako liść *dłoniastosieczny* (rys. 21). Jeżeli wcięcia dochodzą do nasady blaszki liściowej, mówimy o liściu *dłoniastodzielnym* (rys. 22).

Rys. 12

Rys. 13

Rys. 14

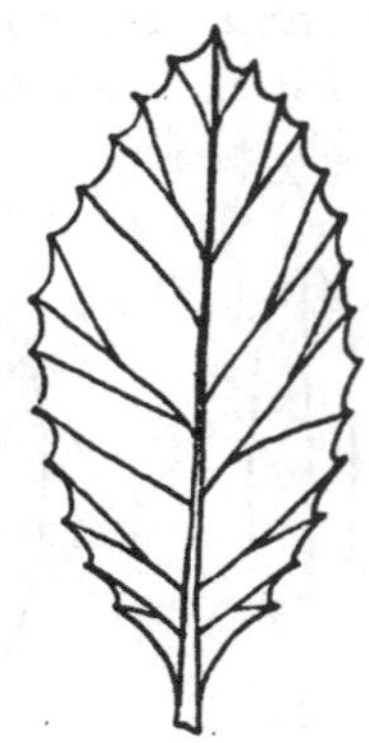
Rys. 15

Blaszka liściowa może być także całkowicie podzielona pierzasto na szereg listków (odcinków). Kształt łatek liścia pierzastego nie odgrywa żadnej roli. Łatki mogą być szczeciniastoigiełkowate lub prawie równowąskie (np. u krwawnika lub rumianu) albo spłaszczone, tworzące kształtne listki (np. u wyki, grochu). Niebotanik skłonny jest traktować listek jako liść. Błędu tego można uniknąć, gdy się uprzytomni sobie, że liść pierzasty powstał w wyniku redukcji większej części blaszki liściowej. Wąsy czepne występujące na wierzchołkach liści wyki są także częściami liści i stanowią zredukowane listki.

Liść pierzasty może być zakończony listkiem; mówimy wtedy o liściu nieparzystopierzastym (rys. 23). Liściem parzystopierzastym (rys. 24) nazywamy taki, który nie ma szczytowego listka i po obu stronach

Rys. 16

Rys. 17

Rys. 18

Rys. 19

Rys. 20

jego głównego nerwu występuje jednakowa liczba listków (rys. 24); jest on najczęściej zakończony wąsem. Jeżeli listki są niejednakowej wielkości, przy czym między normalnymi listkami występują jeszcze listki mniejsze, mówimy o liściu przerywanopierzastym (rys. 25). Kształt listków w liściu pierzastym, ich ustawienie i liczba są charakterystyczne dla każdego gatunku i mają duże znaczenie, np. przy rozpoznawaniu gatunków wyk.

Odcinki liścia pierzastego roślin baldaszkowatych są często podzielone pierzasto; mówimy wtedy o liściach podwójnie pierzastych (rys. 26). Odcinki (listki) I rzędu odchodzą od głównego nerwu liścia, natomiast II rzędu — od nerwów głównych odcinków I rzędu. Odcinki II rzędu mogą być jeszcze podzielone i wtedy liście są potrójnie pierzaste (rys. 26).

U koniczynowatych roślin pastewnych występuje typowy trójdzielny (trójlistkowy) liść (rys. 27). Niektóre rośliny baldaszkowate i jaskrowate mają liście *podwójnie trójdzielne* (rys. 28).

W liściu można na ogół rozróżnić blaszkę liściową, ogonek liściowy i przylistki. *Przylistki* (rys. 29) mogą być bardzo zredukowane albo wcale nie występować. Znajdują się one u nasady ogonka liściowego i są najczęściej

Rys. 21

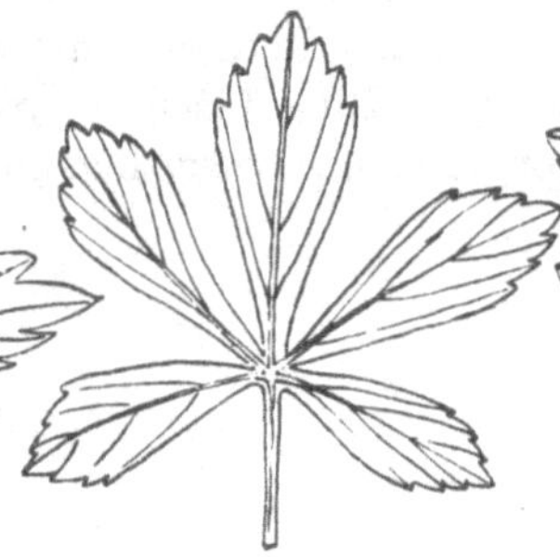

Rys. 22

Rys. 23

Rys. 24

z nim i z łodygą zrośnięte. Odgrywają one szczególną rolę przy rozpoznawaniu roślin koniczynowatych, gdyż ich kształt, barwa, owłosienie i unerwienie są typowe dla danego gatunku.

b. Liście roślin jednoliściennych

Spośród roślin jednoliściennych w Niemczech jedynie trawy mają znaczenie jako chwasty nasienne. Liście traw wyrastają z węzłów źdźbła (kolanka)

Rys. 25

Rys. 26

Rys. 27

Rys. 28

Rys. 29

i mogą się różnić budową pochwy i blaszki liściowej oraz języczka i uszek (rys. 30), co umożliwia rozpoznawanie tych roślin w stanie bezkwiatowym.

P o c h w a l i ś c i o w a może być o t w a r t a lub z a m k n i ę t a. Można o tym łatwo i szybko przekonać się, gdy zegniemy źdźbło w kierunku linii otwarcia pochwy: jeżeli pochwa liściowa jest zamknięta, wówczas się zmarszczy, jeśli zaś otwarta, brzegi się rozchylą.

Charakterystyczną cechą rozpoznawczą jest również j ę z y c z e k, a szczególnie jego długość. Języczek liściowy określa się jako d ł u g i, gdy jest dłuższy od jaśniej zabarwionej części podstawowej blaszki liściowej (czyli od szerokości podstawy blaszki liściowej), ś r e d n i o d ł u g i, kiedy jest jej równy, i k r ó t k i, gdy jest od niej krótszy. Długość języczka bywa niekiedy różna u tej samej rośliny. Młodsze liście mają najczęściej krótsze języczki niż liście starsze. Cechą rozpoznawczą jest także kształt języczka. Języczek może być tępo ucięty, zaostrzony, o brzegu w górnej części ząbkowanym, poszarpanym lub gładkim. U niektórych gatunków traw języczek jest zastąpiony wianuszkiem włosków, u innych oprócz języczka występują jeszcze włoski.

W miejscu przejścia blaszki liściowej w pochwę, po obydwu stronach podstawy blaszki, mogą jeszcze występować u s z k a (rys. 30), mniej lub bardziej obejmujące źdźbło. Kształt uszek, jak dalej się przekonamy, jest typowy dla każdego gatunku.

Także blaszki liściowe wykazują wiele cech charakterystycznych dla poszczególnych gatunków. Mogą one być płaskie lub szczeciniasto zwinięte, równowąskie na całej długości lub równomiernie zwężające się od podstawy ku szczytowi, bądź też w środku długości najszersze, a zwężające się ku obu końcom, tj. ku podstawie i wierzchołkowi. Strona górna (brzuszna) blaszki liściowej może być równolegle podłużnie unerwiona, a między nerwami mogą przebiegać wyżłobienia różnej szerokości i głębokości. Dolna (grzbietowa) strona liścia może być błyszcząca albo matowa, wygrzbiecona lub bez wyraźnego wygrzbiecenia. Brzeg blaszki może być wstecznie gładko lub szorstko ząbkowany. Najważniejszą cechą porównawczą jest p o ł o ż e n i e n a j m ł o d s z e g o l i ś c i a w p ą c z k u; może on być z w i n i ę t y (rys. 31) bądź z ł o ż o n y (rys. 32).

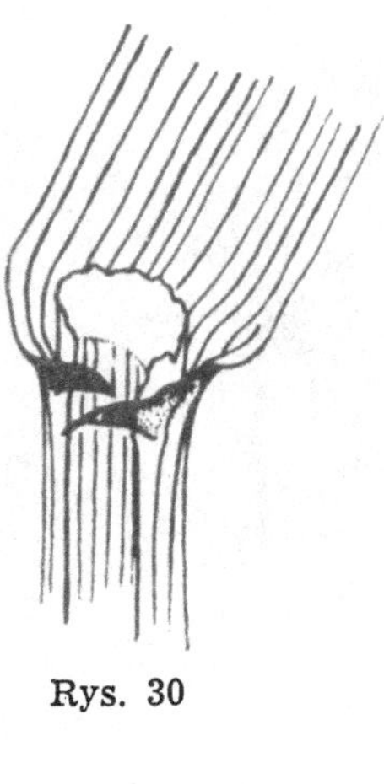

Rys. 30

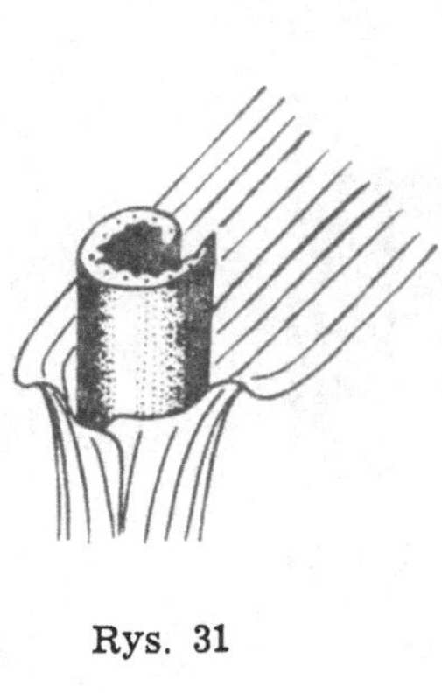

Rys. 31

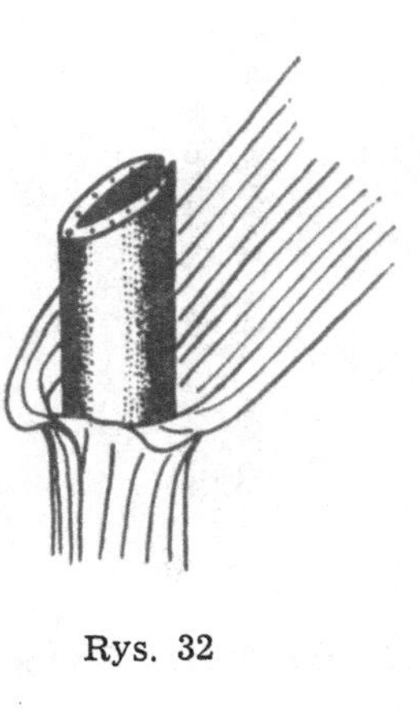

Rys. 32

2. Kwiatostan

Kwiaty mogą występować pojedynczo lub w większej liczbie w kątach liści bądź na szczycie pędu, albo też mogą być skupione w kwiatostany. W *kłosie* (rys. 33) kwiaty osadzone są na krótkich szypułkach (osadkach) lub bezpośrednio na osi kwiatostanowej. Kłosem nazywamy również taki kwiatostan, w którym bezpośrednio na głównej osi kwiatostanu są osadzone kłoski, jak

Rys. 33

Rys. 34

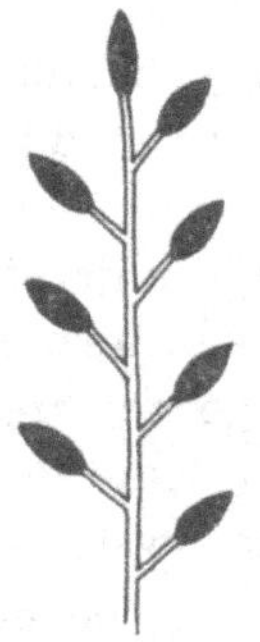

Rys. 35

Rys. 36

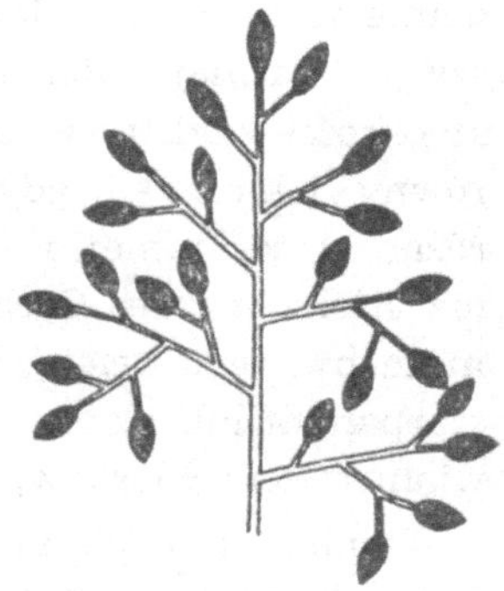

Rys. 37

np. u zbóż. Jeśli poszczególne bezosadkowe kłoski występują na osi kwiatostanu w pewnej odległości od siebie, jak np. u życic, mamy wówczas *kłos luźny* (rys. 34). Jeśli pojedyncze kwiaty lub kłoski są osadzone na dłuższych szypułkach (osadkach) bezpośrednio na głównej osi kwiatostanu, taki kwiatostan nazywamy *gronem*. U traw rozróżnia się *wiechę* (grono złożone) *pojedynczą* (rys. 35), *wiechę podwójną* (rys. 36) i *wiechę właściwą* (rys. 37). Jak widać na załączonych rysunkach, różnią się one tylko stopniem rozgałęzienia kwiatostanu. Wiecha pojedyncza ma rozgałęzienia tylko I rzędu, wiecha podwójna ma jeszcze rozgałęzienia II rzędu, a wiecha właściwa — także III rzędu. Gałązki boczne wiechy mogą być niekiedy bardzo skrócone, tak że kwiatostan swoim kształtem podobny jest do kłosa; mówimy wtedy o *kłosie pozornym pochodzenia groniastego* (rys. 38) i *kłosie pozornym pochodzenia wiechowatego* (rys. 39).

Rys. 38

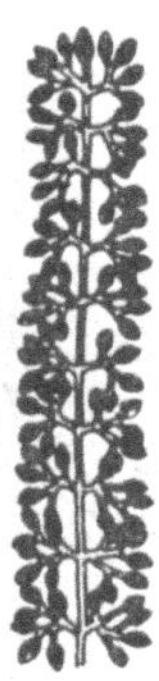

Rys. 39

Rys. 40

Rys. 33—35 według Petersena (1954).

B a l d a c h (rys. 40) jest powszechnie znanym typem kwiatostanu. Zazwyczaj składa się on z wielu baldaszków wyrastających na szypułkach tej samej długości z jednej wspólnej szypuły (baldach złożony). Listki występujące u podstawy baldacha zwą się p o k r y w ą, a u podstawy poszczególnych baldaszków baldacha złożonego lub pojedynczego — p o k r y w k ą.

U roślin złożonych (np. mniszka, złocienia, rumianku, słonecznika itp.) liczne kwiaty zebrane są w k o s z y c z k i na przedłużeniu osi pędu zakończonego szerokim dnem kwiatostanowym. Koszyczki są okryte wielolistną okrywą z przekształconych liści. Kwiaty w takich kwiatostanach są najczęściej zróżnicowane na kwiaty b r z e ż n e (języczkowate) i bardzo liczne wewnętrzne — r u r k o w a t e.

3. Kwiat

Z cech porównawczych i rozpoznawczych kwiatów interesuje rolników — w przeciwieństwie do botaników — tylko kształt oraz barwa kielicha i korony. W pracy tej usiłowano się trzymać tej zasady. Nie było to całkiem możliwe przy roślinach motylkowych i trawach, dlatego tutaj zostanie nieco szczegółowiej omówiona budowa ich kwiatu.

Korona kwiatu roślin motylkowych (rys. 41) składa się z ł ó d e c z k i, dwóch s k r z y d e ł e k i ż a g i e l k a. Na żagielku (rys. 42) możemy jeszcze rozróżnić paznokietek i blaszkę (płatkę), których długość jest cechą rozpoznawczą przy określaniu poszczególnych gatunków wyk.

Kwiaty traw (rys. 43), zwane k w i a t k a m i, składają się zasadniczo z żeńskich i męskich organów, okrytych plewkami, dolną i górną. Plewki okrywają później owoc-ziarniak (niesłusznie nazywany nagim nasieniem traw). Kwiatki zbóż i innych traw są zebrane w kłoski, najczęściej po dwa lub więcej (rys. 44); wyróżniamy przeto zależnie od gatunku trawy kłoski jedno-, dwu- lub wielokwiatkowe. Cechą charakterystyczną kłoska są plewy, które występują na zewnątrz kwiatu lub kwiatków. Długość i unerwienie plew służą niekiedy za cechy rozpoznawcze gatunków.

Rys. 41

Rys. 42

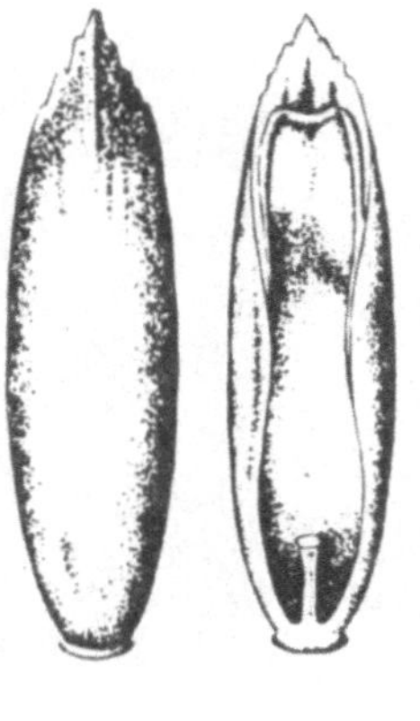

Rys. 43

Rys. 44

II. GATUNKI OBCE I CHWASTY

Życica wielokwiatowa (rajgras włoski)

— *Lolium multiflorum* Lam. (*L. italicum* A. Br.)
Rodzina: Trawy — *Gramineae*

Opis. Dwuletnia (☉) lub trzyletnia trawa kępowa, osiągająca wysokość 60—110 cm; liście nieowłosione, żeberkowane, na dolnej stronie błyszczące, z wyraźnie rozwiniętymi uszkami i średnio długim języczkiem; najmłodszy liść zwinięty; najniższa pochwa liściowa czerwonawo nabiegła. W stanie bezkwiatowym trawę tę łatwo jest pomylić z kostrzewą łąkową, której blaszka liściowa jest silniej żeberkowana (ponad 16 żeberek) i ma krótszy języczek liściowy. Kwiatostanem jest kłos luźny; liczne wielokwiatkowe kłoski są zwrócone węższą stroną ku osi kwiatostanowej; plewa o połowę krótsza od kłoska, ziarniaki oplewione, wyraźnie ościste.

Ziarniak oplewiony w przekroju poprzecznym półkolisty, zawsze ościsty, ości jednakże często odłamane; jego długość bez ości wynosi 4,5—6,5 mm; osadka kanciasta, w przekroju czterokątna, krótka, przysadzista. Ważną fizjologiczną cechę rozpoznawczą, odróżniającą życicę trwałą od życicy wielokwiatowej, można zauważyć pod lampą kwarcową, gdyż wydzieliny korzeniowe życicy wielokwiatowej kiełkującej na bibule filtracyjnej fluoryzują w świetle lampy kwarcowej.

Jednoroczna (☉) odmiana życicy wielokwiatowej, czyli życica westerwoldzka (*L. annuum, L. westerwoldicum*), jest formą krótkotrwałą i morfologicznie nie różni się od *Lolium multiflorum* (ani roślina, ani ziarniaki oplewione).

Okres kwitnienia: od czerwca do września.

Występowanie i znaczenie. Życica wielokwiatowa (i jej jednoroczna odmiana) jest w Niemczech trawą najszybciej rosnącą, bardzo wydajną i dlatego wprowadzona jest do krótkotrwałych polowych mieszanek; dostarcza paszy zawierającej dużo substancji pokarmowych i mineralnych; ze względu na szybki rozwój istnieje niebezpieczeństwo przedwczesnego dojrzewania, zwłaszcza w mieszance z wolniej rosnącym komponentem; jako gatunek krótkotrwały nie wchodzi w skład mieszanek łąkowych, chociaż nierzadko można ją spotkać na starych łąkach i pastwiskach. Domieszka nasion życicy wielokwiatowej w materiale siewnym służącym do przygotowywania mieszanek na użytki trwałe powinna być traktowana na równi z domieszkami nasion szkodliwych chwastów. Życica wielokwiatowa stanowi najczęściej spotykaną domieszkę obcouprawną na plantacjach nasiennych innych gatunków traw. Przyczyną tego jest prawie zawsze zanieczyszczenie materiałów siewnych. Oczyszczenie takiej plantacji jest bezwarunkowo konieczne, ponieważ życica wielokwiatowa z powodu większego współczynnika rozmnażania może w większym stopniu zanieczyścić zebrany materiał nasienny, niż można by się spodziewać na podstawie wyglądu plantacji. Oczyszczanie najlepiej jest przeprowadzać przez przykaszanie w roku wysiewu albo po pierwszym sprzęcie nasion. Życicę wielokwiatową, rosnącą znacznie szybciej od innych traw, bez trudu można zauważyć i wymotyczyć. Całkowite maszynowe oddzielenie domieszki życicy wielokwiatowej od wielkonasiennego materiału siewnego traw nie jest możliwe.

Życica trwała (rajgras angielski)

— *Lolium perenne* L.
Rodzina: Trawy — *Gramineae*

Opis. Trwała trawa kępowa wysokości 30—60 cm; liście żeberkowane, na dolnej stronie błyszczące; uszka mniej rozwinięte niż u życicy wielokwiatowej; języczek liściowy wyraźny, ale nie wydłużający się spiczasto; najmłodszy liść złożony, najniższa pochwa liściowa często czerwonawo nabiegła. Kwiatostanem jest kłos luźny; kłoski wielokwiatkowe, bezostne, zwrócone węższą stroną ku osi kwiatostanowej; plewa mniej więcej o połowę krótsza od kłoska.

Ziarniaki oplewione (nasiona) w przekroju poprzecznym półkoliste, długości 5,5—7,0 mm, bezostne; osadka kanciasta, w przekroju poprzecznym czterokątna, krótka, przysadzista; plewki górna i dolna takiej samej długości. Wydzieliny korzeniowe życicy trwałej kiełkującej na bibule filtracyjnej w świetle lampy kwarcowej nie fluoryzują. Nasiona życicy trwałej łatwo można pomylić z nasionami kostrzewy łąkowej. Niezawodną cechą odróżniającą te dwie trawy jest kształt osadki: u życicy trwałej jest ona kanciasta, szeroka, a u kostrzewy łąkowej — wąska, cylindryczna.

Okres kwitnienia: od czerwca do października.

Występowanie i znaczenie. Życica trwała jest najważniejszą rośliną pastwisk intensywnie użytkowanych; odpowiadają jej szczególnie ciężkie gleby i klimat nadmorski; źle znosi gleby luźne i suche stanowiska, jak również surowy klimat; jako doskonała trawa pastwiskowa dobrze rozwija się przy intensywnym użytkowaniu i silnym nawożeniu; odgrywa również dużą rolę w uprawie polowej roślin pastewnych, natomiast na łąkach zasiana w mieszankach szybko ustępuje; źle znosi zacienienie przez trawy wysokie.

Jako obca domieszka życica trwała nie występuje na plantacjach nasiennych innych gatunków traw tak często, jak życica wielokwiatowa. Maszynowe oddzielenie jej nasion od materiału siewnego wielkonasiennych gatunków traw nie jest możliwe.

Życica lnowa

— *Lolium remotum* Schrank
Rodzina: Trawy — *Gramineae*

Opis. Jednoroczna, mało ulistniona, łodygowa trawa kępowa, wysokości 30—60 cm, występująca najczęściej jako chwast w lnie; liście żeberkowane, mniej lub bardziej błyszczące na dolnej stronie; uszka wyraźnie wykształcone; języczek liściowy całkiem krótki, w postaci ząbkowanego rąbka; najmłodszy liść rurkowato zwinięty. Kwiatostanem jest kłos luźny; kłoski zwrócone węższą stroną ku osi kwiatostanowej; poszczególne ziarniaki oplewione, nierównomiernie ościste, niekiedy w ogóle pozbawione ości; plewa takiej długości jak kłosek lub nieco krótsza.

Ziarniaki oplewione (nasiona) w przekroju poprzecznym półkoliste, krótkie, krępe; osadka czterokątna, krótka, cienka; plewka dolna najczęściej oścista.

Życicę lnową można łatwo pomylić z występującą obecnie rzadko jako chwast — życicą roczną (*L. temulentum* L.), od której zresztą pochodzi. Już w starożytności życica roczna była znana jako najbardziej niebezpieczny chwast z powodu trujących właściwości ziarniaków, w których rozwija się grzybnia wytwarzająca odurzającą truciznę — temulinę. Cechy rozpoznawcze tych dwóch gatunków są następujące.

	Życica lnowa	Życica roczna
Języczek liściowy	rąbek ząbkowany	wyraźny, w środku nieco zaostrzony
Kłosek	nie wszystkie oplewione ziarniaki ościste, długość ości zróżnicowana od 7,0 do 12,5 mm	wszystkie oplewione ziarniaki długoościste (14,0—20,0 mm), ość dwa razy dłuższa od ziarniaka

Okres kwitnienia: czerwiec, lipiec.

Występowanie i znaczenie. Ta jednoroczna trawa jest bardzo niebezpiecznym chwastem w zasiewach lnu, pogarsza bowiem jakość i obniża plon włókna; występuje na plantacjach lnu z powodu stosowania zanieczyszczonego materiału siewnego, bo obecnie używane maszyny czyszczące nie pozwalają na oddzielenie od niego nasion życicy lnowej.

(TABLICA 1/4)

Perz właściwy

— *Agropyron repens* (L.) Pal. Beauv. (*Triticum repens* L.)
Rodzina: Trawy — *Gramineae*

Opis. Trwały chwast polny, wysokości ponad 1 m, z długimi rozłogami podziemnymi; liście z sierpowatymi, ostrymi uszkami (ostrogami); języczek liściowy w postaci wąskiego, drobno ząbkowanego rąbka; unerwienie niewyraźne; owłosienie zmienne; najmłodszy liść zwinięty; kwiatostanem — kłos luźny; kłoski ustawione szerszą stroną do osi kwiatostanowej, bezostne. Kłoski *Agropyron aristatum* są ościste.

Ziarniak oplewiony (nasienie) w przekroju poprzecznym półkolisty, smukły, długości 9—11 mm; plewka górna nieco krótsza od plewki dolnej; osadka zmiennej długości, ku górze rozszerzająca się, spłaszczona, w ścięciu (miejscu odłamania) miseczkowato wgłębiona.

Występowanie i znaczenie. Perz właściwy, tworzący długie, białe rozłogi podziemne, jest rozpowszechnionym i bardzo niebezpiecznym chwastem pól uprawnych. Szczególnie odpowiadają mu ciężkie gleby, chociaż nierzadki jest on także na glebach średnich i lekkich. Występuje we wszystkich roślinach uprawnych i odznacza się dużą zdolnością konkurencyjną. Znaleźć go można także na użytkach zielonych, zwłaszcza na łąkach nawożonych gnojówką i pastwiskach nawadnianych, gdzie jest dosyć wydajną rośliną pastewną.

Ziarniaki perzu tylko częściowo dają się oddzielić od materiału siewnego traw wielkonasiennych. Domieszki ziarniaków perzu w materiale siewnym życic z reguły nie wykazują zdolności kiełkowania, ponieważ życice kosi się przed zakwitnieniem perzu. Również w materiale siewnym innych gatunków traw większość ziarniaków perzu jest płonna. Niemniej jednak plantacje nasienne wymienionych traw nie mogą być zakładane na zaperzonych polach, ponieważ oczyszczenie ich z tego chwastu jest niemożliwe.

Zwalczanie. Perz, jako trwały, rozmnażający się wegetatywnie chwast, może być skutecznie zwalczany tylko przez staranną uprawę roli. **Wehsarg** wykazał, że pocięcie rozłogów wiosną i jesienią przyczynia się tylko do wegetatywnego rozmnażania, natomiast w letnich miesiącach — do zniszczenia perzu. Wiąże się to z nagromadzeniem składników pokarmowych w rozłogach. Wiosną i jesienią rozłogi zawierają dużo organicznych związków pokarmowych i każdy drobny fragment rozłogów może wypuszczać pędy. W okresie letnim zawartość substancji pokarmowych w rozłogach jest niewielka, wskutek czego fragmenty ich nie są w stanie regenerować roślin.

Od niedawna perz można skutecznie zwalczać chemicznie (trójchlorooctanem sodu Na-TCA). **Welte** zaleca stosować go w ilości 30 kg/ha na gleby lekkie i 50 kg/ha na ciężkie. Środek ten wykazuje najlepsze działanie późną jesienią, gdy wysiewa się go na wilgotne, wyrównane pola. Ważne jest przy tym, aby co najmniej przez 10 godzin po jego zastosowaniu nie padał deszcz i nie było mrozu. W takich warunkach wyginie około 80% perzu, a pozostałe rozłogi staną się bardzo kruche i zginą podczas uprawy wiosennej. Niszcząco działa także kwas dwuchloropionowy. Także Basinex (10—15 kg/ha w 500 l wody na zazieleniony perz jesienią), wykazuje dobre i trwałe działanie.

TABLICA 1

1. **Życica wielokwiatowa** — kwiatostan, *1a* — odcinek liścia z uszkami i języczkiem, *1b* — odcinek liścia z najmłodszym liściem zwiniętym, *1c* — kłosek z osadką kłoskową, *1d* — ziarniak oplewiony
2. **Życica trwała** — kwiatostan, *2a* — odcinek liścia z uszkami i języczkiem, *2b* — odcinek liścia z najmłodszym liściem złożonym, *2c* — kłosek z osadką kłoskową, *2d* — ziarniak oplewiony
3. **Życica lnowa** — kwiatostan, *3a* — odcinek liścia z uszkami i języczkiem, *3b* — odcinek liścia z najmłodszym zwiniętym liściem, *3c* — kłosek z osadką kłoskową, *3d* — ziarniak oplewiony
4. **Perz właściwy** — kwiatostan, *4a* — odcinek liścia z języczkiem i „ostrogami", *4b* — odcinek liścia z najmłodszym liściem zwiniętym, *4c* — kłosek, *4d* — ziarniak oplewiony

Cechy rozpoznawcze i porównawcze

	Życica wielokwiatowa (⊙ i ⊙)	Życica trwała	Życica lnowa	Perz właściwy
Cechy rodzajowe	blaszki liściowe żeberkowane, kłosy luźne dwustronne, z kłoskami zwróconymi wąską stroną do osi kłosa			długie, białe rozłogi podziemne; uszka w kształcie „ostróg"; kłoski zwrócone szeroką stroną do osi kłosa
Liść	długi, szeroki, wyraźnie żeberkowany, strona dolna błyszcząca; najniższa pochwa liściowa najczęściej czerwono nabiegła; najmłodszy liść zwinięty	równowąski, wyraźnie żeberkowany, strona dolna silnie błyszcząca; najniższa pochwa liściowa najczęściej czerwonawo nabiegła; najmłodszy liść złożony	silnie zaostrzony, stosunkowo mały, żeberkowany; najniższa pochwa liściowa najczęściej postrzępiona	brak żeberkowania; ± owłosiony lub nieowłosiony
Uszka	wyraźnie wykształcone, obejmujące źdźbło	niewyraźne, najczęściej nie obejmujące źdźbła	odstające, najczęściej nie obejmujące źdźbła	silnie zaostrzone, najczęściej znacznie obejmujące źdźbło
Języczek	dłuższy od szerokości podstawy blaszki liściowej, zaostrzony	wyraźny, ale krótszy od szerokości podstawy blaszki liściowej	całkiem krótki, w postaci ząbkowanego rąbka	wąski, w postaci drobno ząbkowanego rąbka
Plewa	długości mniej więcej równej połowie długości kłoska	długości mniej więcej równej połowie długości kłoska	mniej więcej tej długości, co kłosek	długości mniej więcej równej połowie długości kłoska
Ziarniaki oplewione:				
cechy rodzajowe	w przekroju poprzecznym półkoliste, długości powyżej 4 mm; osadka kanciasta, ścięcie osadki niewyraźne			w przekroju poprzecznym półkoliste
cechy gatunkowe	ość w przybliżeniu takiej długości jak ziarniak oplewiony, często odłamana; wydzieliny kiełkującego korzonka zarodkowego fluoryzują w świetle lampy kwarcowej	plewka górna prawie takiej długości, jak plewka dolna, zawsze bezostna; w świetle lampy kwarcowej korzonek zarodkowy nie fluoryzuje [1]	plewki szerokie, grube, częściowo ościste, w materiale siewnym ości często obłamane; plewka górna szeroka, ryninkowata, przykryta przez plewkę dolną	plewki smukłe, plewka górna krótsza od dolnej; osadka długa, rozszerzająca się ku górze, na ścięciu miseczkowato wgłębiona
grub.	0,5—0,6	0,5—1,2	0,5—1,75	0,7—1,2
szer.	0,9—1,75	0,9—1,8	1,5—2,5	1,1—2,25
dług. b. ości	4,5—6,5	5,5—6,9	3,5—6,2	7,4—9,1
dług. z ością	7,8—13,2	—	7,0—12,5	8,7—13,5

[1] Odróżnienie nasion życicy wielokwiatowej od życicy trwałej za pomocą światła lampy kwarcowej jest trudne, ponieważ pewna część nasion życicy trwałej może także fluoryzować. Zjawisko to może wystąpić wówczas, gdy mamy do czynienia z materiałem nasiennym pochodzącym ze skrzyżowania życicy wielokwiatowej z życicą trwałą, kiedy długowieczność życicy trwałej została zachwiana. Ten pogląd, potwierdzający się często w praktyce, jest kwestionowany przez wielu badaczy, zwłaszcza przez hodowców.

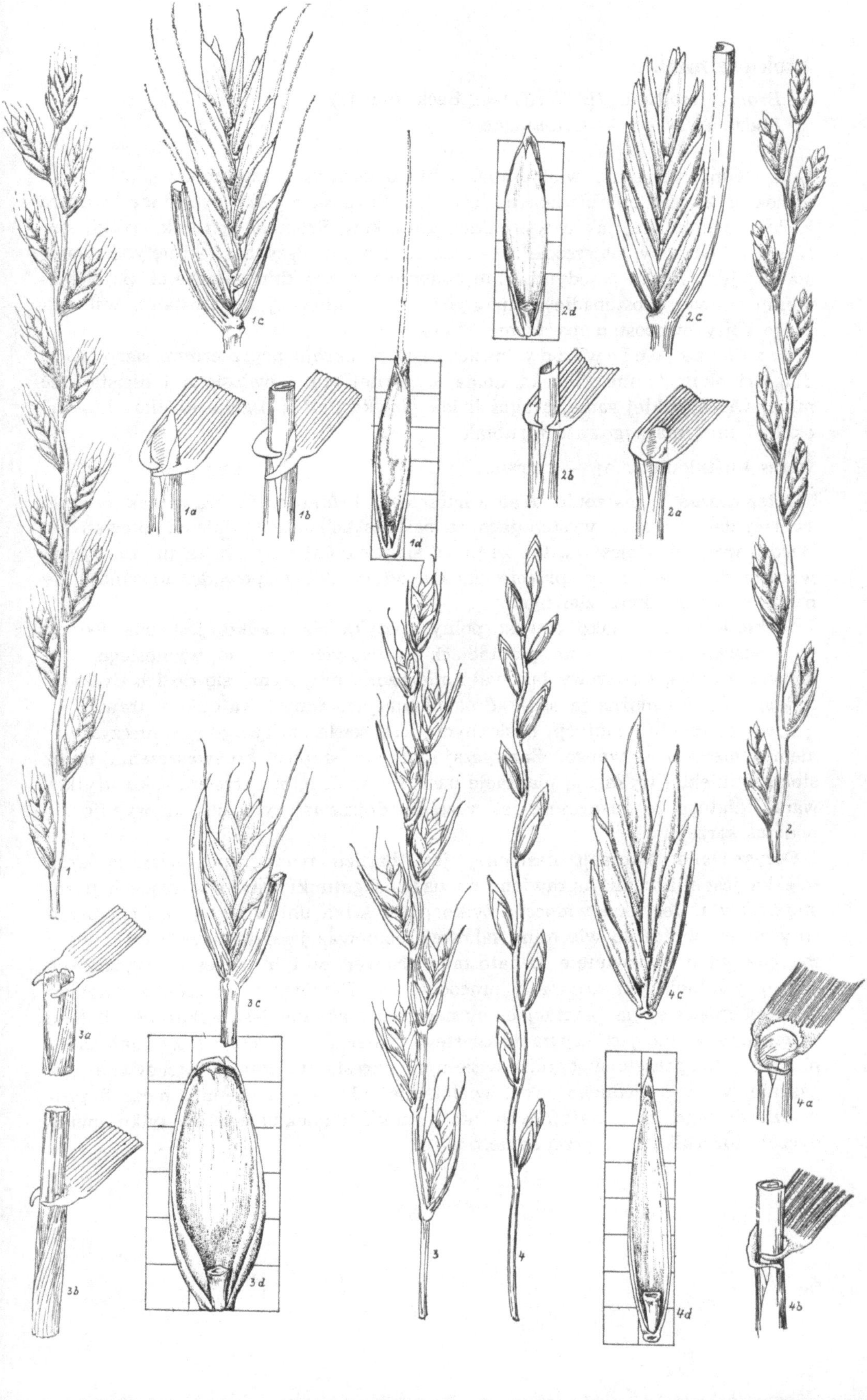
1
1a
1b
1c
1d
2
2a
2b
2c
2d
3
3a
3b
3c
3d
4
4a
4b
4c
4d

(TABLICA 21)

Stokłosa miękka

— *Bromus mollis* L. (*B. hordaceus* Beck. non L.)
Rodzina: Trawy — *Gramineae*

Opis. Jednoroczna lub wieloletnia, silnie owłosiona trawa kępowa, osiągająca wysokość 25—60 cm; blaszka liściowa i pochwa są miękko owłosione; pochwa liściowa zamknięta, jak u wszystkich gatunków *Bromus;* języczek krótki, spiczasto zakończony, najczęściej postrzępiony; najmłodszy liść zwinięty. Kwiatostanem jest wiecha pojedyncza lub podwójna, z krótkimi gałązkami, po okwitnieniu prawie prostopadle skupionymi na osi głównej kwiatostanu, wskutek czego zbity owocostan ma formę kłosokształtną.

Ziarniak oplewiony (nasienie) w przekroju poprzecznym sierpowaty, długości około 7 mm; plewka dolna w górnej części owłosiona i oścista; ość mniej więcej takiej samej długości, jak plewka dolna; osadka krótka, długości około 1 mm, maczugowato zgrubiała.

Okres kwitnienia: maj — czerwiec.

Występowanie i znaczenie. Małowartościowa krótkotrwała trawa łąk o mało zwartej darni, rzadko występująca na pastwiskach intensywnie użytkowanych. Bardzo wcześnie dojrzewa, tak że przed sianokosami ziarniaki są już zazwyczaj w pełni dojrzałe i przy sprzęcie siana opadają. Z tego powodu utrzymuje się na trwałych użytkach zielonych.

Stokłosę miękką jako chwast polny spotyka się rzadko, jest ona jednak najczęstszym chwastem na plantacjach nasiennych rajgrasu wyniosłego, stokłosy bezostnej, kostrzewy łąkowej i nierzadko przyczynia się do ich dyskwalifikacji. Często można ją spotkać na plantacjach innych gatunków traw.

Zachwaszczenie plantacji nasiennych jest ściśle związane z zanieczyszczeniem materiału siewnego. Zazwyczaj znaczny stopień zachwaszczenia przez stokłosę miękką wykazują plantacje nasienne w drugim i trzecim roku użytkowania, dlatego że duża część jej wcześnie dojrzewających nasion osypuje się podczas sprzętu.

Oczyszczenie plantacji nasiennej jest bardzo trudne, ponieważ stokłosa miękka jest niższa niż uprawiane na nasiona gatunki traw i w rzędach pozostaje ukryta. Jest ona widoczna tylko przez kilka dni wczesną wiosną, przed strzelaniem w źdźbło wiechliny łąkowej, ponieważ jako gatunek wcześniejszy ma już wtedy rozwinięte kwiatostany. Nawet w tym okresie oczyszczenie z niej plantacji jest trudne i pracochłonne. Również chemiczne zwalczanie stokłosy miękkiej na plantacjach nasiennych traw nie jest wskazane, dlatego szczególnie ważne jest używanie czystego materiału siewnego przy zakładaniu plantacji. Rozpoczęte w bardzo wczesnym okresie staranne i intensywne wypasanie (w ciągu jednego roku) wieloletniej plantacji nasiennej może doprowadzić do tego, że w następnych latach stokłosa miękka wystąpi tylko sporadycznie lub całkowicie przepadnie.

(TABLICA 2/2)

Stokłosa polna

— *Bromus arvensis* L.
Rodzina: Trawy — *Gramineae*

Opis. Wieloletnia, rzadziej jednoroczna, trawa kępowa, wysokości 60—110 cm; blaszka liściowa i pochwa kosmato owłosione; pochwa liściowa zamknięta, jak u wszystkich gatunków *Bromus;* języczek liściowy średnio długi, drobno poszarpany; najmłodszy liść zwinięty; kwiatostanem — wielogałęzista wiecha podwójna z wielostronnie zwisającymi gałązkami.

Ziarniak oplewiony (nasienie) w przekroju poprzecznym sierpowaty, plewka dolna często silnie zwinięta i nieco fioletowo nabiegła, długości około 8 mm, z ością wyrastającą tuż poniżej wierzchołka, takiej samej długości jak plewka; osadka długości 1—2 mm, maczugowata, naga.

Okres kwitnienia: czerwiec — lipiec.

Występowanie i znaczenie. Stokłosa polna jest chwastem ruderalnym, dlatego ani w zasiewach roślin polowych, ani na użytkach zielonych nie odgrywa żadnej roli. Jest spotykana dosyć rzadko. Także na plantacjach traw nasiennych ma niewielkie znaczenie.

Stokłosa żytnia

— *Bromus secalinus* L.
Rodzina: Trawy — *Gramineae*

Opis. Wieloletnia, rzadziej jednoroczna, trawa kępowa; blaszka liściowa rzadko orzęsiona; pochwa liściowa naga i, jak u wszystkich gatunków *Bromus*, zamknięta; języczek liściowy średnio długi, nieco poszarpany; kwiatostanem — wiecha pojedyncza z krótkimi gałązkami.

Ziarniak oplewiony (nasienie) w przekroju poprzecznym półkolisty, długość bez ości 7—9 mm; ość osadzona poniżej wierzchołka plewki dolnej; osadka długości 1—2 mm, silnie wygięta, często maczugowata, na wierzchu skośnie ścięta, najczęściej opasana pierścieniowatym zgrubieniem.

Okres kwitnienia: czerwiec — sierpień.

Występowanie i znaczenie. Dawniej stokłosa żytnia była uważana za niezwykle szkodliwy chwast polny, zwłaszcza w życie ozimym. W niektórych krajach do dziś jest jeszcze uciążliwym chwastem (np. w Irlandii). Dojrzewa jednocześnie z żytem i razem z nim jest sprzątana. Całkowite oddzielenie jej nasion od ziarna zboża jest możliwe za pomocą wialni, dlatego obecnie jako chwast polowy prawie nie występuje. Ostatnio prowadzone są nawet nad nią prace hodowlane i, jako najszybciej rosnący gatunek trawy, jest w niektórych okolicach uprawiana na paszę. Ziarniaki oplewione odmian hodowlanych są znacznie większe niż form dziko rosnących.

W porównaniu ze stokłosą miękką odgrywa nieznaczną rolę jako chwast plantacji nasiennych traw. Zwalczanie jej na plantacjach nasiennych jest uciążliwe. Oddzielenie zanieczyszczeń od materiału siewnego traw wielkonasiennych jest tylko częściowo możliwe i dlatego szczególnie ważne jest stosowanie czystego materiału siewnego.

(TABLICA 2/4)

Stokłosa płonna

— *Bromus sterilis* L.
Rodzina: Trawy — *Gramineae*

Opis. Wieloletnia, rzadziej jednoroczna, trawa kępowa; blaszka liściowa owłosiona; pochwa liściowa, jak u wszystkich gatunków *Bromus*, zamknięta i owłosiona; języczek liściowy długi, głęboko postrzępiony; najmłodszy liść zwinięty. Kwiatostanem jest pojedyncza, rzadko podwójna wiecha z nielicznymi kłoskami; gałązki kwiatostanu cienkie, zwykle wielostronnie zwisające; kłoski wąskie, długie, równowąskie albo rozszerzające się ku szczytowi.

Ziarniak oplewiony (nasienie) w przekroju poprzecznym lekko półkolisty; długość jego bez ości wynosi 10—15 mm, szerokość 1,5—3 mm; ość długości 15—25 mm, zawsze dłuższa od ziarniaka; osadka długości około 3 mm, cienka, w górnej części zgrubiała, najczęściej trochę odstająca, skośnie zakończona.

Okres kwitnienia: maj — sierpień.

Występowanie i znaczenie. Stokłosa płonna jest bardzo rzadkim chwastem polowym. Najczęściej można ją spotkać na miedzach, przy drogach, ogrodzeniach i na żwirowiskach. Jako chwast towarzyszący pojawia się nierzadko na plantacjach nasiennych stokłosy bezostnej, rajgrasu wyniosłego i znacznie rzadziej — kostrzewy łąkowej. Maszynowe oddzielanie jej ziarniaków od materiału siewnego wymienionych gatunków jest trudne i najczęściej niezupełnie się udaje.

TABLICA 2

1. **Stokłosa miękka** — kwiatostan, *1a* — odcinek liścia, *1b* — odcinek liścia z najmłodszym liściem zwiniętym, *1c* — kłosek, *1d* — ziarniak oplewiony widziany od strony brzusznej i grzbietowej.
2. **Stokłosa polna** — kwiatostan, *2a* — odcinek liścia, *2b* — odcinek liścia z najmłodszym liściem zwiniętym, *2c* — kłosek, *2d* — ziarniak oplewiony.
3. **Stokłosa żytnia** — kwiatostan, *3a* — odcinek liścia, *3b* — odcinek liścia z najmłodszym liściem zwiniętym, *3c* — kłosek, *3d* — ziarniak oplewiony.
4. **Stokłosa płonna** — kwiatostan, *4a* — odcinek liścia, *4b* — odcinek liścia z najmłodszym liściem zwiniętym, *4c* — kłosek, *4d* — ziarniak oplewiony. (Uwaga: rys. *4a* i *4b* są narysowane na siatce o kwadratach 5×5 mm.)

Cechy rozpoznawcze i porównawcze

	Stokłosa miękka	Stokłosa polna	Stokłosa żytnia	Stokłosa płonna
Cechy rodzajowe	pochwy liściowe zamknięte i nie zachodzące na siebie; kwiatostanem — wiecha pojedyncza lub podwójna			
Owłosienie	cała roślina miękko owłosiona	blaszka liściowa i pochwa kosmato owłosione; kłoski nagie	blaszka liściowa orzęsiona; pochwa liściowa prawie zawsze naga	blaszka i pochwa kosmato owłosione
Języczek	krótki i postrzępiony	średnio długi, drobno poszarpany	średnio długi i nieco poszarpany	długi i postrzępiony
Kwiatostan	wiecha podwójna, o krótkich gałązkach, skupionych po przekwitnieniu	wiecha podwójna z licznymi gałązkami na każdym piętrze; gałązki długie, po przekwitnieniu ze wszystkich stron zwisające	wiecha pojedyncza lub podwójna; gałązki stosunkowo krótkie, odstające, po przekwitnieniu nawet zwisające	wiecha pojedyncza, o nielicznych gałązkach, luźna, z długimi kłoskami; gałązki po przekwitnieniu wielostronnie zwisające
Kłosek	owłosiony; plewy jednakowej długości	nagi, nieco podługowaty; plewy mniej więcej jednakowej długości	duży i gruby, nagi; plewy mniej więcej jednakowej długości	nagi, mniej więcej podługowaty, albo ku górze łopatkowato zwężający się, o bardzo długich ościach; plewy niejednakowej długości
Ziarniak oplewiony	plewka dolna półkolista, górą owłosiona, z 7 nerwami, zakończona długą ością; w górnej części brzegi rozchylone; plewka górna krótsza i węższa od dolnej, na grzbiecie rzadko owłosiona; osadka krótka, około 1 mm, maczugowato zgrubiała	plewka dolna silnie wysklepiona, wąska, spiczasta, z 7 nerwami, zakończona długą ością, naga, szarożółta, często fioletowo nabiegła; plewka górna takiej samej długości, jak plewka dolna, błoniasta, na brzegach rzadko owłosiona; osadka walcowata, nieco odstająca, długości 1—2 mm, wyraźnie ścięta, z lekkim wgłębieniem na wierzchołku	plewka dolna naga, z wyraźnym grubym nerwem środkowym i mniej wyraźnymi nerwami bocznymi; brzegi zawinięte; ość najczęściej trochę krótsza od plewki dolnej; plewka górna prawie takiej samej długości, jak plewka dolna, po obu brzegach rzadko owłosiona; osadka długości 1—2 mm, silnie wygięta, często maczugowato zgrubiała, o zakończeniu skośnym opasanym pierścieniowatym zgrubieniem	w przekroju poprzecznym lekko półkolisty, bardzo długi i wąski; ość znacznie dłuższa od plewki dolnej; osadka długości około 3 mm, cienka, ku górze zgrubiała, najczęściej trochę odstająca, skośnie zakończona
grubość	0,8—2,0	0,7—1,3	1,1—2,25	0,9—1,3
szerokość	1,8—3,5	1,1—2,0	1,8—3,5	1,2—1,7
długość bez ości	6,4—8,2	6,4—8,2	6,7—8,6	11,3—13,4
długość z ością	10,2—14,5	10,0—14,9	11,9—13,1	26,3—38,8

TABLICA 2

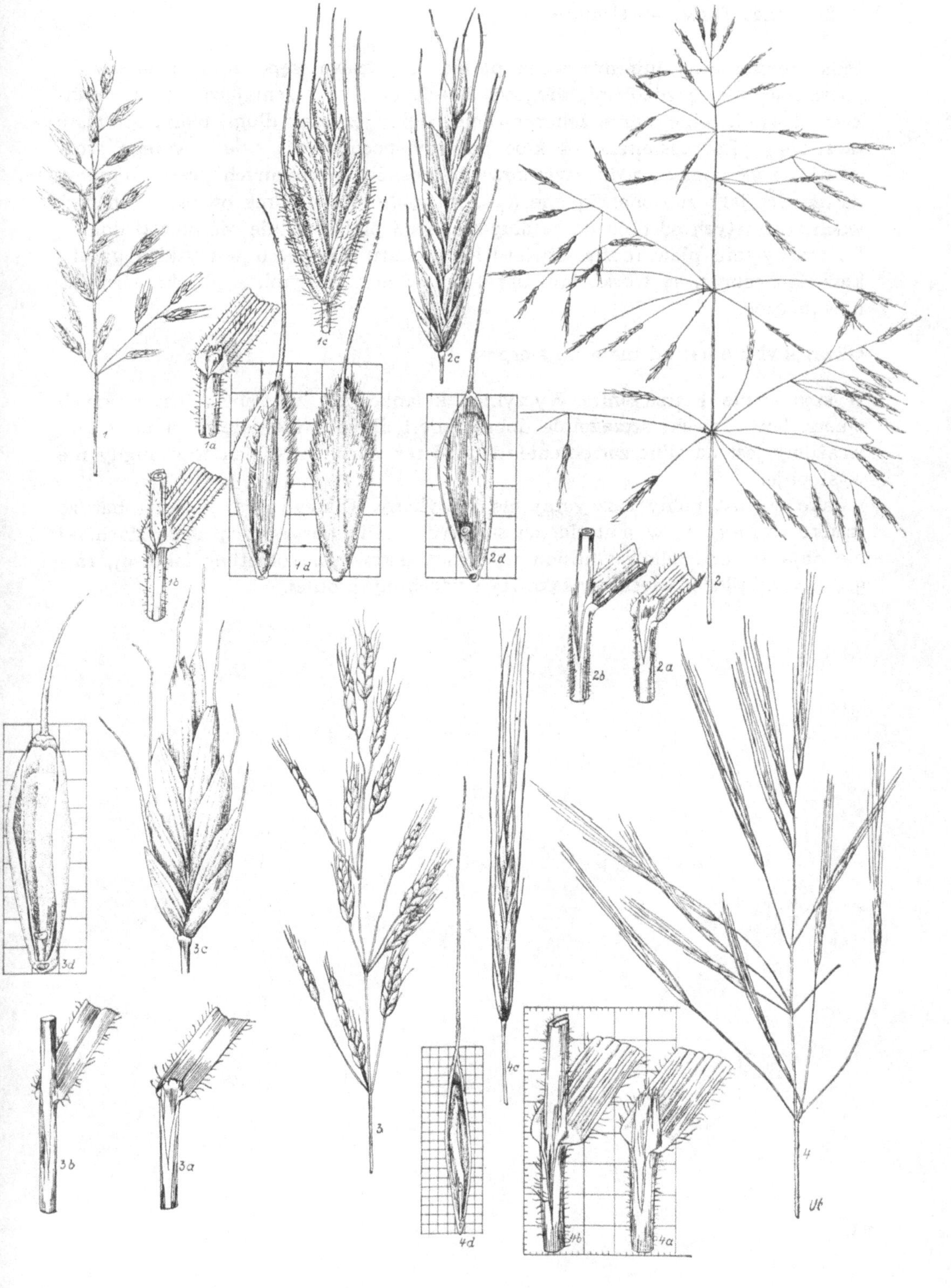

(TABLICA 3/1)

Wyczyniec kolankowaty

— *Alopecurus geniculatus* L.
Rodzina: Trawy — *Gramineae*

Opis. Jednoroczna lub dwuletnia płożąca się trawa kępowa, z kolankowato podnoszącymi się źdźbłami, długości 30—50 cm; zakorzeniająca się w kolankach; liście krótkie, silnie żeberkowane, nagie; języczek długi, biały, spiczasto zaostrzony; kwiatostanem — kłos pozorny pochodzenia wiechowatego; rozsiewa się za pomocą jednokwiatkowych kłosków, określanych przez rolników najczęściej jako nasiona. Są one (rys. 1c) małe, dosyć silnie owłosione, o plewach zrośniętych od dołu na $^{1}/_{3}$ długości; spod plew wystaje ość plewki dolnej. Po rozchyleniu plew można stwierdzić, że ziarniaki, jak u wszystkich gatunków *Alopecurus*, są workowato okryte plewkami dolnymi, a plewki górne są niewidoczne.

Okres kwitnienia: od maja do sierpnia.

Występowanie i znaczenie. Wyczyniec kolankowaty występuje na mokrych łąkach i w rowach; szczególnie dobrze znosi długotrwałe zalewy, a przy tym wrażliwy jest na silne zacienienie, dlatego też wśród wysokich traw nigdy nie występuje.

Jako chwast polny zazwyczaj nie spotykany. Dlatego jego nasiona bardzo rzadko trafiają się w materiałach siewnych roślin pastewnych. Jego ziarniaki nie dają się oddzielić od nasion wyczyńca łąkowego, konietlicy łąkowej, rajgrasu wyniosłego, wiechliny łąkowej i wiechliny błotnej.

(TABLICA 3/2)

Wyczyniec polny

— *Alopecurus myosuroides* Huds. (*A. agrestis* L.)
Rodzina: Trawy — *Gramineae*

Opis. Wieloletnia, rzadziej jednoroczna, trawa kępowa, o podnoszących się źdźbłach, wysokości 30—50 cm; liście nieowłosione i żeberkowane; języczek liściowy długi, ostro zakończony, najczęściej nieco rozcięty, najmłodszy liść zwinięty. Kwiatostanem jest walcowaty, ku obu końcom zwężający się kłos pozorny pochodzenia wiechowatego. Podobnie jak wszystkie gatunki *Alopecurus,* rozsiewa się za pomocą jednokwiatkowych kłosków (ziarniaków oplewionych okrytych plewami). Plewy długości około 6 mm, szorstkie, nagie lub owłosione bardzo krótko, do połowy zrośnięte; spod plew wystaje kolankowato wygięta ość, wyrastająca z dolnej części plewki dolnej. Po usunięciu plew można zauważyć workowatą plewkę dolną, przy czym plewka górna jest niewidoczna.

Okres kwitnienia: czerwiec — październik.

Występowanie i znaczenie. Wyczyniec polny może masowo występować jako uciążliwy chwast w zbożach ozimych, roślinach okopowych i strączkowych; rzadziej występuje w zbożach jarych; nie ma szczególnych wymagań glebowych, najczęściej jednakże spotykany jest na polach zbyt wilgotnych, z wysokim poziomem wody gruntowej. **Wehsarg** uważa, że ziarniaki jego w takich glebach zachowują zdolność kiełkowania przez wiele lat, nawet gdy w okresie latą następuje okresowe przesuszenie gruntu.

Materiał siewny zbóż i roślin strączkowych można całkowicie oczyścić z domieszki ziarniaków wyczyńca polnego, natomiast odczyszczenie materiału siewnego wielkonasiennych gatunków traw z jego nasion jest niemożliwe. Pola zachwaszczone wyczyńcem polnym nie nadają się pod plantacje nasienne życic, kostrzew, jak również rajgrasu wyniosłego, stokłosy bezostnej i innych. Wymienione trawy na takich polach można wyjątkowo uprawiać na nasiona w mieszankach z koniczyną łąkową, ale w pierwszym roku po wysiewie muszą być wykoszone na paszę. Dzięki temu jednoroczny wyczyniec polny będzie skoszony jeszcze przed wykształceniem nasion, co zahamuje dalsze jego rozmnażanie się. W roku zbioru nasion nie ma go już zazwyczaj na plantacji.

Zwalczanie. Przyczyną zachwaszczenia zasiewów zbóż wyczyńcem polnym nie jest zanieczyszczenie materiału siewnego nasionami tej rośliny, lecz samosiew, a także rozprzestrzenianie się jego nasion przez odpadki omłotowe i mało przegniły obornik.

Petersen proponuje zwalczanie wyczyńca polnego przez następujące zmianowanie: okopowe, jare, koniczyna. Zwalczanie za pomocą herbicydów nie jest łatwe. Azotniak, który tak skutecznie działa na miotłę zbożową, w tym wypadku daje zadowalające rezultaty tylko wówczas, gdy zostanie zastosowany we wczesnej fazie rozwojowej.

Wyniki doświadczeń **Springengutha** wykazują, że azotniak może chwast ten skutecznie zwalczać w fazie drugiego liścia. Dobre efekty można uzyskać także stosując jesienią podczas wschodów roślin ozimych 2 q azotniaku i wczesną wiosną — ponownie 2 q azotniaku zmieszanego z 4 q 40-procentowej soli potasowej. Środki te wysiewa się na wilgotną glebę, ale na suche rośliny. Pierwsza dawka azotniaku zniszczy w jesieni wschodzące roślinki wyczyńca polnego, a druga — również i te, które powschodzą dopiero na wiosnę.

Do niedawna wyczyniec polny uchodził za roślinę odporną na wszystkie herbicydy. Jednakże badania **Rademachera** wykazały, że chwast ten w rzepaku ozimym i pszenicy ozimej można zniszczyć preparatem TCA (kwas trójchlorooctowy) i Dalaponem (sól sodowa kwasu 2,2-dwuchloropropionowego). W celu skuteczniejszego zwalczania w pszenicy ozimej należy przestrzegać następujących wskazówek: przygotowania pola pod siew pszenicy dokonać w okresie od połowy do końca września, a w 14 dni później ponownie spulchnić glebę i opryskać ją roztworem Dalaponu zawierającym 1,5 kg substancji czynnej biologicznie (czyli 3 kg 55-procentowego preparatu) w 600 litrach wody na hektar, a w cztery tygodnie później wysiać pszenicę. Do zwalczania w rzepaku ozimym **Rademacher** zaleca stosowanie roztworu Dalaponu, zawierającego 2,7 kg substancji czynnej biologicznie w 600—1000 litrach wody na ha, w fazie trzeciego liścia do wykształcenia się rozetki rzepaku. Nadaje się także Simazin zgranulowany z saletrą wapniową. Ostatecznie **Rademacher** udowadnia, że już samo wczesne przygotowanie roli (połowa września) i późny wysiew pszenicy (połowa listopada [1]) prowadzą do zmniejszenia stopnia zachwaszczenia, zwłaszcza gdy wschodzący wyczyniec polny zostanie przed wysiewem pszenicy zniszczony bronowaniem.

[1] U nas wysiew pszenicy w połowie listopada jest zbyt późny. Zaleca się wysiew najdalej do końca października (*przyp. tłum.*).

(TABLICA 3/3)

Grzebienica pospolita

— *Cynosurus cristatus* L.
Rodzina: Trawy — *Gramineae*

Opis. Trwała trawa kępowa, wysokości 30—60 cm; liście nagie i żeberkowane, w przeciwieństwie do życicy trwałej nie są błyszczące na stronie dolnej i zwężają się równomiernie od podstawy blaszki liściowej do wierzchołka; języczek liściowy średnio długi, prosto ucięty, z łatkowatym wystającym w górę rożkiem (charakterystyczna cecha rozpoznawcza gatunku!). Kwiatostanem jest jednostronny kłos pozorny; kłoski małe do średnich, dwu- lub wielokwiatkowe; na osadce każdego kłoska znajduje się grzebieniasty, ostro ząbkowany płonny kłosek, często określany jako liść okrywający (przysadka) kłoska. Te płonne kłoski nadają kłosowi pozornemu charakterystyczny wygląd, od którego roślina uzyskała nazwę.

Ziarniak oplewiony jajowatolancetowaty, z krótką szydlastą ością; plewka dolna przy podstawie silnie wypukła, w górnej części nieco ściśnięta, o brzegach silnie podwiniętych, żółta do czerwonawożółtej, w górnym końcu jaśniejsza i pokryta krótkimi zadzierzystymi włoskami; plewka górna dosyć płaska, z szeroką bruzdką; osadka bardzo krótka — od 0,5 do 0,7 mm, w górnej części talerzykowato rozszerzona.

Okres kwitnienia: od czerwca do lipca.

Występowanie i znaczenie. Małowydajna trawa niska była do niedawna przeceniana; rozpowszechniona jest na ekstensywnie użytkowanych pastwiskach, a przede wszystkim na wyżej położonych łąkach; występuje przeważnie w takich siedliskach, w których wydajne trawy nie znajdują dla siebie optymalnych warunków wzrostu; wydaje się, że nie ma szczególnych wymagań glebowych; zupełnie źle znosi zacienienie, gdyż nie spotyka się jej na łąkach o bujnie rosnącej roślinności.

Grzebienica pospolita jako chwast polny nie występuje, ale spotykana jest często w rejonach podgórskich jako domieszka na plantacjach nasiennych tymotki; maszynowe oddzielanie jej nasion nie jest trudne; nieco trudniej daje się oddzielić od materiału siewnego wiechliny łąkowej i wiechliny błotnej.

(TABLICA 3/4)

Tomka wonna

— *Anthoxanthum odoratum* L.
Rodzina: Trawy — *Gramineae*

Opis. Trwała trawa kępowa, wysokości od 30 do 50 cm, łatwa do rozpoznania ze względu na występujące u podstawy blaszek liściowych kępki włosków i małe, wyraźne uszka; języczek średnio długi; pochwa liściowa owłosiona; kwiatostanem — kłos luźny wiechowatego pochodzenia; kłoski średniej wielkości, 3-kwiatkowe. Roślina rozsiewa się za pomocą trójkwiatkowych kłosków. Kłoski zawierają w środku po jednym ziarniaku oplewionym, otoczonym ponadto dwiema ościstymi, silnie owłosionymi, czerwonobrunatnymi plewami, które są plewkami dolnymi zredukowanych kwiatków męskich (w kłosku oprócz tego występują jeszcze plewy).

Okres kwitnienia: od maja do czerwca.

Występowanie i znaczenie. Małowydajna, wcześnie dojrzewająca, zawierająca kumarynę niska trawa, występująca na zaniedbanych, wyjałowionych łąkach i pastwiskach. Nie występuje lub występuje bardzo rzadko na intensywnie użytkowanych trwałych użytkach zielonych, ponieważ nie wytrzymuje konkurencji wysokowydajnych roślin pastewnych. Ponadto niezbyt jej sprzyja zacienienie.

Tomka wonna jako chwast polny nie odgrywa żadnej roli i nie ma znaczenia jako chwast nasienny w produkcji nasiennej traw, w przeciwieństwie do bardzo podobnej do niej tomki ościstej.

(TABLICA 3)

Tomka oścista

— *Anthoxanthum aristatum* Boiss. (*A. puelii* Lecq. et Lamotte)
Rodzina: Trawy — *Gramineae*

Opis. Tomka oścista różni się tylko nieznacznie od opisanej tomki wonnej; jest od niej jedynie nieco niższa, wysokości 15—40 cm, bardziej rozgałęziona i ma również nieco mniejsze kłosy pozorne. Wyraźniejsze różnice wykazują kłoski, za pomocą których rośliny te rozsiewają się. Porównanie tych cech podane jest w zestawieniu.

	Tomka wonna	Tomka oścista
Plewy (ściślej plewki dolne kwiatków płonnych)	brunatnofioletowe do czerwonawobrązowych, z długimi szczeciniastymi, czerwonobrunatnymi włoskami; wierzchołki jasnożółte, błonkowate, nieowłosione	znacznie jaśniejsze niż u tomki wonnej, jasnobrunatne do bladobrunatnych; włoski nie tak szczeciniaste, bladobrunatne; w środku plewy nagie
Ość zgięta	kolanko ości mniej więcej na wysokości wierzchołka plewy	kolanko ości około 3 mm ponad wierzchołkiem plewy

Okres kwitnienia: maj — czerwiec.

Występowanie, znaczenie i zwalczanie. Tomka oścista jest dwuletnim lub jednorocznym chwastem polnym ubogich gleb piaszczystych; masowo się rozmnaża na najuboższych, podmokłych, kwaśnych glebach piaszczystych, na których przeważnie uprawia się żyto; dzięki ościstym i szczeciniastym włoskom jej ziarniaki łatwo przyczepiają się do odzieży oraz worków i w ten sposób są roznoszone; mogą być także rozwiewane przez wiatr, albo rozwożone ze źle przegniłym obornikiem. Tomka oścista może rozprzestrzeniać się również przez materiały siewne. W produkcji nasiennej odgrywa jednakże podrzędną rolę, ponieważ gleby lekkie, na których jest rozpowszechniona, nie są odpowiednie do zakładania plantacji nasiennych traw. Na polach zachwaszczonych tomką ościstą nie można zakładać plantacji nasiennych rajgrasu wyniosłego, konietlicy łąkowej i wyczyńca łąkowego, jak również koniczyn — białej i białoróżowej.

W fazie kiełkowania można zwalczać tomkę ościstą azotniakiem, a także kainitem, przy czym najlepiej działa azotniak wysiany w listopadzie w ilości 1,5 q/ha. Według **Seifferta** i **Beckera** trwałe wyniszczenie tego chwastu można osiągnąć przez stosowanie odpowiedniego zmianowania, w którym żyto nie następuje po życie, przez natychmiastowe podorywanie ściernisk, wzbogacanie gleby w związki próchniczne oraz wapnowanie doprowadzające jej odczyn do słabo kwaśnego.

TABLICA 3

1. **Wyczyniec kolankowaty** — pęd kwiatowy z intrawagialnym (*vagina* — pochwa liściowa) bocznym pędem niepłodnym, *1a* — liść z języczkiem, *1b* — liść z najmłodszym liściem zwiniętym, *1c* — nasienie (kłosek jednokwiatkowy)
2. **Wyczyniec polny** — rozgałęzienie pędu, *2a* — kwiatostan, *2b* — odcinek liścia z języczkiem, *2c* — odcinek liścia z najmłodszym liściem zwiniętym, *2d* — nasienie (kłosek jednokwiatkowy) widziane od strony brzusznej i grzbietowej
3. **Grzebienica pospolita** — kłos pozorny, *3a* — odcinek liścia z języczkiem, *3b* — odcinek liścia z najmłodszym liściem złożonym, *3c* — nasienie (ziarniak oplewiony) widziane od strony brzusznej i grzbietowej
4. **Tomka wonna** — kłos pozorny, *4a* — odcinek liścia z języczkiem, *4b* — odcinek liścia z najmłodszym liściem zwiniętym, *4c* — nasienie (ziarniak oplewiony — kłosek)

Cechy rozpoznawcze i porównawcze

	Wyczyniec kolankowaty	Wyczyniec polny	Grzebienica pospolita	Tomka wonna
Forma wzrostu	rozścielająca się trawa kępowa z kolankowato podnoszącymi się źdźbłami, wysokości około 50 cm, zakorzeniająca się często w kolankach	trawa kępowa ze źdźbłami podnoszącymi się, wysokości 30—50 cm	trawa kępowa ze źdźbłami wyprostowanymi, wysokości 30—60 cm	trawa kępowa ze źdźbłami wyprostowanymi, wysokości 30—60 cm
Liście	krótkie, silnie unerwione, nagie; języczek liściowy długi, biały, spiczasto zaostrzony	żeberkowane, nieowłosione; języczek liściowy długi, spiczasto zaostrzony, najczęściej trochę postrzępiony	żeberkowane, nagie, po stronie grzbietowej dolnej niebłyszczące, ku wierzchołkowi równomiernie zwężające się; języczek liściowy średnio długi, prosto ucięty, z jednym rogiem nieco wystającym w górę	nagie, u podstawy blaszki liściowej orzęsione; pochwy liściowe ± owłosione; języczek liściowy średnio długi
Kwiatostan	kłos pozorny pochodzenia wiechowatego	kłos pozorny pochodzenia wiechowatego	jednostronnie płaski kłos pozorny pochodzenia groniastego; kłoski dwu- i wielokwiatkowe, z jednym płonnym grzebieniastym kłoskiem na osadce kłoskowej	luźny kłos pozorny pochodzenia groniastego
Charakterystyka nasion	kłoski trójkwiatkowe, w przekroju poprzecznym eliptyczne, zawsze oplewione; plewy od dołu na 1/3 długości do połowy zrośnięte, silnie owłosione; spod plewy wyrasta na grzbiecie ość plewki dolnej; osadki brak	kłoski jednokwiatkowe, w przekroju poprzecznym eliptyczne, zawsze oplewione; plewy szorstkie, prawie nagie u nasady, a czasem do połowy zrośnięte; spod plewy przy podstawie plewki dolnej wyrasta długa ość; osadki brak	ziarniak oplewiony; plewka dolna żółta do czerwonożółtej, w górnej części jaśniejsza, z krótkimi szczecinkami, ościsto zakończona, prawie całkowicie zakrywająca plewkę górną; plewka górna prawie płaska, z szeroką bruzdką; osadka bardzo krótka (0,5—0,7 mm), w górnej części talerzykowato wydłużona	kłoski trójkwiatkowe, czerwonobrunatne, pokryte najeżonymi włoskami; ościste plewy są plewkami dolnymi zredukowanych męskich kwiatków; między nimi znajduje się ziarniak oplewiony; kolanko dłuższej ości mniej więcej na wysokości wierzchołka plewy
grubość	0,3—0,7	0,7—1,2	0,4—0,85	0,5—1,2
szerokość	0,8—1,9	1,4—2,3	0,6—1,2	0,8—1,6
długość bez ości	2,5—2,8	5,4—6,3	2,8—4,0	2,6—3,6
długość z ością	4,0—5,3	8,4—11,3	—	5,8—9,8

TABLICA 3

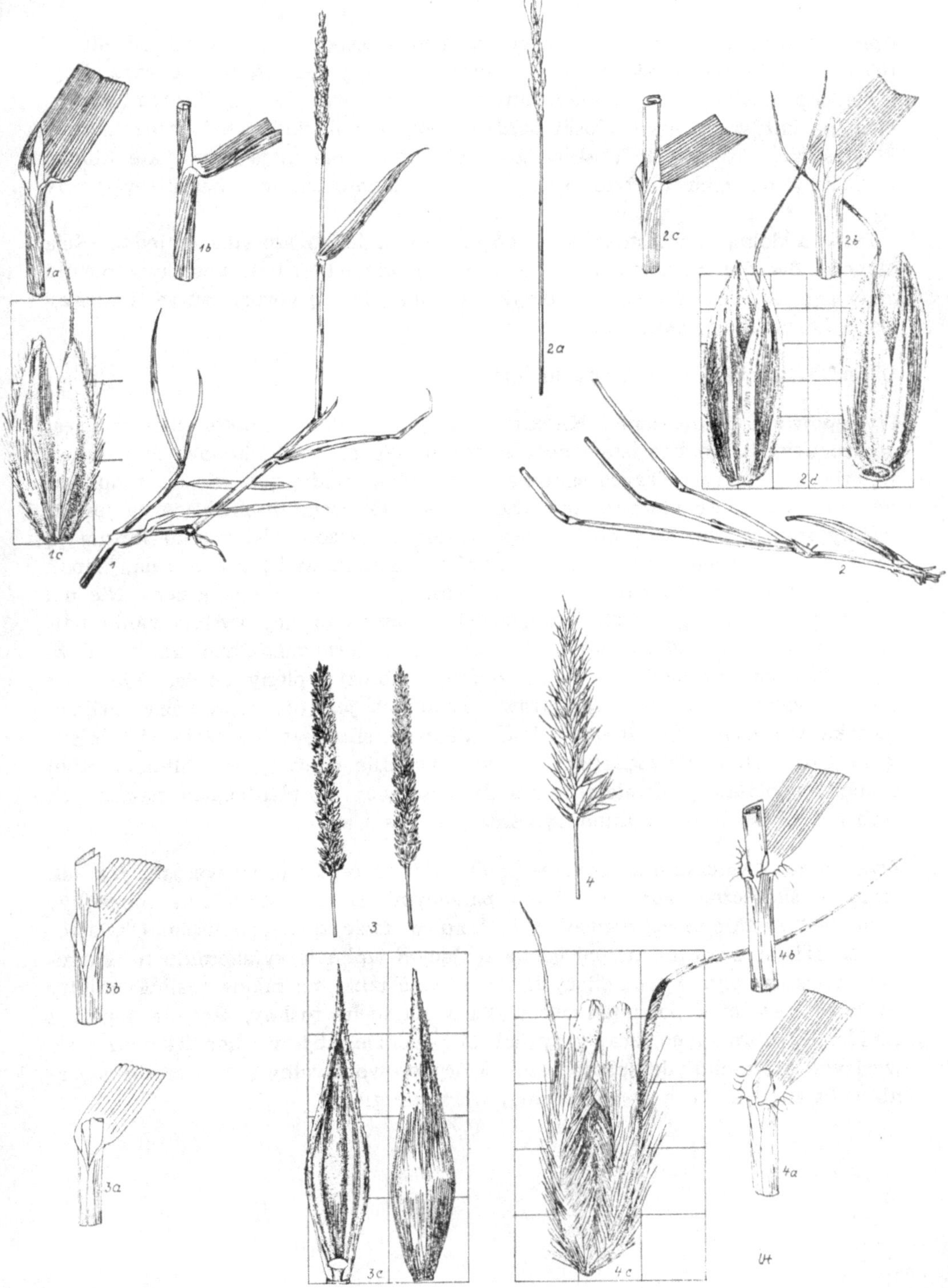

(TABLICA 4/1)

Miotła zbożowa

— *Apera spica-venti* (L.) P. B. (*Agrostis spica-venti* L.)
Rodzina: Trawy — *Gramineae*

Opis. Dwuletnia, rzadziej jednoroczna, trawa kępowa wysokości od 40 do 100 cm; liście nieowłosione, silnie unerwione; języczek liściowy bardzo długi i głęboko postrzępiony; kwiatostanem — wiecha właściwa z licznymi gałązkami na każdym piętrze; kłoski bardzo małe, jednokwiatkowe i bardzo liczne. W stosunku do małych kłosków ziarniaki oplewione mają niezwykle długie, 4—5 razy od nich dłuższe ości, nadające kwiatostanowi charakterystyczny wygląd.

Plewka dolna słomiastożółta, w górnej części lekko szorstka, z jedną ością długości 6—15 mm, wyrastającą poniżej jej wierzchołka; u podstawy plewki mały pęczek białych włosków; przykrywa ona plewkę górną, tak że widoczny jest tylko mały jej skrawek.

Okres kwitnienia: od czerwca do lipca.

Występowanie i znaczenie. Kiełkująca zwykle jesienią miotła zbożowa jest bardzo uciążliwym chwastem zbóż ozimych. W roślinach okopowych nie występuje, a w zbożach jarych spotyka się ją tylko wtedy, gdy wiosenna uprawa roli nie była właściwie przeprowadzona, wskutek czego wschodzące na jesieni rośliny miotły zbożowej nie zostały wiosną zniszczone. Nierzadko można ją spotkać w roślinach pastewnych. Czasami może kiełkować także wiosną, jednak krzewi się wówczas o wiele słabiej niż rośliny wschodzące na jesieni. Nie ma szczególnych wymagań glebowych, chociaż masowemu jej występowaniu najbardziej sprzyjają gleby zbyt wilgotne, mało sprawne. Odznacza się dużą zdolnością konkurencyjną i może znacznie obniżyć plony zboża, jeżeli nie będzie zwalczana. W produkcji traw nasiennych jest ona wprawdzie rzadziej spotykanym chwastem, może jednak niekiedy silnie zachwaszczać ich plantacje. Szczególnie niebezpieczna jest w wiechlinie łąkowej, wiechlinie błotnej i mietlicy białawej. Zwalczanie miotły zbożowej na plantacjach nasiennych tych gatunków traw powinno być szczególnie staranne.

Zwalczanie. Zwalczanie za pomocą środków typu regulatorów wzrostu jest tak samo bezskuteczne, jak i środkami parzącymi. Bardzo skutecznie może być natomiast niszczona za pomocą azotniaku w fazie trzeciego liścia. Chwastobójcze działanie azotniaku polega na trującym wpływie cyjanamidu na korzenie chwastów płytko korzeniących się, a więc także na młode roślinki miotły zbożowej. Azotniak powinien być wysiany na suche rośliny, aby nie poparzył liści roślin uprawnych, oraz przy dobrej pogodzie, aby w ciągu 24 godzin po wysiewie azotniaku nie spadł deszcz, który spowodowałby zmniejszenie stężenia substancji trującej w wierzchniej warstwie gleby.

(TABLICA 4/2)

Śmiałek darniowy

— *Deschampsia caespitosa* (L.) P. B. (*Aira caespitosa* L.)
Rodzina: Trawy — *Gramineae*

Opis. Zbitokępowa trawa o źdźbłach osiągających wysokość ponad 1 m; liście twarde, wskutek wstecznie ustawionych krzemionkowych ząbków są szorstkie, z nielicznymi, bardzo wysokimi żeberkami; linie między żeberkami w świetle przechodzącym białe; języczek długi i ostry; najmłodszy liść złożony; kwiatostanem — wiecha właściwa z długimi zwisającymi gałązkami; kłoski małe, bardzo liczne i dwukwiatkowe.

Ziarniaki oplewione (nasiona) małe, z białawymi delikatnymi plewkami, z pęczkiem włosków u podstawy; ość prosta, nieco dłuższa od ziarniaka oplewionego, wyrastająca u podstawy plewki; osadka biało owłosiona.

Okres kwitnienia: od czerwca do lipca.

Występowanie i znaczenie. Rozpowszechniony, szkodliwy chwast występujący na dość wilgotnych użytkach zielonych. Szczególnie odpowiada mu zmienne uwilgotnienie. Śmiałek darniowy występuje masowo na mokrych łąkach, na których rosną tylko małowartościowe rośliny turzycowate albo trzęślica modra. Na takich stanowiskach nie jest on tak surowo oceniany, ponieważ ma większą wartość niż wspomniane trawy.

Rozsiewa się za pomocą nasion. Według **Petersena** jedna roślina w sprzyjających warunkach może wytworzyć do 100 000 ziarniaków. Rozprzestrzenianiu się śmiałka darniowego najlepiej przeciwdziała utrzymywanie zwartej runi łąkowej.

Śmiałek darniowy nie jest chwastem polnym, a mimo to ziarniaki jego nierzadko zanieczyszczają materiały siewne traw. Za przyczynę tego należy uważać często spotykany fakt przeorywania silnie zachwaszczonych śmiałkiem użytków zielonych; tereny te zaraz po przeoraniu albo po rocznym (bądź dwuletnim) użytkowaniu polowym przeznacza się pod plantacje nasienne traw. Taki sposób postępowania należy w każdym wypadku odradzać.

Ziarniaki śmiałka darniowego nie dają się oddzielić od materiału siewnego wszystkich gatunków wiechlin i konietlicy łąkowej, a częściowo tylko można z nich odczyścić nasiona mietlicy białawej, wyczyńca łąkowego i rajgrasu wyniosłego.

(TABLICA 4/3)

Kłosówka wełnista

— *Holcus lanatus* L.
Rodzina: Trawy — *Gramineae*

Opis. Trwała trawa kępowa wysokości 40—90 cm; liście po obydwu stronach oraz pochwy liściowe miękko, aksamitnie owłosione; blaszki liściowe silnie wygrzbiecone; najniższa pochwa liściowa często z fioletowymi prążkami; języczek długi, prosty, delikatnie postrzępiony. Kwiatostanem jest wiecha właściwa z gałązkami przed okwitnieniem i po okwitnieniu ściśle przylegającymi do osi kwiatostanowej, wskutek czego jest podobna do kłosa. Rozsiewa się za pomocą dwukwiatkowych kłosków lub ziarniaków oplewionych. Kłosek długości 4—5 mm, z białawymi, na grzbiecie owłosionymi plewami, z których krótsza jest bardzo wąska (rys. 3c). Oprócz normalnego dolnego ziarniaka oplewionego znajdują się w kłosku puste plewki z ością hakowato zgiętą w dół, stanowiące pozostałość po kwiatku męskim (rys. 3*b*). Dolny ziarniak oplewiony ma silnie błyszczącą, białawoszarą do żółtawej plewkę dolną, okrywającą prawie cały owoc. Widoczny jest tylko mały skrawek błoniastej matowej plewki górnej. Osadka krótka i cienka, długości około 0,5 mm.

Okres kwitnienia: od maja do sierpnia.

Występowanie i znaczenie. Wcześnie dojrzewający, o małej wartości pastewnej, bardzo rozpowszechniony, uciążliwy chwast, występujący na zaniedbanych użytkach zielonych, przede wszystkim na łąkach. Niejednokrotnie są to łąki zbyt wilgotne, położone na glebach murszowych. Zwalczanie kłosówki wełnistej jest trudne. Zabiegi uprawowe sprzyjają jej rozwojowi, przy czym jest ona trudno wypierana przez pełnowartościowe rośliny pastewne. Szczególnie sprzyja jej rozwojowi stosowanie fizjologicznie kwaśnych nawozów azotowych. Do jej zwalczania przyczynia się wczesne koszenie, wałowanie rozluźnionych gleb łąkowych, unikanie fizjologicznie kwaśnych nawozów azotowych.

Jako chwast polny kłosówka wełnista spotykana jest rzadko, jednak w określonych warunkach może występować niezwykle licznie na starych plantacjach nasiennych traw. Dotyczy to przede wszystkim przeoranych łąk dolinowych, które najczęściej są za wilgotne do użytkowania polowego. Występuje często jako szkodliwy chwast w wiechlinie łąkowej, rajgrasie wyniosłym i kostrzewie łąkowej. Ziarniaki jej nie dadzą się maszynowo oddzielić od materiału siewnego następujących traw: wiechliny łąkowej, wiechliny błotnej, wiechliny zwyczajnej, wyczyńca łąkowego, konietlicy łąkowej i częściowo od rajgrasu wyniosłego, kupkówki, tymotki i mietlicy białawej. Dlatego bardzo ważne jest stosowanie czystego materiału siewnego wymienionych gatunków traw. Poza tym należy zwracać szczególną uwagę, aby razem z trawami nasiennymi nie wykaszać porostu obrzeży pól, na których może rosnąć kłosówka.

(TABLICA 4/4)

Kłosówka miękka

— *Holcus mollis* L.
Rodzina: Trawy — *Gramineae*

Opis. Trwała trawa, z podziemnymi rozłogami, wysokości 30—75 cm; górne liście i pochwy liściowe nagie; języczki liściowe średnio długie; charakterystyczną cechą są dokoła owłosione kolanka; kwiatostanem — wiecha właściwa, której gałązki przed okwitnieniem i po okwitnieniu ściśle przylegają do osi kwiatostanowej; kłoski małe, dwukwiatkowe; kolankowato zgięte ości górnych męskich kwiatków wystają daleko poza plewy, wówczas gdy hakowate zgięte ości kłosówki wełnistej rzadko są widoczne.

Roślina rozsiewa się za pomocą kłosków albo ziarniaków oplewionych; różni się od kłosówki wełnistej przede wszystkim kolankowato zgiętymi, dłuższymi ościami grzbietowych męskich kwiatków i silniejszym orzęsieniem grzbietów plew.

Okres kwitnienia: od czerwca do sierpnia.

Występowanie i znaczenie. Kłosówka miękka, tworząca poduszkowate skupienia w lasach sosnowych, jest również nierzadkim chwastem polnym na kwaśnych, ubogich, niesprawnych glebach; występuje przede wszystkim na torfowiskach wysokich, rzadziej na ubogich glebach piaszczystych; wapnowanie i poprawienie sprawności tych gleb przez nawożenie organiczne powoduje szybkie jej ustępowanie; rozprzestrzenia się głównie przez rozłogi podziemne (wegetatywnie), chociaż niekiedy również rozmnaża się generatywnie.

Na plantacjach traw nasiennych kłosówka miękka nie ma większego znaczenia, gdyż na polach, na których występuje, nie uprawia się traw nasiennych. Szkodliwa domieszka jej nasion tylko częściowo daje się oddzielić od materiału siewnego wiechlin, wyczyńca łąkowego, rajgrasu wyniosłego, konietlicy łąkowej i kupkówki.

TABLICA 4

1. **Miotła zbożowa** — kwiatostan, *1a* — odcinek liścia z języczkiem, *1b* — odcinek liścia z najmłodszym liściem zwiniętym, *1c* — kłosek, *1d* — ziarniak oplewiony
2. **Śmiałek darniowy** — kwiatostan, *2a* — odcinek liścia z języczkiem, *2b* — odcinek liścia z najmłodszym liściem złożonym, *2c* — kłosek, *2d* — ziarniak oplewiony
3. **Kłosówka wełnista** — kwiatostan, *3a* — odcinek liścia z języczkiem, *3b* — odcinek liścia z najmłodszym liściem zwiniętym, *3c* — kłoski, *3d* — ziarniaki oplewione; dolny — z ziarniakiem, górny — płonny, z hakowato zgiętą ością na zewnątrz
4. **Kłosówka miękka** — kwiatostan, *4a* — odcinek liścia z języczkiem, *4b* — część źdźbła z owłosionym kolankiem, *4c* — kłosek, *4d* — ziarniaki oplewione; dolny — pełny, górny — pusty (puste plewki) z kolankowato zgiętą ością

Cechy rozpoznawcze i porównawcze

	Miotła zbożowa	Śmiałek darniowy	Kłosówka wełnista	Kłosówka miękka
Forma wzrostu i występowanie	pospolity chwast zbóż; trawa kępowa, wysokości od 40 do 110 cm	najbardziej niebezpieczny chwast występujący na wilgotnych użytkach zielonych; zbitokępowa trawa, o źdźbłach długości ponad 1 m	uciążliwy chwast użytków zielonych; trwała trawa kępowa, o długości od 40 do 90 cm	chwast polny, wysokości 30—75 cm, występujący na ubogich kwaśnych glebach (torfowiska wysokie) i na lekkich zacienionych glebach darniowych; tworzy luźną darń, z długimi podziemnymi rozłogami
Liście	nieowłosione, silnie unerwione	twarde, wstecznie szorstkie, z silnie wystającymi szerokimi nerwami, między którymi widoczne są pod światłem białe linie	liście i pochwy liściowe po obu stronach aksamitnie owłosione	górne liście i pochwy liściowe nagie; kolanka dookoła owłosione (cecha charakterystyczna)
Języczek liściowy	bardzo długi, głęboko postrzępiony	długi, ostry	długi, tępy, delikatnie postrzępiony	średnio długi
Kwiatostan	duża wiecha właściwa, z długimi zwisającymi gałązkami	duża wiecha właściwa, z długimi zwisającymi gałązkami	wiecha właściwa, przed okwitnieniem i po okwitnieniu kłosowato skupiona	wiecha właściwa przed okwitnieniem i po okwitnieniu kłosowato skupiona
Kłoski	bardzo małe, jednokwiatkowe, z bardzo długą ością	małe, bardzo liczne, dwukwiatkowe	średnio duże, dwukwiatkowe; górne kwiatki męskie z hakowato zgiętymi ośćmi; dolne kwiatki obupłciowe; obie plewy na grzbiecie owłosione, z których krótsza jest bardzo wąska	dwukwiatkowe; górne męskie kwiatki z kolankowato zgiętymi ośćmi, dolne obupłciowe
Ziarniak oplewiony (nasienie)	mały; plewka dolna słomiastożółta, w górnej części lekko szorstka, poniżej jej wierzchołka wyrasta ość długości 6—15 mm, u nasady plewki znajduje się mały pęczek białych włosków; plewka górna tylko nieznacznie widoczna	mały, z delikatnymi białymi plewkami i pęczkiem włosków u nasady; ość wyrasta z nasady plewek, takiej samej długości jak plewki; osadka biało owłosiona	średnio duży; plewka dolna płodnego kwiatka białawozara do żółtawej, silnie błyszcząca; plewka górna cienka, błoniasta, matowa, widoczny tylko mały jej skrawek; osadka krótka i cienka	różni się od ziarniaka kłosówki wełnistej kolankowato zgiętymi ośćmi bezpłodnego kłoska; płodny kłosek najczęściej ościsty, podobnie jak u kłosówki wełnistej

	Miotła zbożowa	Śmiałek darniowy	Kłosówka wełnista: ziarniak oplewiony	Kłosówka wełnista: kłosek	Kłosówka miękka: ziarniak oplewiony	Kłosówka miękka: kłosek
grubość	0,3—0,5	0,4—0,85	0.4—0,7	0,6—1,4	0,4—0,6	0,6—1,2
szerokość	0,5—1,1	0,6—1,3	1,0—1,4	1,5—2,25	0,7—1,0	1,2—2,25
długość bez ości	2,1—2,9	2,1—3,4	1,9—2,6	3,2—4,4	1,5—2,3	3,5—5,1
długość z ością	6,1—17,4	3,0—4,0	—	—	—	—

TABLICA 4

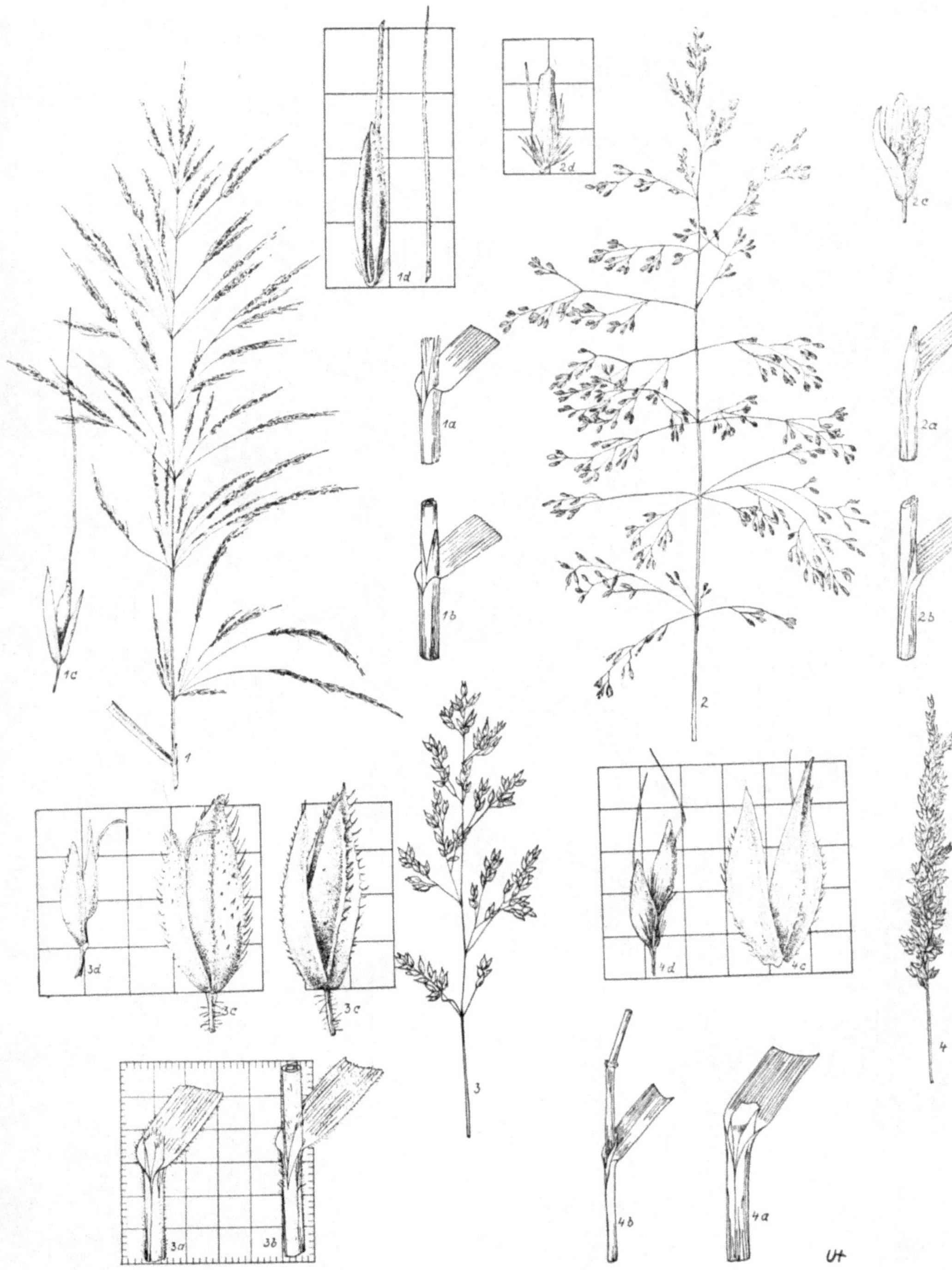

(TABLICA 5/1)

Wiechlina zwyczajna

— *Poa trivialis* L.
Rodzina: Trawy — *Gramineae*

Opis. Trawa trwała, z nadziemnymi rozłogami, o źdźbłach wysokości do 1 m; liście z dwiema wyraźnymi środkowymi liniami („szynami"), spiczaste, od podstawy blaszki liściowej ku wierzchołkowi stopniowo zwężające się, po stronie dolnej (grzbietowej) błyszczące; najmłodszy liść złożony; języczek długi, ostro zakończony, u młodych liści nieco krótszy, wyraźnie na środku zaostrzony; kwiatostanem — wiecha właściwa, o 5 gałązkach na najniższym piętrze; kłoski małe, o 3—4 kwiatkach, bezostne. Pomylić ją można najłatwiej z wiechliną płodną, nazywaną także wiechliną błotną (*Poa palustris* syn. *P. fertilis* i *P. serotina*), prawie nigdy nie występująca jako obca domieszka.

Ziarniaki oplewione (nasienie) w przekroju poprzecznym trójgraniaste, długości poniżej 3 mm; plewka dolna silnie wygrzbiecona, w górnej części bez błonkowatego zakończenia, otaczająca bokami plewkę górną; grzbiet plewki dolnej, jak i plewki górnej, pokryty krótkimi włoskami, zakończonymi drobnymi haczykowatymi ząbkami; nerwy boczne plewek, w przeciwieństwie do wiechliny łąkowej, nieowłosione; włoski wełniste występują tylko u ich podstawy; osadka bardzo cienka, długości 0,6—0,9 mm, na wierzchołku z miseczkowatym wgłębieniem.

Okres kwitnienia: maj — czerwiec.

Występowanie i znaczenie. Wartościowa trawa niska występująca na wilgotnych łąkach i pastwiskach; na wcześnie koszonych, i nawet okresowo nie przesuszanych użytkach zielonych daje duży odrost także po 2 i 3 pokosie.

Wiechlina zwyczajna jako chwast polny może być bardzo uciążliwa na glebach ciężkich i średnio ciężkich w rejonach o dużych opadach; występuje przede wszystkim w zbożach ozimych, i to zarówno uprawianych na paszę w płodozmianie, jak i na nasiona, nie brakuje jej także w zbożach jarych i w roślinach okopowych.

Na plantacjach wiechlin łąkowej i błotnej, konietlicy łąkowej i mietlicy białawej domieszka tego chwastu jest szczególnie surowo oceniana, ponieważ nasiona jego nie dają się maszynowo oddzielić od nasion tych gatunków traw. Odrost wiechliny łąkowej zachwaszczonej przez wiechlinę zwyczajną można wykorzystać, jeżeli skosi się go i wysuszy na ziemi dopiero po osiągnięciu dojrzałości martwej. W czasie przewracania pokosów nasiona wiechliny zwyczajnej osypują się, ponieważ jej ziarniaki są nieowłosione na nerwach, natomiast nasiona wiechliny łąkowej — wskutek silnego owłosienia ziarniaków — nie osypują się wcale lub w bardzo niewielkim stopniu.

Wiechlina zwyczajna jako chwast masowo występuje przede wszystkim w gospodarstwach, w których nie przechowuje się właściwie obornika. Stosowanie obornika dobrze przegniłego jest najistotniejszym warunkiem trwałego jej wyniszczenia. Azotniak i kainit niszczą wiechlinę zwyczajną tylko w fazie kiełkowania, natomiast w fazie drugiego liścia są bezskuteczne.

(TABLICA 5/2)

Wiechlina łąkowa

— *Poa pratensis* L.
Rodzina: Trawy — *Gramineae*

Opis. Trwała trawa niska, o podziemnych rozłogach i źdźbłach wysokości 35—100 cm; liście z dwoma rowkami („szynami") na środku strony brzusznej; blaszka liściowa, zależnie od kształtu, jest różnej szerokości, przeważnie równowąska i łódeczkowato zakończona; najmłodszy liść złożony; języczek liściowy krótki do średnio długiego, prawie tępo ucięty; kwiatostanem jest wiecha właściwa, z 5 gałązkami na każdym piętrze, bardziej skupiona niż u wiechliny zwyczajnej; kłoski małe, o 3—5 kwiatkach, bezostne.

Ziarniak oplewiony (nasienie), w przekroju poprzecznym trójgraniasty, długości poniżej 3 mm; plewka dolna ostro wygrzbiecona i niewyraźnie unerwiona, a jej wierzchołek bez łuskowatego zakończenia; nerwy boczne plewek dolnej i górnej do połowy silnie owłosione, a u podstawy wełnisto owłosione; osadka najczęściej krótka (0,3—0,5 mm), gruba, cylindryczna, u górnych ziarniaków kłoska długości do 1,5 mm, cienka.

Okres kwitnienia: początek czerwca.

Występowanie i znaczenie. Najważniejsza trawa pastwiskowa na lekkich i torfiastych glebach, zwłaszcza na suchszych stanowiskach; ma także duże znaczenie na tych glebach jako trawa niska łąk trwałych; dobrze znosi surowy klimat i wdzięczna jest za obfite nawożenie, zwłaszcza azotowe i organiczne; jako chwast nigdy nie występuje; na plantacjach nasiennych innych traw może występować jako domieszka tylko wtedy, gdy zostanie wysiana z materiałem siewnym uprawianego gatunku.

Całkowite maszynowe oddzielenie materiału siewnego wiechliny łąkowej nasion wiechlin — błotnej i zwyczajnej, a także konietlicy łąkowej i rajgrasu wyniosłego, jest możliwe tylko częściowo.

(TABLICA 5/3)

Wiechlina roczna

— *Poa annua* L.
Rodzina: Trawy — *Gramineae*

Opis. Trawa niska, jednoroczna kwitnąca i owocująca prawie przez cały okres wegetacji, osiągająca wysokość od 5 do 30 cm; liście z dwoma rowkami („szynami") na środku; blaszka liściowa równowąska i łódeczkowato zakończona; najmłodszy liść złożony; języczek średnio długi do długiego, biały; kwiatostanem — wiecha właściwa, przeważnie z nielicznymi gałązkami; na jednej roślinie najczęściej jednocześnie występują pędy rozwijające się, kwitnące i owocujące; kłoski małe, o 2—5 kwiatkach, bezostne.

Ziarniak oplewiony (nasienie) w przekroju poprzecznym trójgraniasty, długości poniżej 3 mm; plewka dolna silnie wygrzbiecona, w górnej części szeroka, błoniasto obrzeżona; plewka górna na wierzchołku silnie zwinięta, odstająca; grzbiet jej owłosiony długimi, białymi włoskami; osadka długa, cienka, cylindryczna.

Okres kwitnienia: prawie przez cały okres wegetacji.

Występowanie i znaczenie. Wiechlina roczna, jako trawa odporna na udeptywanie, krzewi się przy drogach i na silnie udeptanych, pustych miejscach na pastwiskach; jako chwast polny ma niewielkie znaczenie z powodu małej siły konkurencyjnej i jest wypierana przez rośliny uprawne; według niektórych badaczy poprawia stan gleby; w lucernie jest najczęstszym chwastem, często nawet uciążliwym, natomiast w mieszankach lucerny z trawami nie występuje; poza tym jest bardzo uciążliwym chwastem w ogrodach, na boiskach sportowych, podwórzach, a także na wszystkich placach, gdzie nie powinno być żadnego porostu roślinnego.

Wiechlina roczna rozmnaża się tylko za pomocą nasion, które w miarę dojrzewania opadają; bardzo rzadko jest wysiewana; czasem spotykana bywa tylko w materiale siewnym wiechlin łąkowej i błotnej, jako domieszka nie dająca się oddzielić.

Jeżeli prace pielęgnacyjne przy uprawie roślin okopowych będą starannie przeprowadzane, a ścierniska dostatecznie wcześnie podorywane, żadna dodatkowa walka z wiechliną roczną nie będzie potrzebna.

(TABLICA 5/4)

Turzyca zajęcza

— *Carex leporina* L.
Rodzina: Turzycowate — *Cyperaceae*

Opis. Niska, kępowa turzyca, wysokości od 15 do 40 cm; liście wyprostowane, szerokości około 3 mm, najczęściej krótsze niż źdźbło, na grzbiecie i obydwu brzegach ostre; źdźbła silnie wyprostowane, poniżej kwiatostanów ostro trójkanciaste, ku dołowi przytępione i gładkie; kwiatostan składa się z 4—6 kłosków, przed kwitnieniem podłużnie jajowatych, a w okresie dojrzewania odwrotnie jajowatych; kłoski naprzemianległe, ale ściśle przylegające do pędu głównego, wskutek czego są podobne do łapek zająca; w dolnych kłoskach znajdują się kwiaty męskie (rys. 4*a*), a w górnych — żeńskie (rys. 4*b*), dlatego kłoski przed kwitnieniem są jajowate; plewki poszczególnych kwiatków są lancetowate do jajowatolancetowatych, szarobrunatne, biało obrzeżone, z zielonym środkowym nerwem; żeńskie kwiatki są jajowate, niewyraźnie unerwione, z delikatnie piłkowanym skrzydełkiem, zakończonym dwuząbkowym dzióbkiem (rys. 4*c*).

Turzyca zajęcza rozsiewa się za pomocą owoców w pęcherzyku (rys. 4*c*); pęcherzyk płasko jajowaty, przechodzący w niewyraźny dwuząbkowy dzióbek, z delikatnie piłkowanym skrzydełkiem; owoc długości około 2 mm i szerokości 1 mm, płaski, owalny, ostro zakończony.

Okres kwitnienia: od końca kwietnia do lipca.

Występowanie i znaczenie. Trwała kępowa turzyca zajęcza występuje przede wszystkim na mokrych łąkach torfowych; często spotyka się ją także nad brzegami strumieni, stawów i rowów; znosi dobrze duże zmiany wilgotności gleby; rozmnaża się nie tylko wegetatywnie, ale także generatywnie przez nasiona; jako chwast polny nie ma znaczenia, ale nierzadko występuje jako domieszka w materiałach siewnych wiechlin błotnej i zwyczajnej, kostrzewy czerwonej, komonicy błotnej, a czasem także innych gatunków traw. Walka z nią polega przede wszystkim na stosowaniu czystego materiału siewnego wymienionych gatunków oraz zapobieganiu przenoszenia się jej z brzegów pól na plantacje nasienne traw.

TABLICA 5

1. **Wiechlina zwyczajna** — kwiatostan, *1a* — blaszka liściowa, *1b* — odcinek liścia z języczkiem, *1c* — odcinek liścia z najmłodszym liściem złożonym, *1d* — ziarniak oplewiony
2. **Wiechlina łąkowa** — kwiatostan, *2a* — blaszka liściowa łódeczkowato zakończona, rozwidlająca się, *2b* — odcinek liścia z języczkiem, *2c* — odcinek liścia z najmłodszym liściem złożonym, *3d* — ziarniak oplewiony
3. **Wiechlina roczna** — młoda roślina z pędem kwiatonośnym, *3a* — odcinek liścia z języczkiem, *3b* — odcinek liścia z najmłodszym liściem złożonym, *3c* — ziarniak oplewiony
4. **Turzyca zajęcza** — z odciętym kwiatostanem, *4a* — kwiatek męski z plewką, *4b* — kwiatek żeński z plewką, *4c* — owoc z jajowato rozszerzającym się skrzydełkiem pęcherzyka

	Wiechlina zwyczajna	Wiechlina łąkowa	Wiechlina roczna	Turzyca zajęcza
Typ wzrostu	tworzy darń za pomocą nadziemnych rozłogów, wysokości 40—100 cm	tworzy darń za pomocą podziemnych rozłogów, wysokości 35—100 cm	mała jednoroczna trawa kępowa wysokości 5—30 cm	turzyca niska kępowa, wysokości 15—40 cm
Źdźbło	poniżej wiechy ku dołowi szorstkie	poniżej wiechy ku dołowi gładkie	poniżej wiechy ku dołowi gładkie	wyprostowane, poniżej kwiatostanu w górnej części ostro trójkanciaste, w dolnej części tępo kanciaste, gładkie
Liście	z dwiema „szynami", ostro zakończone, po stronie grzbietowej błyszczące; najmłodszy liść złożony	z dwiema „szynami", równowąskie, łódeczkowato zakończone; najmłodszy liść złożony	z dwiema „szynami", równowąskie, łódeczkowato zakończone; najmłodszy liść złożony	silnie wygrzbiecone, wyprostowane, szerokości około 3 mm, na grzbiecie i brzegach bardzo ostre
Języczek liściowy	długi, ostry, u młodszych liści krótszy, jednakże z wyraźnym spiczastym zakończeniem	krótki do średnio długiego, prawie tępo zakończony	średnio długi lub długi, biały	brak
Kwiatostan	luźna wiecha właściwa, o 5 gałązkach na najniższym piętrze	skupiona wiecha właściwa, o 5 gałązkach na najniższym piętrze	wiecha właściwa, najczęściej z jedną lub dwiema gałązkami na każdym piętrze	składa się z 4—6 kłosków naprzemianległych, skupionych, wskutek czego podobny jest do łapek zająca
Kłosek	mały, o 3—4 kwiatkach, bezostny	mały, o 3—5 kwiatkach, bezostny	mały, o 2—5 kwiatkach, bezostny	męskie kwiatki umieszczone na dole, liczne kwiatki żeńskie wyżej, dlatego kłoski przed kwitnieniem są jajowate, a po okwitnieniu odwrotnie jajowate; plewki poszczególnych kwiatków jajowato-lancetowate, szarobrunatne, biało obrzeżone, z zielonym środkowym nerwem
Owoc (nasienie)	trójgraniasty, długości poniżej 3 mm; plewka dolna silnie wygrzbiecona, w górnej części niebłoniasta, brzegami otaczająca plewkę górną; grzbiet jej, jak i plewki górnej, pokryty krótkimi włoskami; ner-	trójgraniasty, długości poniżej 3 mm; plewka dolna ostro wygrzbiecona, niewyraźnie unerwiona, w górnej części niebłoniasta; boczne nerwy plewki dolnej i górnej aż do połowy silnie owłosione, przy nasadzie	trójgraniasty, krótszy od 3 mm; plewka dolna silnie wygrzbiecona, w górnej części szeroka, błoniasto obrzeżona; plewka górna na szczycie silnie zwinięta, odstająca; grzbiet jej owłosiony długimi, biały-	owoc w pęcherzyku płasko jajowaty, długości 2 mm, szerokości 1 mm, delikatnie unerwiony, z lekko piłkowanym skrzydełkiem, zakończony dwuząbkowym dzióbkiem

	Wiechlina zwyczajna	Wiechlina łąkowa	Wiechlina roczna	Turzyca zajęcza	
	wy boczne nieowłosione, włoski wełniste występują tylko u nasady plewek; osadka bardzo cienka, długości 0,6—0,9 mm, z miseczkowatym zagłębieniem na wierzchołku	mają również długie wełniste włoski, osadka najczęściej krótka (0,3—0,5 mm), cylindryczna, gruba; górne ziarniaki oplewione, o osadkach cienkich, długości do 1,5 mm	mi włoskami; osadka długa, cienka, cylindryczna		
				owoc bez pęcherzyka	owoc w pęcherzyku
grubość	0,4—0,7	0,4—0,8	0,5—0,9	0,3—0,7	0,4—0,8
szerokość	0,6—0,9	0,6—1,0	0,7—1,6	0,6—1,4	0,9—2,0
długość	2,0—2,9	2,5—3,2	2,5—3,5	1,6—2,6	3,7—5,0

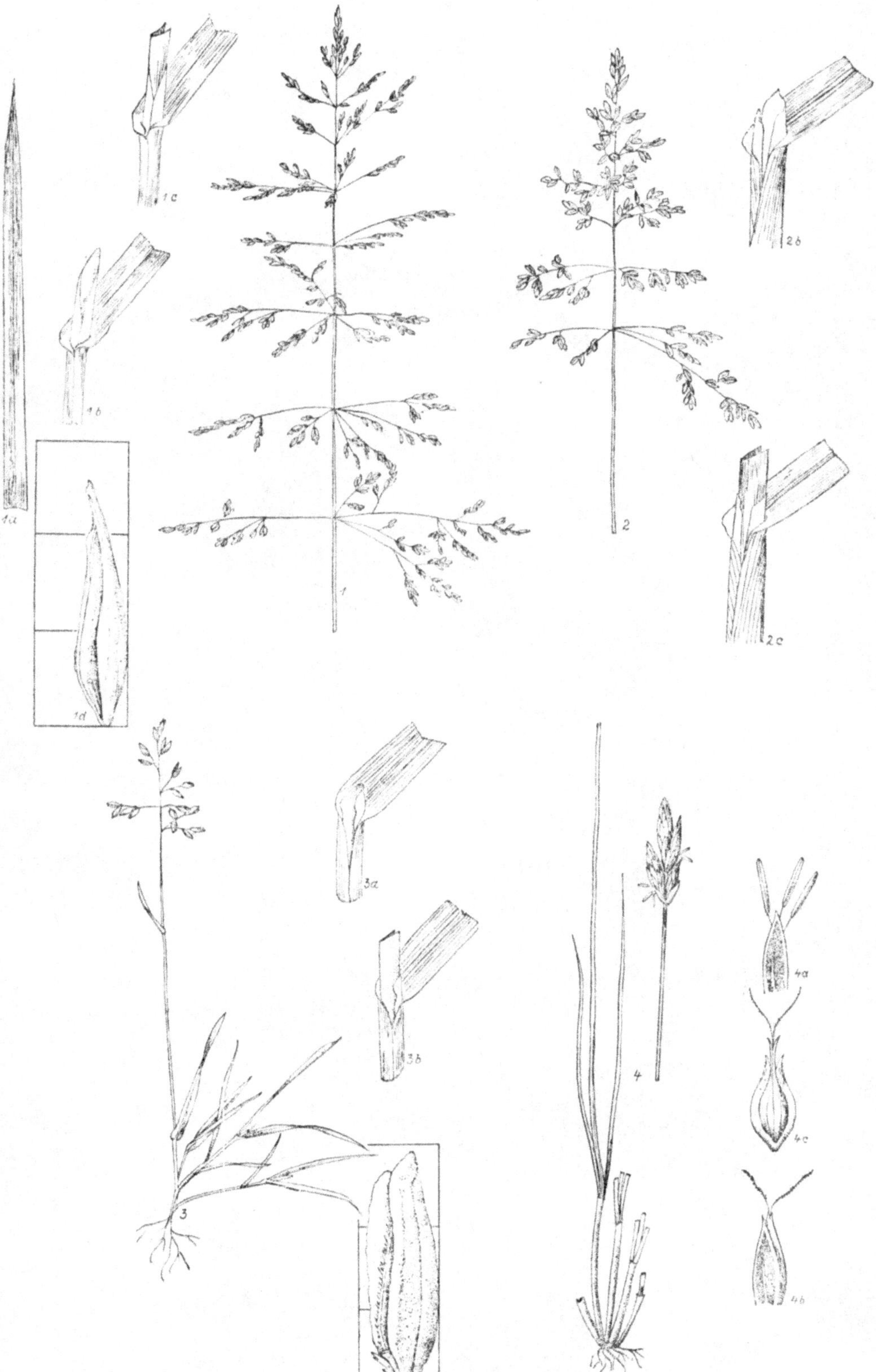

(TABLICA 6/1)

Włośnica zielona

— *Setaria viridis* (L.) P. B. (*Panicum viride* L.)
Rodzina: Trawy — *Gramineae*

Opis. Trawa prosowata, o wyprostowanych zdźbłach, wysokości 20—60 cm; liście nagie, nieżeberkowane, z szeroką białą smugą na środku; zamiast języczka wianuszek włosków; brzegi pochwy liściowej owłosione; kwiatostanem — walcowaty kłos pozorny pochodzenia wiechowatego (wiecha kłoskokształtna), z licznymi szczecinkami, najczęściej zielonymi, rzadziej fioletowo-brunatnymi; kłoski jednoziarniakowe, białawożółte, z 3 plewami, z których najniższa jest mała, długości tylko 1 mm, trójkanciasta, z 3 nerwami; z osadki kłoskowej wyrastają najczęściej 2 szczecinki, 3—4 razy dłuższe od kłoska (rys. 1*d*), wstecznie szorstkie wskutek do przodu skierowanych ząbków.

Ziarniak oplewiony owalny; plewka dolna drobno kropkowana, z niewyraźnymi nerwami wzdłuż, o zaokrąglonych brzegach, obejmująca nieco plewkę górną; plewka górna płaska, o gładkich błyszczących brzegach, z matowym, chropowato kropkowanym pasmem na środku.

Okres kwitnienia: lipiec — sierpień.

Występowanie i znaczenie. Włośnica zielona jest jednorocznym chwastem polnym, występującym na słabo kwaśnych, lekkich glebach; masowo może występować wśród roślin okopowych i warzywnych, na kopczyskach oraz nierzadko można ją spotkać w zbożach jarych; nie występuje jedynie w zbożach ozimych; nie ma specjalnych wymagań pokarmowych.

Chociaż włośnica zielona, jako jednoroczny chwast, rozmnaża się tylko przez nasiona, to jednak rzadko trafia na pole z materiałem siewnym. Całkowite oddzielenie jej nasion od materiału siewnego roślin koniczynowatych nie jest możliwe, natomiast oddzielenie od materiałów siewnych innych gatunków, z wyjątkiem prosowatych, nie sprawia trudności. Na polach zachwaszczonych włośnicą zieloną nie powinno się wysiewać lucerny, komonicy zwyczajnej i przelotu pospolitego. Nasiona z zachwaszczonych włośnicą zieloną zasiewów wieloletnich gatunków można zbierać w 2 lub 3 roku użytkowania, jeżeli w poprzednich latach wcześnie były koszone na paszę, przed wytworzeniem i rozsianiem nasion przez włośnicę.

Zwalczanie włośnicy zielonej jest możliwe tylko za pomocą takich herbicydów, jak kwas dwuchloropropionowy (DCP) i kwas trójchloropropionowy (TCP). Występowanie tego chwastu można również znacznie ograniczyć (lub całkowicie go zniszczyć) przez staranne pielęgnowanie roślin okopowych, odpowiednio wczesne wykonywanie podorywek i poprawienie sprawności gleby.

Włośnica sina

— *Setaria glauca* (L.) P. B. (*S. pumila* [Poir] R. et Schult., *S. lutescens* Hubbard, *Panicum glaucum*, *P. pumilum*)
Rodzina: Trawy — *Gramineae*

Opis. Jednoroczny gatunek włośnicy, o źdźbłach wysokości 20—60 cm; liście nieżeberkowane, z szeroką, białą, podłużną smugą na środku; na brzegach, zwłaszcza u podstawy blaszki liściowej, najczęściej z długim orzęsieniem; zamiast języczka wianuszek włosków; w przeciwieństwie do włośnicy zielonej brzegi pochwy liściowej nieowłosione; kwiatostanem — walcowaty kłos pozorny pochodzenia wiechowatego (wiecha kłosokształtna), z licznymi brunatnożółtymi szczecinkami.

Ziarniak oplewiony o silnie wypukłej, poprzecznie pomarszczonej plewce dolnej, nieco wystającej nad plewkę górną; plewka górna płaska, pokryta drobnymi guzkami; obie plewki, górna i dolna, zielonkawe lub słomkowożółte do szarobrunatnych.

W kłosku plewka dolna jest otoczona jedną plewą, natomiast do plewki górnej przylegają 2 plewy; poprzecznie pomarszczona plewka dolna zawsze wyraźnie widoczna, ponieważ otaczająca ją, ostro zakończona plewa jest mniej więcej o połowę krótsza od ziarniaka oplewionego (rys. 2*c* i 2*d*); natomiast większa plewa przykrywa całą plewkę górną (rys. 2*c* i 2*e*); z osadki kłoskowej wyrasta pęczek brunatnożółtych, szorstkich szczecinek, dwa razy dłuższych od kłoska.

Okres kwitnienia: od lipca do września.

Występowanie, znaczenie i zwalczanie. Chwast polny często spotykany na glebach lekkich i średniozwięzłych; wydaje się dość obojętny w stosunku do rozmaitych czynników wzrostu; pojawia się przede wszystkim w roślinach okopowych i warzywnych, na kopczyskach i brzegach dróg, a także w zbożach, w kukurydzy i w zasiewach roślin strączkowych. Zaniedbane i ubogie łąki mogą również być zachwaszczone przez włośnicę siną. Na użytkach zielonych powinna ona uchodzić za absolutny chwast, ponieważ zwierzęta jedzą ją tylko, gdy jest młoda, a później omijają ją.

Zwalczanie tego chwastu polega na stosowaniu czystego materiału siewnego, starannym pielęgnowaniu roślin okopowych, wczesnym przeprowadzaniu podorywek oraz na unikaniu zawleczenia jej nasion z niedostatecznie przegniłym obornikiem i odpadkami poomłotowymi. W zwalczaniu za pomocą środków chemicznych duże znaczenie mają Dalapon i Omnidel Spezial (kwas α, α-dwuchloropropionowy).

Oddzielanie ziarniaków włośnicy sinej od nasion roślin motylkowatych (koniczyny łąkowej, lucerny nerkowatej (chmielowej), komonicy zwyczajnej, nostrzyka i lucerny siewnej) bez czyszczalni magnetycznej jest trudne i udaje się tylko częściowo. Wymienione gatunki nie powinny być uprawiane na nasiona na polach zachwaszczonych włośnicą siną.

(TABLICA 6/3)

Chwastnica jednostronna

— *Echinochloa crus-galli* (L.) P. B. (*Panicum crus-galli* L.)
Rodzina: Trawy — *Gramineae*

Opis. Roślina prosowata, o zgiętych, kolankowato podnoszących się źdźbłach, długości od 40 do 120 cm; liście dosyć szerokie, nagie, gładkie, z szerokim białym pasem przebiegającym przez środek; na stronie dolnej i u podstawy blaszki liściowej pojedyncze, dosyć długie włoski; języczka brak, w jego miejscu nie ma także wianuszka włosków; pochwa liściowa zamknięta i naga. Kwiatostan składa się z wielu naprzemian- lub naprzeciwległych kłosów pozornych (kłos palczasto-groniasty) pochodzenia wiechowatego; kłoski liczne, małe, jednokwiatkowe, z ością różnej długości.

Chwastnica jednostronna rozsiewa się za pomocą ziarniaków oplewionych lub kłosków; ziarniaki (rys. 3*d*) eliptycznojajowate, na obu końcach zaostrzone; plewka dolna silnie wypukła i otaczająca nieco plewkę górną; plewka górna płaska; obie plewki żółte do szarych, silnie błyszczące.

Plewy białawe do szarobiaławych, często fioletowo nabiegłe, licznie unerwione i szorstko owłosione; plewa przylegająca do plewki dolnej — silnie wypukła, kolczasto zakończona; druga plewa, do której bezpośrednio przylega plewka górna, jest płaska, z mniej lub bardziej długą ością; najniższa plewa długości równej $^1/_4$ długości ziarniaka oplewionego, obejmująca prawie cały kłosek.

Okres kwitnienia: od lipca do sierpnia.

Występowanie i znaczenie. Jako późno wschodzący, jednoroczny chwast polny chwastnica jednostronna występuje przede wszystkim wśród roślin okopowych, kukurydzy, w ogrodach, a czasem na niezbyt zwartych plantacjach roślin pastewnych, przy drogach, w winnicach itd.; na ogół nie spotyka się jej w zbożach; na nie podoranych ścierniskach zbóż ozimych nasiona jej mogą dojrzewać; jako chwast krajów cieplejszych jest szczególnie rozprzestrzeniona i bardzo uciążliwa na polach ryżowych; najlepiej odpowiadają jej gleby przewiewne, żyzne, lekkie do średnio zwięzłych; na kwasowość gleby jest obojętna.

Zwalczanie chwastnicy jednostronnej za pomocą herbicydów typu regulatorów wzrostu bądź parzących, lub też azotniakiem nie jest możliwe, ponieważ jako gatunek trawiasty jest o wiele odporniejsza na nie od roślin uprawnych, w których występuje. Chwast ten jest jednakże wrażliwy na działanie kwasu dwuchloropropionowego (Omnidel Spezial = Dalapon) i kwasu trójchloropropionowego. W uprawie roślin pastewnych szczególne znaczenie przypisuje się stosowaniu czystego materiału siewnego roślin koniczynowatych, a w uprawie roślin okopowych — starannemu przeprowadzaniu prac pielęgnacyjnych. **Wehsarg** uważa za najlepszy sposób walki z chwastnicą jednostronną poprawienie sprawności gleby przez wapnowanie i nawożenie organiczne. W sprawnej glebie nasiona jej będą wkrótce zniszczone przez mikroorganizmy, a więc siłę kiełkowania zachowają tylko przez niedługi okres.

Nasiona chwastnicy jednostronnej trudno całkowicie oddzielić od nasion lucerny i przelotu, dlatego z plantacji tych roślin powinno się ją usuwać w okresie wegetacji.

TABLICA 6

1. **Włośnica zielona** — kwiatostan, *1a* — odcinek liścia z wianuszkiem włosków zamiast języczka, *1b* — odcinek liścia z najmłodszym liściem zwiniętym, *1c* — kłosek widziany od strony brzusznej i grzbietowej, *1d* — kłosek z dwiema długimi szczecinkami
2. **Włośnica sina** — kwiatostan, *2a* — odcinek liścia z wianuszkiem włosków zamiast języczka, *2b* — odcinek liścia z najmłodszym liściem zwiniętym, *2c* — kłosek widziany od strony brzusznej, *2d* — kłosek widziany od strony grzbietowej, *2e* — kłosek z pęczkiem szczecinek widziany z boku
3. **Chwastnica jednostronna** — kwiatostan, *3a* — odcinek liścia (bez języczka i bez wianuszka włosków), *3b* — odcinek źdźbła, *3c* — kłosek od strony brzusznej, *3d* — kłosek widziany od strony grzbietowej, *3e* — ziarniak oplewiony widziany od strony brzusznej i z boku

Cechy rozpoznawcze i porównawcze

	Włośnica zielona	Włośnica sina	Chwastnica jednostronna
Forma wzrostu	trawa kępowa	trawa kępowa	trawa luźnokępowa, z kolankowato podnoszącymi się źdźbłami
Wysokość	20—60 cm	20—60 cm	40—120 cm
Liście	nagie, nieżeberkowane, z szerokim białym pasem na środku	nagie, nieżeberkowane, z przebiegającym na środku szerokim białym pasem	nagie, nieunerwione, z białym szerokim pasem biegnącym przez środek, u nasady blaszki liściowej i na stronie grzbietowej pojedyncze dość długie włoski
Języczek liściowy	brak, zamiast języczka wianuszek włosków; [brzeg pochwy liściowej owłosiony]	brak, zamiast języczka wianuszek włosków; pochwa liściowa na brzegach skąpo orzęsiona	brak, również bez wianuszka włosków
Kwiatostan	wiecha kłosokształtna (jak u włośnicy ber), z licznymi najczęściej zielonymi, rzadziej fioletowobrunatnymi szczecinkami	wiecha kłosokształtna (jak u włośnicy ber), z licznymi brunatnożółtymi szczecinkami	kłos palczasto-groniasty, z wieloma naprzemian- lub naprzeciwległymi kłosami pozornymi pochodzenia wiechowatego
Kłoski	jednoziarniakowe, z 3 plewami i 2 długimi szczecinkami kilkakrotnie dłuższymi od kłoska	jednoziarniakowe, z 3 plewami i pęczkiem szczecinek, prawie dwukrotnie dłuższych od kłoska	jednoziarniakowe, z 3 kolczastymi białymi, często fioletowo nabiegłymi plewami, z ością lub bez ości
Ziarniak oplewiony	owalny, żółtawy do zielonkawożółtawego, brunatnie nakrapiany; plewka dolna lekko guzkowata, z niewyraźnymi podłużnymi nerwami, silnie wypukła, z zaokrąglonymi brzegami, obejmująca nieco plewkę górną; plewka górna słabo wypukła, z gładkimi brzegami i chropowato guzkowanym pasmem na środku	do połowy szerokojajowaty, żółtawy do szarobrunatnego, czasem zielonkawy; plewka dolna silnie wypukła, poprzeczna zmarszczona, matowa, lekko wygrzbiecona, okalająca nieco plewkę górną; plewka górna płaska, drobno kropkowana	do połowy jajowaty, żółty do szarego, gładki, silnie błyszczący; plewa silnie wypukła, gładka, z ostrymi brzegami okalającymi plewkę górną; plewka górna płaska, gładka
grubość	0,5—1,1	0,8—1,5	0,7—1,5
szerokość	0,9—1,5	1,3—2,25	1,2—2,0
długość	1,9—2,4	2,6—3,2	2,25—4,0

1c
1c
1d
1b
1a
1
2c
2d
2e
2a
2b
2
3
3a
3b
3c
3d
3e
3e

(TABLICA 7/1)

Koniczyna łąkowa (k. czerwona)

— *Trifolium pratense* L.
Rodzina: Motylkowate — *Papilionaceae*

Opis. Roślina rozgałęziająca się na poszczególnych łodygach od podstawy ku górze, lekko owłosiona; cechą charakterystyczną — liść trójdzielny (trójlistek, rys. 1*a*) z bezogonkowymi listkami, najczęściej z charakterystycznym znakiem [jaśniejszy pasek na listkach ustawiony kątem ku wierzchołkowi listka]; przylistki (rys. 1*b*) bardzo długie, przy ogonku liściowym zrośnięte, o unerwieniu czerwonym do fioletowego, ze spiczastym zakończeniem, na którym osadzone są trzy szczeciniaste włoski; owłosiony kielich kwiatowy (rys. 1*c*) ma 5 nierównych ząbków; kwiaty purpurowoczerwone, rzadko różowe albo białe.

Nasienie żółte, fioletowe lub dwubarwne żółto-fioletowe; u dwubarwnych nasion szersza strona z korzonkiem zawsze ciemniejsza; korzonek zarodkowy mniej więcej o połowę krótszy od liścieni, wyraźnie odstający i ustawiony pod kątem 30—45° do podłużnej osi liścieni, wskutek czego nasiona koniczyny są podobne do tępawego haczyka.

Okres kwitnienia: od czerwca do listopada.

Występowanie i znaczenie. Koniczyna łąkowa jest znakomitą rośliną pastewną, dającą duże plony wartościowej paszy. Rozróżniamy 3 formy:

a) *Trifolium pratense* var. *sativum* subvar. *praecox* Witte (koniczyna czerwona siewna) — najczęściej dwuletnią, przeważającą w uprawie polowej;
b) *Trifolium pratense* var. *sativum* subvar. *serotinum* Witte — późno kwitnącą, jednokośną formę koniczyny czerwonej siewnej (wcześnie koszoną zazwyczaj uchodzącą za wielokośną koniczynę łąkową siewną w rejonach o krótkim okresie wegetacji);
c) *Trifolium pratensis* var. *spontaneum* Witte (k. czerwona trwała po niemiecku nazywaną Wiesenrotklee, a także Bullenklee lub Mattenklee) — roślinę wieloletnią, występującą przeważnie na trwałych użytkach zielonych.

Obydwie formy koniczyny czerwonej siewnej pochodzą od dzikiej koniczyny łąkowej (*T. pratense* var. *spontaneum* subvar. *perame* Sinel.). Wszystkie trzy formy trudno rozróżnić na podstawie wyglądu nasion, jak i innych cech morfologicznych roślin. Kiedy mówimy o koniczynie łąkowej, mamy na myśli zawsze koniczynę czerwoną siewną, mającą największe znaczenie gospodarcze. Decydujące znaczenie dla plonowania koniczyny łąkowej ma odmiana i pochodzenie populacji (odmian miejscowych) o określonych cechach i właściwościach. Na podstawie samych tylko nasion koniczyny nie można z całą pewnością określić pochodzenia materiału siewnego, natomiast umożliwiają to towarzyszące im nasiona chwastów i obcych gatunków uprawnych.

Koniczyna łąkowa jest najczęstszym obcym gatunkiem występującym na plantacjach nasiennych innych koniczynowatych roślin pastewnych, czego przyczyną prawie zawsze jest stosowanie zanieczyszczonych materiałów siewnych.

(TABLICA 7/2)

Koniczyna białoróżowa (k. szwedzka)

— *Trifolium hybridum* L.
Rodzina: Motylkowate — *Papilionaceae*

Opis. Roślina od podstawy rozgałęziona; podnoszące się łodygi, jak również cała roślina — nagie; listki trójlistka (rys. 2*a*) bezogonkowe, nagie i bez charakterystycznego znaczka; przylistki (rys. 2*b*) mniej lub bardziej eliptyczne, miejsce zrostu na ogonku liściowym krótsze niż u koniczyny łąkowej; kwiaty (rys. 2*d*) zebrane w główki na długich szypułkach, osadzone w kątach liści; kielich (rys. 2*c*) nieowłosiony, o 5 ostrych ząbkach jednakowej długości; płatki korony różowoczerwone (lub białaworóżowe).

Nasienie (rys. 2*f*) małe, oliwkowozielone; korzonek zarodkowy prawie takiej samej długości, jak liścienie, wskutek czego ma kształt sercowaty; pod względem wielkości i kształtu bardzo podobne do nasienia koniczyny białej.

Okres kwitnienia: od czerwca do listopada.

Występowanie i znaczenie. Koniczyna białoróżowa, do niedawna nazywana koniczyną szwedzką, jest cenną rośliną pastewną na trwałych użytkach zielonych i w uprawie polowej; nadaje się przede wszystkim do uprawy w rejonach o dużej ilości opadów i na cięższe gleby; nie należy do najlepszych roślin pastewnych, ponieważ zawiera substancje gorzkie; przy skarmianiu samej koniczyny białoróżowej u przeżuwaczy mogą występować choroby skóry i stawów, dlatego przeważnie uprawia się ją w mieszankach i wtedy jest paszą bardzo cenną.

Koniczyna białoróżowa jest najczęstszym gatunkiem obcouprawnym w koniczynie białej, nierzadko trafia się także w koniczynie łąkowej i w tymotce, czego przyczyną jest prawie zawsze stosowanie zanieczyszczonych materiałów siewnych.

Koniczyna biała

— *Trifolium repens* L.
Rodzina: Motylkowate — *Papilionaceae*

Opis. Łodygi płożące się i zakorzeniające się, wskutek czego niesłusznie bywają nazywane rozłogami nadziemnymi; z łodyg wyrastają na długich ogonkach główki kwiatowe i liście; listki typowo koniczynowate, bezogonkowe, nieowłosione, najczęściej na brzegach ząbkowane i z charakterystycznym znaczkiem. Pięcioząbkowe kielichy (rys. 3*a*) są nagie i mniej więcej o połowę krótsze od białych kwiatów.

Nasiona (rys. 3c) małe i żółte do czerwonawożółtych; korzonek zarodkowy mniej więcej takiej samej długości, jak liścienie, wskutek czego nasiona mają kształt sercowaty; pod względem kształtu i wielkości nasiona koniczyny białej są prawie takie same, jak koniczyny białoróżowej; jednakże dzięki odmiennemu zabarwieniu można je łatwo odróżnić.

Okres kwitnienia: od maja do sierpnia.

Występowanie i znaczenie. Znakomita roślina pastewna na trwałych użytkach zielonych i w uprawie polowej. Rozróżniamy dwa typy:
a) typ kośny — rośliny wysokie o krótkich płożących się łodygach i dużych liściach,
b) typ pastwiskowy — rośliny niskie o długich, płożących się łodygach, z których wyrastają pojedyncze rośliny.

Odmiany ani pochodzenia materiału siewnego, mających zasadnicze znaczenie dla wielkości plonu i osiągnięcia celu użytkowego, nie można określić na podstawie samych nasion.

Koniczyna biała stanowi często domieszkę obcouprawną na plantacjach nasiennych koniczyny białoróżowej, lucerny nerkowatej (chmielowej) i tymotki łąkowej, czego przyczyną jest stosowanie zanieczyszczonych materiałów siewnych. Jeśli w jakimś gospodarstwie będzie się wysiewać większe ilości koniczyny białej w plonach głównych i w poplonach, gleba może się tak silnie zanieczyścić jej nasionami, że trudno będzie utrzymać w czystości plantacje nasienne innych roślin pastewnych.

Zwalczanie koniczyny białej środkami typu regulatorów wzrostu na plantacjach nasiennych traw może sprawiać pewne trudności; najlepiej działają preparaty MCPP. Mechaniczne zwalczanie jest trudne do przeprowadzenia.

Koniczyna krwistoczerwona (inkarnatka)

— *Trifolium incarnatum* L.
Rodzina: Motylkowate — *Papilionaceae*

Opis. Roślina rozgałęziająca się od podstawy, kosmato owłosiona, wysokości 30—80 cm; listki typowe dla roślin koniczynowatych, siedzące, bez charakterystycznego znaczka; przylistki (rys. 4*a*) łatkowate, żyłkowane i stosunkowo mało zaostrzone; purpurowoczerwone kwiaty skupione są w podługowate główki.

Nasienie (rys. 4*b*) należy do największych nasion roślin koniczynowatych, typowo jajowate, barwy żółtej do czerwonawożółtej; korzonek zarodkowy mniej więcej o połowę krótszy lub równy $^2/_3$ długości liścieni, ściśle przylegający do nich, wskutek czego długość korzonka można określić jedynie na podstawie znaczka i lekkiego zabarwienia łupiny nasiennej.

Okres kwitnienia: maj, czerwiec (przy wysiewie wiosennym — czerwiec, lipiec).

Występowanie i znaczenie. Jednoroczna roślina pastewna, mająca stosunkowo małe znaczenie gospodarcze z powodu niskiej odporności na wymarzanie. Koniczyna krwistoczerwona, popularnie nazywana inkarnatką, znana jest jako komponent mieszanki gorzowskiej; jako obca domieszka na plantacjach nasiennych oraz w materiałach siewnych roślin pastewnych jest bardzo rzadko spotykana.

TABLICA 7

1. **Koniczyna łąkowa** (k. czerwona) — kawałek pędu, *1a* — liść, *1b* — przylistki, *1c* — kielich, *1d* — kwiat, *1e* — nasienie
2. **Koniczyna białoróżowa** (k. szwedzka) — kawałek pędu, *2a* — liść, *2b* — ogonek liściowy z przylistkiem, *2c* — kielich, *2d* — kwiat, *2e* — nasienie
3. **Koniczyna biała** z liśćmi i główką kwiatową, *3a* — kielich, *3b* — kwiat, *3c* — nasienie
4. **Koniczyna krwistoczerwona** (inkarnatka) — kawałek pędu, *4a* — przylistki, *4b* — kielich, *4c* — kwiat, *4d* — nasienie

Cechy rozpoznawcze i porównawcze

	Koniczyna łąkowa	Koniczyna białoróżowa	Koniczyna biała	Koniczyna krwistoczerwona
Liście	lekko owłosiona, z jasnym charakterystycznym znaczkiem	nieowłosione, bez znaczka	nieowłosione, często z jasnym znaczkiem	kosmato owłosione, bez jasnych znaczków
Przylistki	długie, na łodygach zrośnięte, końce silnie żyłkowane, z 3 szczeciniastymi włoskami na końcu	niezbyt długie, zrośnięte przy ogonku liściowym; unerwienie niewyraźne; końce bez włosków	występują w postaci łuseczek na płożących się pędach	łatkowate, z mało wyraźnym zakończeniem
Para liści wspierających główki kwiatowe	istnieje	brak	brak	brak
Barwa kwiatów	purpurowoczerwone, rzadko różowe lub białe	różowe lub białoróżowe, rzadko białe	białe	krwistoczerwone, rzadko białe
Nasiona	średnio duże, żółte, fioletowe albo dwubarwne żółto-fioletowe; korzonek zarodkowy zwykle o połowę krótszy od liścieni, wyraźnie odstający (pod kątem 30—45°)	małe, sercowate, oliwkowozielone do ciemnozielonych; korzonek zarodkowy takiej długości jak liścienie	małe, sercowate, żółte do czerwonawożółtych; korzonek zarodkowy takiej długości jak liścienie	duże, jajowate, żółte do czerwonawożółtych; korzonek zarodkowy o połowę krótszy lub równy $^{2}/_{3}$ długości liścieni, nie wystający
grubość	0,6—1,4	0,4—1,1	0,4—1,0	0,8—1,9
szerokość	1,2—2,0	0,9—1,5	0,8—1,5	1,3—2,4
długość	1,6—2,3	1,0—1,5	1,1—1,5	1,8—2,9

(TABLICA 8/1)

Lucerna nerkowata (l. chmielowa)

— *Medicago lupulina* L.

Rodzina: Motylkowate — *Papilionaceae*

Opis. Roślina najczęściej o łodygach rozesłanych lub podnoszących się, długości 20—70 cm; listki odwrotnie jajowate, wycięte, w górnej części ząbkowane; środkowy listek na długim ogonku (typowy dla lucern); przylistki (rys. 1*a*) najczęściej trochę ząbkowane, zakończone krótkim szpicem. Główki kwiatowe na długich szypułkach wyrastają z pachwin liści, o 20—40 kwiatach, jasnożółte; charakterystyczną cechą — mały kielich oraz owocujący kwiatostan z nerkowatymi, nabrzmiałymi, wyraźnie unerwionymi, jednonasiennymi strąkami.

N a s i e n i e dwubarwne, żółte z zielonkawym zakończeniem w szerokiej części; korzonek zarodkowy o połowę krótszy od liścieni lub równy $^2/_3$ ich długości, ściśle przylegający, zakończony charakterystycznym wygięciem na zewnątrz, wskutek czego podobny jest do zadartego noska.

Okres kwitnienia: od kwietnia do jesieni.

Występowanie i znaczenie. Jednoroczny, często także wieloletni gatunek lucerny uprawiany w krótkotrwałych mieszankach z trawami na paszę i zielony nawóz. Lucernę tę można również często spotkać na trwałych użytkach zielonych. Stosunkowo duże plony zielonej masy można osiągnąć na glebach równinnych i zasobnych w wapń, chociaż glinka lessowa bardziej jej odpowiada. Niska cena materiału siewnego, z powodu stosunkowo prostej i niezawodnej produkcji nasion na równinnych glebach wapiennych, umożliwia także wykorzystywanie tej rośliny w poplonach.

Nasiona lucerny nerkowatej stanowią najczęściej spotykaną domieszkę w materiale siewnym seradeli, nierzadko także w materiałach siewnych roślin koniczynowatych. Od materiałów siewnych roślin koniczynowatych o większych nasionach nie można ich oddzielić.

(TABLICA 8/2)

Koniczyna różnoogonkowa

— *Trifolium campestre* Schreb. (*T. procumbens* L.)
Rodzina: Motylkowate — *Papilionaceae*

Opis. Tylko małe rośliny są wyprostowane, później gałązki ich rozściełają się po ziemi; łodyga często czerwonawo nabiegła, długości 20—50 cm; listki odwrotniejajowate, w górnej połowie ząbkowane, środkowy listek z ogonkiem, jak u lucerny (rys. 2*a*); jajowate przylistki (rys. 2*b*) mają falisty brzeg i są delikatnie owłosione. Szypułki główek kwiatowych są równe lub dłuższe od liści wspierających. Główki kwiatowe, siarkowożółte do ciemnożółtych, składają się z około 40 kwiatów, po okwitnieniu opuszczonych w dół; kielich z dwoma krótkimi i trzema dłuższymi ząbkami.

Nasienie małe, żółte do jasnobrunatnego, korzonek zarodkowy ściśle przylegający do liścieni, mniej więcej równy $^4/_5$ ich długości, koło znaczka i przy wierzchołku nieco ciemniejszy.

Okres kwitnienia: od czerwca do września.

Występowanie i znaczenie. Rozściełająca się jednoroczna lub wieloletnia roślina koniczynowata, spotykana zwłaszcza na glebach lżejszych, przy drogach i na miedzach, jak również na wszystkich mało intensywnie zagospodarowanych użytkach zielonych; na glebach mało zasobnych i ubogich może uchodzić za wartościową roślinę pastewną.

Dotychczas nie prowadzi się nad koniczyną różnoogonkową prac hodowlanych i dlatego nasion jej nie ma w handlu. W materiałach siewnych innych roślin koniczynowatych nasiona jej spotyka się rzadko, najczęściej można je znaleźć w nasionach komonicy zwyczajnej. Maszynowe oddzielenie nasion koniczyny różnoogonkowej od nasion koniczyn białej i białoróżowej oraz komonicy błotnej nie udaje się.

Koniczyna drobnogłówkowa

— *Trifolium dubium* Sibth. (*T. filiforme* L., *T. minus* Sm).
Rodzina: Motylkowate — *Papilionaceae*

Opis. Roślina o nitkowatych, rozesłanych łodygach, osiągających długość od 10 do 40 cm; listki klinowate, w górnej połowie zatokowo ząbkowane; przylistki jajowate, zaokrąglone u podstawy; główki kwiatowe małe, o 3—10, rzadziej 15, pojedynczych kwiatach; kwiaty jasnożółte, po okwitnieniu charakterystycznie opuszczone ku dołowi.

Odróżnienie koniczyny drobnogłówkowej od lucerny nerkowatej (chmielowej) w stanie bezkwiatowym sprawia pewne trudności. Typową cechą rozpoznawczą, pozwalającą na odróżnienie obu gatunków, jest gęste owłosienie lucerny nerkowatej; koniczyna drobnogłówkowa natomiast jest zupełnie naga. W okresie kwitnienia oba te gatunki można bezbłędnie odróżnić po licznych kwiatach w główce kwiatowej, później pomyłka jest już niemożliwa.

Nasienie małe, żółte do brunatnawego, podłużnie jajowate do kulistego; korzonek zarodkowy równy $^3/_4$ długości liścieni, przylegający do nich i zaznaczony tylko płytką bruzdą.

Okres kwitnienia: od kwietnia do września.

Występowanie i znaczenie. Bardzo rozpowszechniona, jednoroczna roślina koniczynowata, występująca na użytkach zielonych na glebach lekkich; na takich stanowiskach koniczyna drobnogłówkowa jest cenną, chociaż mało wydajną rośliną pastewną. Nasion tej koniczyny nie ma w handlu, ponieważ nie uprawia się jej ani nie opracowuje w hodowli.

Jako obca domieszka koniczyna drobnogłówkowa rzadko występuje w materiałach siewnych, ponieważ stanowiska, na których dobrze się udaje, nie nadają się pod plantacje nasienne pastewnych roślin koniczynowatych. Nasion jej nie można oddzielić od nasion koniczyn białej i białoróżowej oraz komonicy błotnej. Oddzielenie ich od materiałów siewnych roślin koniczynowatych o większych nasionach również sprawia pewne trudności.

TABLICA 8

1. **Lucerna nerkowata** (chmielowa) — kwitnący i owocujący pęd, *1a* — przylistek, *1b* — główka kwiatowa, *1c* — pojedynczy kwiat, *1d* — kielich, *1e* — strąk z nasieniem, *1f* — nasienie
2. **Koniczyna różnoogonkowa** — kwitnący i owocujący pęd, *2a* — liść, *2b* — przylistki, *2c* — główka kwiatowa, *2d* — kielich, *2e* — nasienie
3. **Koniczyna drobnogłówkowa** — kwitnący i owocujący pęd, *3a* — liść, *3b* — główka kwiatowa, *3c* — pojedynczy kwiat, *3d* — nasienie

Cechy rozpoznawcze i porównawcze

	Lucerna nerkowata	Koniczyna różnoogonkowa	Koniczyna drobnogłówkowa
Łodyga	rozesłana lub pokładająca się, długości 20—70 cm	często czerwonawo nabiegła, niska, rozesłana, długości 20—50 cm	rozesłana, długości 10—40 cm
Listki	odwrotnie jajowate, w górnej części ząbkowane, środkowy listek na dłuższym ogonku	odwrotnie jajowate, w górnej połowie ząbkowane, środkowy listek na dłuższym ogonku	klinowate, w górnej połowie zatokowo ząbkowane
Przylistki	najczęściej lekko ząbkowane, z krótkimi końcami	jajowate, z falistym brzegiem i delikatnie owłosione	jajowate, u podstawy zaokrąglone
Szypułka kwiatowa	dłuższa od liścia wspierającego	mniej więcej takiej długości jak liść wspierający	dwukrotnie dłuższa od liścia wspierającego
Główki kwiatowe	średnicy około 8 mm, o 20—40 kwiatach	średnicy około 10 mm, o około 40 kwiatach	średnicy około 8 mm, o 3—10 kwiatach, rzadziej o 15 kwiatach
Korona	żółta, po owocowaniu odpadająca	żółta, z szerokim żagielkiem, po owocowaniu wyblakła i skupiona	żółta, po dojrzeniu nasion zwisająca ku dołowi
Strąk	gruby, nerkowaty, o wyraźnie dostrzegalnym siateczkowatym unerwieniu, ± owłosiony	jajowaty, bardzo cienki, z ostro wystającą pozostałością szyjki słupka	jajowaty, żółtawy, cienki, z wystającą pozostałością szyjki słupka
Nasiona	dwubarwne, żółte z zielonkawym szerszym końcem; korzonek zarodkowy długości równej $^2/_3$ długości liścieni; noskowato zadarte na końcu	jajowate, żółte do jasnoróżowych; korzonek zarodkowy ściśle przylegający, równy $^4/_5$ długości liścieni	jajowate do kulistych, żółte do brunatnawych; korzonek zarodkowy równy $^3/_4$ długości liścieni i ściśle do nich przylegający
grubość	0,6—1,3	0,4—0,75	0,5—0,9
szerokość	1,0—1,85	0,6—1,0	0,5—1,0
długość	1,4—2,1	0,9—1,4	1,1—1,4

Lucerna mieszańcowa

— *Medicago varia* Martyn
Rodzina: Motylkowate — *Papilionaceae*

Opis. Łodyga wyprostowana, osiągająca wysokość 30—90 cm; typowy liść lucerny z listkiem środkowym osadzonym na dłuższym ogonku, nieowłosiony i bez charakterystycznego znaczka; listki ząbkowane tylko na wierzchołku na 1/3 długości; przylistki lancetowate, u podstawy nieco ząbkowane. Kwiaty zebrane w luźne grona; barwa kwiatów fioletowa do żółtej z wszystkimi odcieniami; nawet na jednej roślinie można znaleźć kwiaty o różnym zabarwieniu (rys. 1*c*); można również spotkać lucernę mieszańcową prawie jednolicie fioletowo kwitnącą (Eifeler Luzerne). Strąki o jednym lub dwu spiralnych skrętach ze środkiem skrętów otwartym (rys. 1*d*).

Nasiona dosyć duże, jasnożółte do czerwonawobrunatnych, gładkie, matowe, nerkowate, często zdeformowane wskutek dwustronnego ucisku nasienia w skręconym strąku (rys. 1*d*); korzonek zarodkowy mniej więcej o połowę krótszy od liścieni; znaczek mały, biały.

Odróżnienie lucerny mieszańcowej od siewnej (*M. sativa* L.) jest bardzo trudne, pomocne są następujące cechy rozpoznawcze.

	Lucerna mieszańcowa	Lucerna siewna
System korzeniowy	korzenie rozgałęzione	korzenie wyraźnie palowe
Barwa kwiatów	fioletowe do żółtych, ze wszystkimi odcieniami	zawsze czysto fioletowe
Skręty strąka	od 1 do 2,8 luźnych skrętów	od 2 do 3, 4 ścisłych skrętów (rys. 2*a* i 2*b*)

Odróżnienie nasion tych dwu lucern jest niemożliwe, chociaż nasiona lucerny mieszańcowej przeciętnie są nieco mniejsze od nasion lucerny siewnej.

Okres kwitnienia: od czerwca do września.

Występowanie i znaczenie. Wieloletnia roślina pastewna, bezkonkurencyjna, dająca najwyższe plony zielonej masy doskonałej jakości, jeśli chodzi o zawartość składników mineralnych i pokarmowych; nie znosi spasania. Warunkiem uzyskiwania dużych plonów są: dostateczna zawartość wapnia w glebie, a zwłaszcza w podglebiu, dostatecznie niski poziom wody gruntowej oraz dobre zaopatrzenie gleby w potas i fosfor. Lucerna (nie licząc buraków) potrzebuje najwięcej boru. Silnie zbite podglebie może utrudniać rozwój korzeniom; na glebach o dobrej strukturze korzenie mogą wrastać kilka metrów głębiej.

Wszystkie niemieckie odmiany hodowlane i miejscowe, a także przeważająca część zagranicznych odmian hodowlanych, są odmianami lucerny mieszańcowej. Lucerna ta jest naturalnym mieszańcem *M. sativa* i *M. falcata*,

Dalszy ciąg na str. 65

Lucerna sierpowata

— *Medicago falcata* L.
Rodzina: Motylkowate — *Papilionaceae*

Opis. Łodyga płożąca lub podnosząca się, osiągająca długość od 20 do 50 cm, w zaroślach dochodząca czasami nawet do 2 m; listki wąskie, w górze na 1/3 części ząbkowane, środkowy listek na dłuższym ogonku; przylistki szydlasto zaostrzone, u podstawy ząbkowane; kwiaty żółte, zebrane w skupione grona, często przybierające kształt prawie główki; strąki sierpowato wygięte albo o jednym skręcie.

Nasienie żółte do czerwonawobrunatnego; korzonek zarodkowy równy 3/4 długości liścieni; wyraźnie zaznaczony; znaczek mały, biało obrzeżony.

Okres kwitnienia: od czerwca do września.

Występowanie i znaczenie. Roślina wieloletnia, dziko rosnąca na suchych trawnikach, głównie na glebach wapiennych; jako roślina pastewna nie ma znaczenia; odznacza się szczególnie wytrzymałością na mróz oraz długowiecznością; jako domieszka w materiale siewnym innych koniczynowatych roślin pastewnych ma niewielkie znaczenie.

Dokończenie ze str. 64

który wytworzył się w środkowej Europie, po sprowadzeniu lucerny siewnej (w średniowieczu).

Lucerna siewna w o wiele mniejszym stopniu nadaje się do uprawy w środkowej Europie, ponieważ ostre zimy szkodzą jej bardziej niż lucernie mieszańcowej, ale nawet nie wymarznięta zawsze daje niedostateczne plony. We Włoszech, w południowej Francji, na Bliskim Wschodzie, w Afryce, w Południowej i Środkowej Ameryce lucerna siewna jest rośliną rodzimą. Na Wyżynie Anatolijskiej (Turcja) wytworzyła się mrozoodporna odmiana miejscowa, Kayserie, która spośród lucern najrozmaitszego pochodzenia najlepiej nadaje się do uprawy w środkowej Europie.

Plon nasion w dużym stopniu zależy od przebiegu pogody w okresie kwitnienia i dojrzewania nasion. Może on być zmniejszony także wskutek szkód wyrządzanych przez szkodniki (paciornicę lucerniankę — *Contarinia medicaginis* Kieff., a prawdopodobnie jeszcze bardziej przez owady o aparacie gębowym kłującym) oraz choroby wywoływane przez grzyby (np. brunatną plamistość liści, zgorzel naczyniową i inne).

Nasiona lucerny często stanowią domieszkę w materiałach siewnych roślin koniczynowatych o większych nasionach, zwłaszcza w nasionach koniczyny łąkowej i komonicy zwyczajnej. Maszynowe oddzielenie nasion tych gatunków od materiału siewnego lucerny jest niemożliwe.

Nostrzyk biały

— *Melilotus albus* Medik.
Rodzina: Motylkowate — *Papilionaceae*

Opis. Łodyga wyprostowana, bardzo silna, skłonna do drewnienia, osiągająca wysokość od 90 do 180 cm; przy powierzchownym oglądaniu liście nostrzyka białego wydają się podobne do liści lucerny, jednakże w przeciwieństwie do niej są (rys. 3*a*) dokoła ząbkowane; przylistki, u podstawy czasem lekko ząbkowane, zwężające się w szydlasto zakończony szpic (rys. 3*b*); kwiaty białe, zebrane w podłużne grona.

Nasienie żółte do żółtobrunatnego, matowe, jajowate do sercowatego; korzonek zarodkowy równy mniej więcej $^3/_4$ długości liścieni i wyraźnie zaznaczony płytką bruzdą; strąki jednonasienne, siatkowato pomarszczone, z pozostałością szyjki słupka.

Okres kwitnienia: od lipca do września.

Występowanie i znaczenie. Jednoroczna lub dwuletnia roślina, rosnąca dziko na nasypach kolejowych, przy drogach, na żwirowiskach i innych nie zagospodarowanych miejscach; uprawiana jest na paszę i zielonkę; udaje się na ubogich, suchych glebach, o podglebiu zasobnym w wapń, a także na glebach wapnowanych. Jest to najważniejsza pionierska roślina nadająca się do uprawy na odłogach i branych pod uprawę nieużytkach; korzeni się głęboko, przy czym korzenie mogą przenikać przez słabo zbite warstwy gleby. Nostrzyk biały zawiera dużo składników pokarmowych i mineralnych; niepożądana jest zawartość kumaryny, wskutek czego zwierzęta niechętnie zjadają go w stanie zielonym; w czasie suszenia kumaryna częściowo się ulatnia. Łodygi nostrzyka białego są bardzo skłonne do drewnienia i dlatego powinno się go kosić przed kwitnieniem, gdy osiągnie wysokość 50—80 cm; zaorywany jako nawóz zielony nostrzyk zachwaszcza pola twardymi nasionami; zagłusza on inne rośliny i nie znosi niskiego koszenia.

Rozróżniamy dwie formy nostrzyka białego: jednoroczną (Hubamklee) i dwuletnią (Bokharaklee); obie są (lub będą) opracowywane przez hodowców. Wyhodowanie odmiany zawierającej niewielkie ilości kumaryny lub bezkumarynowej jest już od dłuższego czasu najważniejszym celem hodowlanym.

Jako obcą domieszkę nasiona nostrzyka białego spotyka się rzadko, ponieważ pojedyncze rośliny na plantacjach nasiennych są z daleka widoczne i przeważnie usuwane. Maszynowe oddzielanie od materiału siewnego roślin koniczynowatych o dużych nasionach nie jest możliwe.

(TABLICA 9/4)

Nostrzyk żółty

— *Melilotus officinalis* (L.) Lam. em Thuill.
Rodzina: Motylkowate — *Papilionaceae*

Opis. Łodygi wyprostowane, osiągające wysokość od 30 do 100 cm; liście z listkami i przylistkami jak u nostrzyka białego i takie samo rozmieszczenie kwiatów, tylko barwa kwiatów jest żółta.

N a s i o n a żółtozielonkawe do żółtobrunatnych, matowe, jajowate do sercowatych; korzonek zarodkowy długości równej od $^2/_3$ do $^3/_4$ długości liścieni, wyraźnie zaznaczony płytką bruzdą; znaczek mały; strąki jednonasienne, poprzecznie pomarszczone, z pozostałością szyjki słupka.

Okres kwitnienia: od lipca do sierpnia.

Występowanie i znaczenie. Roślina dwuletnia występująca tylko w stanie dzikim; jak świadczy nazwa botaniczna, jest rośliną leczniczą, gdyż zawiera kumarynę i melilotinę (zbierane są liście i kwiatostany); występuje na nasypach kolejowych, przydrożach i brzegach pól, czasem także jako chwast polny, przede wszystkim na glebach ciężkich i zasobnych w wapń.

Nasiona nostrzyka żółtego, zaliczane do nasion chwastów, rzadko występują w materiałach siewnych, ponieważ pojedynczych roślin nie można przeoczyć na plantacjach nasiennych innych roślin. Nasiona nostrzyka żółtego nie dają się maszynowo oddzielać od grubych nasion roślin koniczynowatych.

TABLICA 9

1. **Lucerna mieszańcowa** — kwitnący pęd, *1a* — liść, *1b* — przylistek, *1c* — kwiaty, *1d* — strąk, *1e* — nasienie, obok zarys nasion zdeformowanych
2. **Lucerna siewna,** *2a* — strąk widziany z boku, *2b* — strąk widziany z przodu
3. **Lucerna sierpowata** — kwitnący pęd, *3a* — liść, *3b* — przylistek, *3c* — kwiat, *3d* — kielich, *3e* — strąk, *3f* — nasienie
4. **Nostrzyk biały** — kwitnący pęd, *4a* — liść, *4b* — przylistki, *4c* — kwiat, *4d* — kielich, *4e* — nasienie
5. **Nostrzyk żółty** — kwitnący pęd, *5a* — liść, *5b* — przylistki, *5c* — kwiat, *5d* — kielich, *5e* — nasienie

Cechy rozpoznawcze i porównawcze

	Lucerna mieszańcowa	Lucerna siewna	Lucerna sierpowata
Typ korzenia	pojedynczy lub kilkakrotnie rozgałęziony	wyraźnie palowy	silnie rozgałęziony
Łodyga	wyprostowana, wysokości 30—90 cm	wyprostowana, wysokości 30—90 cm	rozesłana lub podnosząca się, wysokości 20—50 cm
Listki	w górnej części ząbkowane; listek środkowy ogonkowy	w górnej części ząbkowane; środkowy — ogonkowy	wąskie, w górnej części ząbkowane; środkowy — ogonkowy
Przylistki	lancetowate	lancetowate	szydlasto zakończone, u podstawy lekko ząbkowane
Barwa kwiatów	fioletowa do żółtej lub czysto fioletowa	czysto fioletowe	żółta
Kształt strąków	jedno- lub dwukrotnie spiralnie skręcone, ze środkiem skrętów otwartym	dwu- lub trzykrotnie spiralnie skręcone, ze środkiem skrętów zamkniętym	sierpowate lub o jednym skręcie niepełnym
Nasiona	jasnożółte do czerwonobrunatnych, nerkowate, matowe, często zdeformowane; korzonek zarodkowy długości niemal równej połowie długości liścieni	żółte do czerwonawobrunatnych, nerkowate, matowe, często zdeformowane; korzonek zarodkowy długości niemal równej połowie długości liścieni	żółte do czerwonawobrunatnych; korzonek zarodkowy długości równej $^{3}/_{4}$ długości liścieni, wyraźnie oddzielony
grubość	0,5—1,4	0,6—1,4	0,5—1,2
szerokość	1,0—2,25	1,0—2,25	0,8—1,8
długość	1,8—2,7	1,8—2,8	1,7—2,3

	Nostrzyk biały	Nostrzyk żółty
Typ korzenia	palowy	palowy
Łodyga	wyprostowana, wysokości 90—180 cm	wyprostowana, wysokości 30—100 cm
Listki	wokół ząbkowane, środkowy na ogonku	wokół ząbkowane, środkowy na ogonku
Przylistki	szydlasto zakończone, u nasady lekko ząbkowane	szydlasto zakończone, u nasady lekko ząbkowane
Barwa kwiatów	biała	żółta
Forma strąków	jajowate, siatkowato pomarszczone, jednonasienne, z pozostałością szyjki słupka	jajowate, jednonasienne, poprzecznie pomarszczone, z pozostałością szyjki słupka
Nasiona	żółte do żółtobrunatnych, matowe, jajowate do sercowatych; korzonek zarodkowy długości równej $^{3}/_{4}$ długości liścieni, wyraźnie oddzielony płytką bruzdą	żółtozielonkawe do żółtobrunatnawych, matowe, jajowate do sercowatych; korzonek zarodkowy długości równej $^{2}/_{3}$ długości liścieni, wyraźnie oddzielony płytką bruzdą
grubość	0,6 —1,4	0,75—1,3
szerokość	1,2 —2,0	1,2 —1,8
długość	1,85—2,7	2,0 —2,6

TABLICA 9

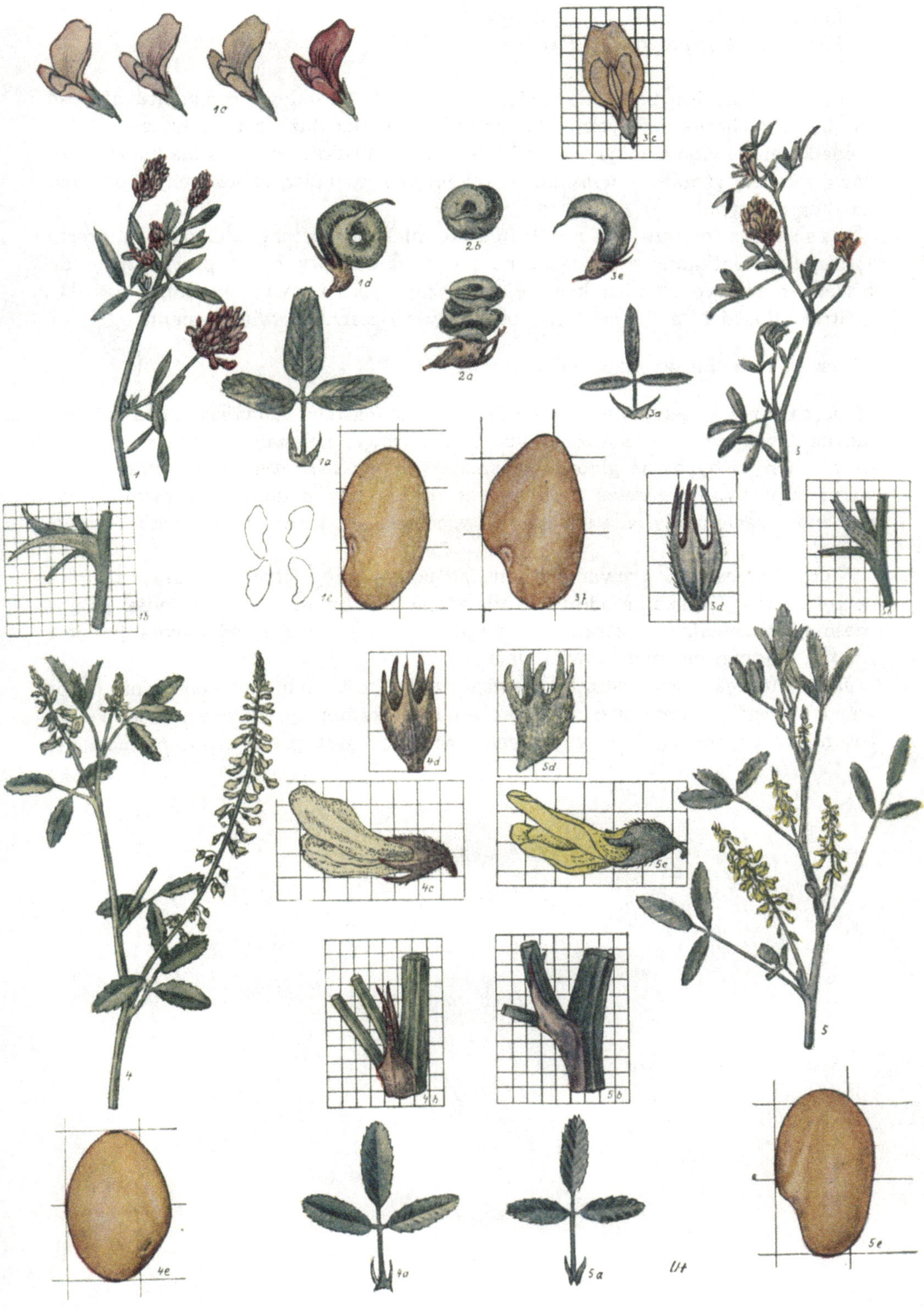
1c
3c
1d
2b
3e
2a
1a
3a
1
3
1b
1e
3f
3d
3b
4d
5d
4c
5e
4
5
4b
5b
4e
4a
5a
5e

(TABLICA 10/1)

Komonica zwyczajna

— *Lotus corniculatus* L.
Rodzina: Motylkowate — *Papilionaceae*

Opis. Rozesłana lub podnosząca się, nieco kanciasta łodyga, osiągająca długość 20—50 cm; charakterystyczne dla gatunków *Lotus* duże przylistki, z kształtu i wielkości podobne do jajowatych listków trójlistka; cała roślina najczęściej naga, rzadziej szorstko owłosiona; 5—7 żółtych kwiatów, zebranych w baldach na długiej szypule.

Nasienie prawie kuliste, brunatne, niekiedy trochę zielonkawe, często z ciemnymi łatkami, błyszczące; korzonek zarodkowy ściśle przylegający do liścieni, o połowę od nich krótszy, widoczny tylko na wierzchołku.

Strąk długości od 2,5 do 4 cm, brunatny do czarnego, wielonasienny.

Okres kwitnienia: od maja do września.

Występowanie i znaczenie. Wieloletnia roślina pastewna, mająca duże znaczenie na trwałych użytkach zielonych i w uprawie polowej, przede wszystkim na glebach suchych; na glebach piaszczystych i żwirowatych uprawiana z trawami odpornymi na suszę może dawać duże plony pełnowartościowej paszy; nie znosi zacienienia, dlatego przez współrosnące trawy bywa lekko zagłuszana.

Nierównoczesne dojrzewanie i spiralne pękanie dojrzałych strąków utrudnia sprzęt nasion. Uzyskanie odmian o mniejszej wrażliwości na zacienienie, jednocześnie dojrzewających strąkach i wyprostowanej łodydze, od dawna już jest najważniejszym celem hodowlanym.

Jako gatunek obcy trafia się bardzo rzadko, i to tylko w koniczynie łąkowej i lucernie. Maszynowe oddzielenie nasion komonicy zwyczajnej od nasion roślin koniczynowatych o większych nasionach jest praktycznie niemożliwe.

(TABLICA 10/2)

Komonica błotna

— *Lotus uliginosus* Schkuhr
Rodzina: Motylkowate — *Papilionaceae*

Opis. Podnoszące się lub wyprostowane, okrągławe łodygi wysokości od 30 do 60 cm, puste, nagie, niekiedy także słabo owłosione; liście na krótkich ogonkach; listki jajowate; przylistki szerokojajowate, prawie takiej samej wielkości albo szersze od listków; baldachy na długich szypułkach, o 10—12 żółtych kwiatach; ząbki kielicha przed okwitnieniem wygięte do tyłu; długie podziemne rozłogi — w odróżnieniu od komonicy zwyczajnej.

Nasienie drobne, prawie kuliste, zielonkawe do jasnobrunatnego, ze ściśle przylegającym korzonkiem zarodkowym, krótszym o połowę od liścieni; strąki długości 1,5 do 2 cm, brunatne do czarnych, wielonasienne.

Okres kwitnienia: od czerwca do września.

Występowanie i znaczenie: Komonica błotna jest rośliną wieloletnią i rozłogową; stanowi pełnowartościową roślinę pastewną na mokrych, przytorfowych i torfiastych stanowiskach; na takich glebach bardzo często występuje jako roślina dzika; doskonale znosi silne wahania wilgotności; w uprawie polowej daje najwyższe plony na umiarkowanie wilgotnych glebach; gleby wapienne, jak również lekkie suche stanowiska niezbyt jej odpowiadają.

Produkcja nasion komonicy błotnej jest znacznie utrudniona z powodu nierównomiernego dojrzewania nasion, podobnie jak u komonicy zwyczajnej.

Jako obca domieszka spotykana jest bardzo rzadko, ponieważ na polach, na których uprawia się rośliny koniczynowate na nasiona, komonica błotna jako obcy gatunek nigdy nie występuje. Nasiona komonicy błotnej nie dadzą się maszynowo oddzielić od nasion koniczyn — białoróżowej i białej.

(TABLICA 10/3)

Przelot pospolity

— *Anthyllis vulneraria* L.
Rodzina: Motylkowate — *Papilionaceae*

Opis. Łodyga wyprostowana, osiągająca wysokość 20—35 cm, na końcu najczęściej z jedną parą główek kwiatowych prawie kulistych; liście odziomkowe długoogonkowe, eliptyczne, pojedyncze albo z kilkoma małymi listkami na ogonku liściowym; liście łodygowe zawsze lirowate; cała roślina puszysto owłosiona; główki kwiatowe otoczone palczastodzielnymi liśćmi wspierającymi; kwiaty złocistożółte, czasem górna część łódeczki i żagielka czerwonawe; kielich wypukły, skórzasty, filcowato owłosiony, z krótkimi nierównymi ząbkami.

N a s i e n i e dwubarwne, od połowy do $^{2}/_{3}$ żółte, w szerszym końcu zielonkawe; korzonek zarodkowy długości równej od $^{1}/_{3}$ do połowy długości liścieni, ściśle przylegający; znaczek białawy z ciemnym obrzeżeniem. Istnieje ewentualna możliwość pomylenia z nasionami lucerny nerkowatej, które można wyraźnie odróżnić po noskowato zadartym korzonku.

Okres kwitnienia: od kwietnia do czerwca.

Występowanie i znaczenie. Wieloletnia roślina koniczynowata, rosnąca w miejscach zadarnionych, przede wszystkim na suchych i zasobnych w wapń glebach; na lekkich jest uprawiana na paszę i na takich ubogich stanowiskach może być cenniejsza od innych roślin pastewnych; jej gospodarcze znaczenie w Niemczech jest stosunkowo małe, ze względu na ograniczony zasięg uprawy.

Przelot jako obca domieszka prawie nie jest spotykany; jego nasiona nie dadzą się oddzielić od nasion roślin koniczynowatych o większych nasionach.

Koniczyna polna

— *Trifolium arvense* L.
Rodzina: Motylkowate — *Papilionaceae*

Opis. Mała, delikatna, silnie owłosiona roślina koniczynowata, z wyprostowanymi, gałęzistymi i rzadko ulistnionymi łodygami, osiągającymi wysokość od 10 do 30 cm; listki podłużne, równowąskie; przylistki jajowate, silnie zaostrzone i dłuższe od bardzo krótkich ogonków liściowych; główki kwiatowe długoszypułkowe, po okwitnieniu prawie cylindryczne, wydają się kosmato owłosione, ze względu na charakterystyczne bardzo długie szydlaste, silnie owłosione ząbki kielicha, dłuższe od małych, niepozornych, najpierw białawych, a później czerwonawych kwiatów.

Nasiona małe, bladozielonkawe, jajowate; korzonek zarodkowy długości równej mniej więcej $^4/_5$ długości liścieni i zaznaczony tylko płytką bruzdą.

Okres kwitnienia: od lipca do września.

Występowanie i znaczenie. Jednoroczny chwast kwaśnych, wyjałowionych, mało sprawnych i suchych gleb; występuje również na polach uprawnych, na suchych zadarnionych powierzchniach i na ubogich piaszczystych wzgórzach, a nigdy nie spotykany na glebach wapiennych.

Ze względu na różne wymagania glebowe koniczyna polna bardzo rzadko występuje na plantacjach nasiennych roślin koniczynowatych; jej nasion nie można oddzielić od nasion koniczyn — białoróżowej i białej oraz komonicy błotnej.

TABLICA 10

1. **Komonica zwyczajna** — kwitnący i owocujący pęd, *1a* — owocostan, *1b* — nasienie
2. **Komonica błotna** — kwitnący pęd, *2a* — owocostan, *2b* — nasienie
3. **Przelot pospolity** — kwitnący i owocujący pęd, *3a* — liście odziomkowe, *3b* — kwiat, *3c* — nasienie
4. **Koniczyna polna** — kwitnąca i owocująca roślina, *4a* — nasienie

Cechy rozpoznawcze i porównawcze

	Komonica zwyczajna	Komonica błotna	Przelot pospolity	Koniczyna polna
Typ wzrostu	kępowa, gałązki rozesłane lub wznoszące się	wypuszcza rozłogi podziemne	kępowa roślina koniczynowata	mała, delikatna, jednołodygowa roślina koniczynowata
Łodyga	nieco kanciasta, pełna, wysokości 20—50 cm	okrągława, pusta, wysokości 30—60 cm	owłosiona, wysokości 20—35 cm, z 1—3 główkami kwiatowymi na wierzchołku	okrągława, twarda, gałęzista, wysokości 10—30 cm
Liście	listki odwrotniejajowate lub klinowate; przylistki takiej samej wielkości lub szersze, szeroko jajowate, owłosione	listki jajowate; przylistki szeroko jajowate do sercowatych	liście odziomkowe długoogonkowe, podługowatojajowate, pojedyncze lub o 1—4 parach listków bocznych i znacznie większym od nich listku szczytowym; liście łodygowe na krótkich ogonkach, pierzaste, lirowate	typowy liść koniczyny, z wąskimi prostymi listkami bocznymi; ogonek liściowy krótki; przylistki jajowate, szorstko zakończone
Główki kwiatowe	o 5—7 kwiatach, na długich szypułkach	o 10—12 kwiatach, na długich szypułkach	każda główka z liśćmi wspierającymi palczastopierzastymi; kielich olbrzymi, odstająco owłosiony	przed kwitnieniem kuliste, później cylindryczne, szczeciniaste i puszyste, białe z czerwonawym odcieniem
Kwiaty	wyraźnie dostrzegalne, błyszczące, żółte	wyraźnie widoczne, żółte	stosunkowo małe, złocistożółte lub czerwonawe	bardzo małe, ledwo widoczne, początkowo białe, później czerwonawe
Kielich kwiatowy	ząbki kielicha przed rozkwitnieniem przylegające do siebie	ząbki kielicha przed rozkwitnieniem odgięte do tyłu	duży, wybrzuszony, skórowaty, filcowato owłosiony	duży, silnie owłosiony, z bardzo długimi, sterczącymi i skrzydlasto zakończonymi ząbkami
Nasienie	prawie kuliste, brunatne, czasem zielonkawe, często z ciemnymi plamkami; korzonek zarodkowy ściśle przylegający, długości prawie równej połowie długości liścieni	małe, prawie kuliste, zielonkawe do jasnobrązowego; korzonek zarodkowy ściśle przylegający, długości prawie równej połowie długości liścieni	jajowate, dwubarwne, w $^{2}/_{3}$ żółte i w $^{1}/_{3}$ zielone (przy wierzchołku); korzonek zarodkowy długości równej od $^{1}/_{3}$ do $^{1}/_{2}$ długości liścieni, ściśle przylegający	szeroko jajowate, małe, bladozielonkawe; korzonek zarodkowy długości równej $^{4}/_{5}$ długości liścieni, oddzielony od nich płytką bruzdą
grubość	0,7—1,4	0,4—0,9	0,8—1,5	0,4—0,8
szerokość	0,9—1,7	0,7—1,3	1,2—1,9	0,7—1,0
długość	1,3—1,8	1,0—1,4	2,1—2,6	0,9—1,2

1
1a
1b
2
2a
2b
3
3a
3a
3a
3b
3c
4
4a

(TABLICA 11/1)

Wyka kosmata

— *Vicia villosa* Roth
Rodzina: Motylkowate — *Papilionaceae*

Opis. Kosmato owłosiona roślina, osiągająca wysokość od 80 do 150 cm, z charakterystycznymi parzystopierzastymi, zakończonymi wąsami liśćmi, o 8—12 parach listków kosmato owłosionych, szerokich, równowąskich, z 4 lub 5 nerwami bocznymi; przylistki duże, nieząbkowane, półoszczepowate lub podłużnie lancetowate; kwiaty zebrane w duże grona na długich szypułkach, wyrastających z kątów liści; płatki korony fioletowe, rzadziej białe; blaszka żagielka o połowę krótsza od paznokcia (rys. 1*d*); kielich owłosiony, o trzech długich szydlastych ząbkach na stronie dolnej i dwóch krótszych na stronie górnej; strąki wielonasienne, nieco spłaszczone, barwy brunatnej.

Nasienie kuliste, czarne, matowe, z wąskim, lekko zaznaczonym znaczkiem, długości około 2 mm i charakterystycznym owalnym, czarnym, mniej lub bardziej wgłębionym zarodkiem.

Okres kwitnienia: od maja do lipca.

Występowanie i znaczenie. Ta dwuletnia, rzadziej jednoroczna wyka jest w Niemczech jedną z najważniejszych roślin pastewnych; ma szczególne znaczenie w uprawie jako składnik poplonowych mieszanek ozimych. Wyka kosmata jest najważniejszym składnikiem mieszanki gorzowskiej; wczesną wiosną dostarcza ona wysokich plonów i pełnowartościowej paszy; na wielu glebach, zwłaszcza na lekkich, jest rośliną wysokobiałkową najbardziej wzbogacającą glebę w azot.

Wyka kosmata występuje dziko nie tylko na polach, ale także na miedzach i zadarnionych pagórkach; jako obca domieszka nie ma znaczenia, ponieważ nasiona jej można maszynowo oddzielić od nasion wszystkich gatunków; zwiększa jedynie koszty czyszczenia ziarna zbóż.

(TABLICA 11/2)

Wyka ptasia

— *Vicia cracca* L.
Rodzina: Motylkowate — *Papilionaceae*

Opis. Rozłogowa, przylegająco owłosiona roślina, o łodygach długości od 50 do 125 cm; liście pierzaste, zakończone wąsami, o 10—12 parach listków; listki wąskie, podłużne, równowąskie, z 2 lub 3 ostrokątnymi nerwami bocznymi, przylegająco owłosione; przylistki całobrzegie, półoszczepowate; kwiaty czerwonawofioletowe, zebrane w długoszypułkowe grona; blaszka żagielka tej samej długości, co paznokieć (rys. 2*d*). Strąk o 3—7 nasionach, brunatny do czarniawego, długości od 2 do 2,5 cm, prawie równowąski, przechodzący nagle w krótką osadkę, krótszą od rurki kielicha.

Nasiona kuliste do gruboowalnych, średnicy od 2,7 do 3,5 mm; znaczek jasny, długości od 2 do 2,5 mm, zajmujący około $^1/_4$—$^1/_3$ obwodu nasienia.

Okres kwitnienia: od czerwca do sierpnia.

Występowanie i znaczenie: Wieloletnia, pełnowartościowa roślina łąkowa; zarówno skrajnie mokre i wilgotne stanowiska, jak i skrajnie suche nie odpowiadają jej; nie znosi silnego zacienienia; w stosunku do innych warunków siedliska nie ma specjalnych wymagań, dlatego spotyka się ją nie tylko na łąkach, ale także na opłociach, w zaroślach i na zadarnionych polanach leśnych.

Jako zanieczyszczenie materiałów siewnych roślin uprawnych nie ma znaczenia, ponieważ nie występuje jako chwast polny.

(TABLICA 11/3)

Wyka wąskolistna

— *Vicia angustifolia* L. (*V. sativa* subsp. *angustifolia* (L.)) Gaud.
Rodzina: Motylkowate — *Papilionaceae*

Opis. Z wyglądu wyka wąskolistna jest bardzo podobna do wyki siewnej, stanowiącej jej formę wyjściową; liście parzystopierzaste, o 3—7 parach listków, zakończone rozgałęzionymi wąsami; listki krótko owłosione, dolne — odwrotnie jajowate, górne — równowąskie, wszystkie na wierzchołku ucięte, z wystającym ostkowatym kończykiem; przylistki (rys. 3*b*) zatokowo ząbkowane, z łatką na stronie dolnej. Kwiaty krótkoszypułkowe wyrastają pojedynczo lub po dwa z kątów liści; zabarwienie kwiatów, jak u wyki siewnej, czerwonofioletowe. Strąk o 6—12 nasionach, prawie owalny, grubości około 5 mm, ciemnobrunatny do czarnego, najczęściej nagi, czasem aksamitnie owłosiony.

Nasienie kuliste, średnicy od 2,5 do 3,5 mm; znaczek wąski, klinowato zakończony, długości od 1,5 do 2 mm.

Okres kwitnienia: od maja do lipca.

Występowanie i znaczenie. Ta jednoroczna lub dwuletnia wyka występuje przy drogach i na brzegach pól, łąkach i wygonach, a także jako chwast polny; nie wykazuje specjalnych wymagań co do warunków środowiska, rośnie więc na najrozmaitszych glebach. Aczkolwiek wyka ta dostarcza pełnowartościowej paszy, nie jest uprawiana z powodu niskich plonów. Jako chwast nasienny pojawia się nierzadko w materiale siewnym koniczyny krwistoczerwonej (inkarnatce), seradeli i esparcety. Od ziarna zbóż najlepiej można ją oddzielać na tryjerze.

(TABLICA 11/4)

Wyka siewna

— *Vicia sativa* L.

Rodzina: Motylkowate — *Papilionaceae*

Opis. Najczęściej naga roślina, o łodygach czasem nieco kosmato owłosionych, osiągających długość 50—100 cm; liście pierzaste, o 5—7 parach listków jajowatych do prawie równowąskich, tępo zaokrąglonych, zakończonych ostkowatym kończykiem; przylistki (rys. 4*b*) ząbkowane; kwiaty czerwonofioletowe, krótkoszypułkowe, wyrastające pojedynczo lub po dwa z kątów liści. Strąki o 4—12 nasionach, trochę spłaszczone lub owalne, w miejscach nasion nieco falisto zgarbione, długości do 5 cm.

Nasiona spłaszczone, przypominają nieco dwuwklęsłą soczewkę; znaczek podłużnie równowąski do lancetowatego, z jaśniejszą linią, przebiegającą przez jego środek, długości od $^1/_5$ do $^1/_7$ obwodu nasienia.

Okres kwitnienia: czerwiec — lipiec, w uprawie polowej zależnie od terminu wysiewu — nawet do jesieni.

Występowanie i znaczenie. Jednoroczny, czasem także dwuletni gatunek wyki; w starożytności masowo uprawiany jako roślina pastewna (wówczas gdy wyka kosmata uprawiana jest dopiero od niewielu dziesiątków lat); dostarcza znakomitej, wysokobiałkowej paszy; uprawiany jest na nasiona w czystym siewie oraz w mieszankach ze zbożami; dziczeje rzadko.

Jako chwast występuje o wiele rzadziej niż wyka kosmata i wyki dziko rosnące. Przy uprawie w mieszance ze zbożem płaskie nasiona wyki siewnej trudniej oddziela się od okrągłych nasion wyki kosmatej. Tryjer ślimakowy nie nadaje się, oddziela je natomiast cylindryczny tryjer stosowany do czyszczenia jęczmienia i owsa. Całkowite oddzielenie jej nasion od ziarna żyta i pszenicy jest niemożliwe.

TABLICA 11

1. **Wyka kosmata** — odcinek łodygi z liściem i gronem kwiatowym, *1a* — listek, *1b* — przylistek, *1c* — kwiat, *1d* — kwiat z blaszką i paznokciem żagielka widziany z boku, *1e* — strąk
2. **Wyka ptasia** — odcinek łodygi z liściem i gronem kwiatowym, *2a* — listek, *2b* — przylistki, *2c* — kwiat, *2d* — kwiat widziany z boku (blaszka i paznokieć), *2e* — strąk
3. **Wyka wąskolistna** — odcinek łodygi z liściem i 2 kwiatami, *3a* — listek, *3b* — przylistki, *3c* — kwiat, *3d* — strąk
4. **Wyka siewna** — odcinek łodygi z liściem i kwiatem, *4a* — listek, *4b* — przylistki, *4c* — kwiat, *4d* — strąk

Uwaga: *1a, 1e, 2e, 3a, 3d, 4a, 4c* i *4d* są wykonane na siatce o wymiarach 5×5 mm!

Cechy rozpoznawcze i porównawcze

	Wyka kosmata	Wyka ptasia	Wyka wąskolistna	Wyka siewna
Liście	pierzaste, o 8 do 12 parach listków; listki szerokie, równowąskie, z 4—5 parami nerwów bocznych i krótkim ostkowatym kończykiem, kosmato owłosione	pierzaste, o 10 do 12 parach listków podłużnych lub równowąskich, z 2 lub 3 ostrokątnymi nerwami bocznymi i krótkim ostkowatym kończykiem, przylegająco owłosione	pierzaste, o 3—7 parach listków, z których dolne są odwrotnie jajowate, górne — równowąskie, wszystkie listki na wierzchołku ucięte, z wystającym ostkowatym kończykiem, krótko owłosione	pierzaste, o 5—7 parach listków odwrotnie jajowatych do równowąskich, zaokrąglonych lub uciętych, z ostkowatym kończykiem
Przylistki	względnie duże, nieząbkowane, półoszczepowate lub lancetowate	całobrzegie, półoszczepowate	zatokowo ząbkowane, z łatką na stronie dolnej	ząbkowane
Kwiaty	fioletowe, rzadziej białe, zebrane w długie grona; blaszka żagielka o połowę krótsza od paznokcia	czerwonofioletowe, długoszypułkowe, zebrane w grona; blaszka żagielka takiej samej długości jak paznokieć	czerwonofioletowe, wyrastające pojedynczo lub po 2 w pachwinach liści; na krótkich szypułkach	czerwonofioletowe, wyrastające pojedynczo lub po 2 z kątów liści; na krótkich szypułkach
Kielich	owłosiony, od podstawy workowato wydłużony, o 3 szydlastych, długich ząbkach na stronie dolnej i 2 krótszych na stronie górnej	nagi, bez workowatego wydłużenia, nierównomiernie ząbkowany	ząbki kielicha mniej więcej jednakowej długości, równomiernie zaostrzone, takiej samej długości jak rurka kielicha, ± owłosione	nieco skupiony, owłosiony, jasnozielony, o ząbkach jednakowej długości, równomiernie zaostrzonych, mniej więcej takiej długości jak rurka kielicha
Strąk	długości około 30 mm, szerokości od 5 do 10 mm, o 6—8 nasionach, jasnobrunatny, z krótką osadką, wyraźnie wystającą z rurki kielicha; górna powierzchnia jasnobrązowa, delikatnie pomarszczona, naga	długości 20—25 mm, szerokości 5—6 mm, o 3—7 nasionach, powierzchnia jasnobrązowa aż do czarnej; słabo unerwiony, nagi lub aksamitnie owłosiony	długości 30—50 mm, grubości około 5 mm, okrągławy, o 6 do 12 nasionach, ciemnobrązowy do czarnego	długości 40—60 mm, szerokości 5—7 mm, nieco spłaszczony do okrągławego, czasem nieco falisto zgarbiony, barwy od jasno- do ciemnobrunatnej
Nasiona	prawie kuliste, średnicy od 2,5 do 4,5 mm, czarne, matowe; znaczek wąski, niewyraźny, długości około 2 mm (obejmuje 1/7 obwodu nasienia); skórka zarodka owalna, czarna, ± wgłębiona	prawie kuliste, średnicy 2—3,5 mm, oliwkowozielone, z ciemnymi plamkami; stare nasiona ciemnobrunatne, matowe; znaczek równowąski, jaśniejszy, długości od 2 do 2,5 mm (zajmuje 1/4—1/6 obwodu nasienia)	mniej więcej kuliste, brunatne do czarnych, matowe; znaczek długości od 1,5 do 2 mm, wąski, klinowato zakończony (najważniejsza cecha pomagająca odróżnić je od nasion wyki kosmatej)	mniej więcej kuliste lub soczewkowato spłaszczone, od jasno- do ciemnobrunatnych z czarniawymi centkami; znaczek równowąski, z żółtawobiałą linią przebiegającą przez środek; długości równej od 1/5 do 1/7 obwodu nasienia

TABLICA 11

Wyka czteronasienna

— *Vicia tetrasperma* (L.) Schreb. (*Ervum tetraspermum* L.)
Rodzina: Motylkowate — *Papilionaceae*

Opis. Delikatna, mało owłosiona wyka, o łodygach długości 20—60 cm; liście parzystopierzaste, o 3—4 parach listków, niekiedy z rozdwojonym wąsem; listki wąskie, równowąskie, lancetowate, czasem ku podstawie zwężające się, z łukowatym ostkowatym kończykiem; przylistki półoszczepowate lub lancetowate; kwiaty małe, zielonkawobiałe z niebieskim odcieniem, występujące pojedynczo, rzadziej po 2, na długich cienkich szypułkach; kielich nierównomiernie ząbkowany; strąk długości 10—20 mm, szerokości 2—4 mm, najczęściej o 4, ale także o 2—6 nasionach, brunatny, gładki, nagi.

N a s i e n i e prawie kuliste, średnicy od 1 do 2,5 mm, matowe, zielonkawe, z czarnobrunatnymi plamkami, często także jednobarwne — czarne; znaczek wąski, równowąski, brunatny, z jaśniejszą przebiegającą przez środek linią, zajmujący około $^1/_4$ do $^1/_5$ długości obwodu nasienia.

Okres kwitnienia: od czerwca do lipca.

Występowanie. Jako jednoroczny lub dwuletni chwast polny zbóż ozimych i jarych, jak również roślin okopowych i pastewnych w uprawie polowej, wyka czteronasienna występuje rzadziej niż wyka drobnokwiatowa (*Vicia hirsuta*); nie ma specjalnych wymagań glebowych, chociaż słabo kwaśne gleby odpowiadają jej najbardziej; na glebach silnie wapnowanych lub wapiennych nie występuje; często można ją znaleźć w zaroślach, w pobliżu żywopłotów i na skrajach lasów; lata o dużych opadach sprzyjają jej rozwojowi i rozmnażaniu się.

Znaczenie i zwalczanie. Z powodu pnących się i czepnych łodyg wyka czteronasienna jest uciążliwym chwastem polnym, szczególnie w latach mokrych. W zasiewach roślin pastewnych powinno się ją uważać za roślinę pożyteczną ze względu na wysoką zawartość białka i składników mineralnych.

Wykę czteronasienną zwalcza się najskuteczniej stosując czyste materiały siewne. Od ziarna zbóż można oddzielić nasiona jej za pomocą tryjera. Trudności sprawia oddzielenie jej nasion od nasion inkarnatki, lucerny nerkowatej (chmielowej) i komonicy zwyczajnej.

Wyka czteronasienna jest bardzo wrażliwa na różne środki typu regulatorów wzrostu oraz środki parzące, natomiast na działanie azotniaku i kainitu jest dosyć odporna; przepada zaś w wypadku traktowania zbóż lub plantacji nasiennych traw środkami typu regulatorów wzrostu.

(TABLICA 12/2)

Wyka drobnokwiatowa

— *Vicia hirsuta* (L.) S. F. Gray (*Ervum hirsutum* L.)
Rodzina: Motylkowate — *Papilionaceae*

Opis. Cienka, gałęzista łodyga, osiągająca długość 20—60 cm; liście parzystopierzaste, dolne zazwyczaj o 6 parach listków, górne częściej o 9 parach; listki prawie równowąskie, na wierzchołku ucięte albo zaokrąglone z ostkowatym kończykiem na środku (rys. 2*a*); przylistki w górnej części łodygi półlancetowate, w dolnej — z licznymi i zawsze dłuższymi szydlastymi ząbkami (rys. 2*b*); kwiaty małe, bladofioletowe, zebrane po 2—4 w grona, osadzone na długiej szypule; kielich szorstko owłosiony, o ząbkach jednakowej długości, prawie takiej samej jak kwiatów; strąk długości 8—10 mm, szerokości 3 mm, zwykle dwunasienny, brunatny, szorstko owłosiony.

Nasiona prawie kuliste do grubosoczewkowatych, spłaszczone, długości 2—3 mm, szerokości od 1,8 do 2,7 mm, jasno-szaro-zielone, z ciemnobrunatnymi plamkami; znaczek równowąski, długości około 2 mm; bardzo charakterystyczny jest występujący na nasieniu brunatny sznureczek, długości 2 mm.

Okres kwitnienia: czerwiec — lipiec.

Występowanie. Ta jednoroczna lub dwuletnia delikatna roślina jest najczęstszym i najbardziej szkodliwym chwastem spośród gatunków wyk; występuje w zbożach ozimych i jarych, wśród roślin okopowych i pastewnych, nierzadko spotykana także w zaroślach, przy żywopłotach i na piaszczystych pobrzeżach; najbardziej odpowiadają jej lekkie, wyjałowione, słabo kwaśne gleby.

Znaczenie i zwalczanie. Wyka drobnokwiatowa jest uciążliwym chwastem polnym, ponieważ czepiając się swoimi wąsami znacznie utrudnia zbiór zbóż, zwłaszcza w latach mokrych; w zasiewach roślin pastewnych nie jest szkodliwa, dzięki znacznej zawartości białka i składników mineralnych; w zbożach i na plantacjach traw łatwo można ją zwalczać za pomocą środków parzących bądź typu regulatorów wzrostu; wykazuje znaczną odporność na działanie azotniaku; skutecznie można ją zwalczać w fazie do 5 liścia mieszaniną kainitu i azotniaku (1 : 6, około 6 q/ha); duże znaczenie ma stosowanie czystego materiału siewnego.

Oddzielanie szorstko owłosionych nasion wyki drobnokwiatowej od materiałów siewnych jest trudne. Tryjer tylko część nasion tej wyki oddziela od ziarna zbóż, ponieważ w czasie młocki większość jej krótkich strąków nie pęka, a pełnych strąków tryjer nie oddziela; udaje się to tylko na sortowniku stołowym. Natomiast w czasie wycierania materiału siewnego koniczyn nasiona wszystkich gatunków wyk zostają wytarte ze strąków, przez co z kolei oddzielanie — przede wszystkim nasion drobnych — jest utrudnione. Z materiału siewnego inkarnatki i pozostałych roślin koniczynowatych nasiona wyki drobnokwiatowej dają się oddzielać również tylko częściowo.

TABLICA 12

1. **Wyka czteronasienna** — kwitnący i owocujący pęd, *1a* — listek, *1b* — przylistki, *1c* — kwiat i kielich, *1d* — strąk, *1e* — nasienie
2. **Wyka drobnokwiatowa** — kwitnący i owocujący pęd, *2a* — listek, *2b* — różne formy przylistków, *2c* — kwiat i kielich, *2d* — strąk, *2e* — nasienie

Cechy rozpoznawcze i porównawcze

	Wyka czteronasienna	Wyka drobnokwiatowa
Forma wzrostu	delikatne pędy, długości 30—60 cm, z małymi kwiatami	
Liście	parzystopierzaste, o 3 lub 4 parach listków, z wąsami pojedynczymi, niekiedy rozdwojonymi	parzystopierzaste, o 6 do 10 parach listków, z wielokrotnie rozgałęziającymi się wąsami
Listki	równowąskie lub zwężające się ku podstawie, wszystkie z łukowatym ostrzem	równowąskie, na wierzchołku wycięte, z ostkowatym kończykiem
Przylistki	półoszczepowate lub lancetowate	półoszczepowate, zależnie od ustawienia z ± dużymi szydlastymi ząbkami
Kwiaty	małe, bladofioletowe, pojedyncze, rzadko występujące po 2 lub 3 na jednej szypułce	małe, bladofioletowe o 3—6 kwiatach, na długich szypułkach, zebrane w drżące grona
Strąk	długości 10—12 mm, jasnobrązowy, błyszczący, najczęściej czteronasienny, ale może być także o 2—6 nasionach	długości 8—10 mm, brunatny, silnie owłosiony, najczęściej 2-nasienny, rzadziej 1- lub 3-nasienny
Nasiona	prawie kuliste, średnicy 1 do 2,5 mm, matowe, oliwkowozielone z ciemnobrunatnymi plamkami, często jednobarwne, czarne; znaczek równowąski, brunatny, z jaśniejszą linią pośrodku, zajmujący 1/4—1/5 obwodu nasienia	prawie kuliste do soczewkowato spłaszczonych, długości 2—3,3 mm, grubości 1,3—2,5 mm, jasnozielone, ciemnobrunatno lub prawie czarno nakrapiane; znaczek równowąski, zajmujący 1/8 obwodu nasienia; charakterystyczną cechą jest najczęściej występujący na nasieniu sznureczek, długości około 2 mm

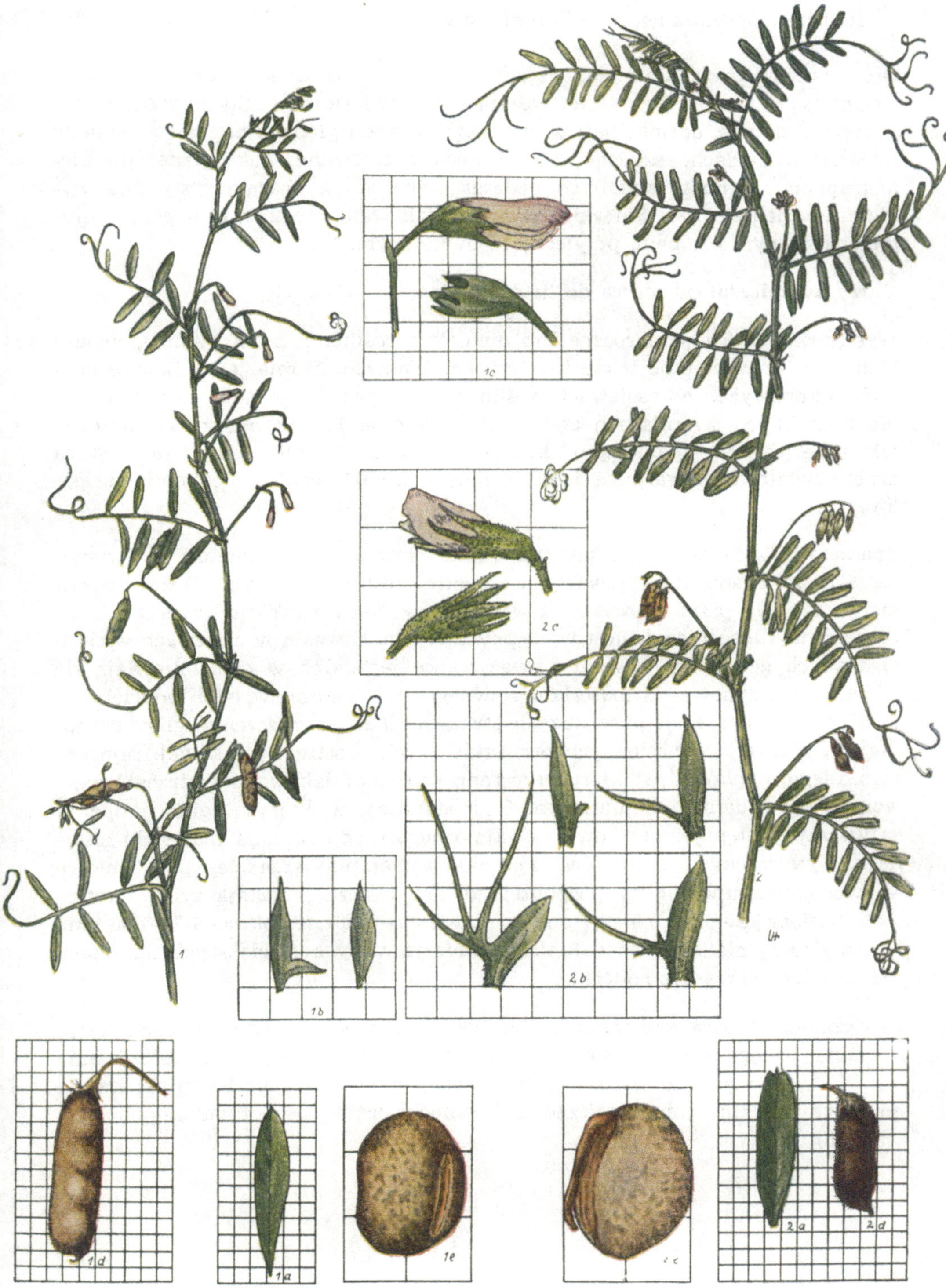

Iglica pospolita

— *Erodium cicutarium* (L.) L'Hérit
Rodzina: Bodziszkowate — *Geraniaceae*

Opis. Łodygi pokładające się, często rozetkowo rozłożone, także podnoszące się, długości 15 do 50 cm; cała roślina silnie owłosiona; liście długoogonkowe i pierzastosieczne, odcinki liści wtórnie ząbkowane i głęboko pierzasto wcinane; kwiatostan baldachokształtny; płatki korony czerwone, nakrapiane lub nienakrapiane; szypułki kwiatowe podczas owocowania charakterystycznie wygięte („bocianie noski"); owoc na dole stożkowato zaostrzony, u góry z długim, skręconym dziobem, przylegająco owłosionym.

Okres kwitnienia: od marca do listopada.

Występowanie. Ta jednoroczna lub dwuletnia roślina jest chwastem gleb lekkich, chociaż występuje także i na glebach lepszych. Można ją spotkać w zbożach, okopowych, w zasiewach roślin pastewnych, a przede wszystkim na nie podoranych ścierniskach zbóż. Nie występuje jednak nigdy tak masowo, jak inne chwasty polne (np. komosa biała, gwiazdnica pospolita, żółtlica drobnokwiatowa, chwastnica jednostronna i inne) i jest od nich mniej uciążliwa.

Znaczenie. Iglica pospolita, tak jak i inne chwasty, ma skłonność do wypierania i zagłuszania mniej zwartych zespołów roślin uprawnych. Rozpowszechnianiu się jej przez materiał siewny należy bezwarunkowo przeciwdziałać. Szczególnie niebezpieczne jest występowanie tego chwastu w zasiewach wielkonasiennych gatunków traw, ponieważ owoce jego albo w ogóle nie dają się oddzielić maszynowo od materiału siewnego tych gatunków, albo oddziela się je z wielkim trudem i przy dużych stratach. Dlatego niszczenie iglicy pospolitej na plantacjach nasiennych wszystkich życic, kostrzewy łąkowej, rajgrasu wyniosłego, kupkówki, stokłosy bezostnej, konietlicy łąkowej i kostrzewy czerwonej, jest zadaniem koniecznym. Gospodarstwa, w których iglica pospolita zazwyczaj występuje, nie powinny zajmować się reprodukcją materiału siewnego wymienionych gatunków. Podczas wycierania — rzadziej przy młocce — owocnia rozłupek iglicy pospolitej odpada, tak że pozostają tylko sztyftowate nasiona długości 2,4—3,4 mm, grubości 0,8—1,2 i szerokości 1,2—1,25 mm. Nasiona te są gładkie i od gatunków koniczynowatych o większych nasionach nie dają się całkowicie oddzielić.

Zwalczanie. W porę wykonane podorywki, bronowanie zasiewów wiosennych, staranne pielęgnowanie roślin okopowych ograniczają jej rozprzestrzenianie się. We wczesnej fazie wzrostu chwast ten jest wrażliwy na azotniak; można go również skutecznie zwalczać za pomocą herbicydów typu regulatorów wzrostu.

(TABLICA 13/2)

Bodziszek drobny

— *Geranium pusillum* L.
Rodzina: Bodziszkowate — *Geraniaceae*

Opis. Łodygi rozetkowo rozłożone i podnoszące się, wysokości od 15 do 30 cm, gałęziste, nagie i tylko górą okryte włoskami gruczołowymi; liście długoogonkowe, w zarysie prawie okrągłe, dłoniastodzielne, o 7 odcinkach, z trzema tępo wcinanymi ząbkami na szczycie, owłosione; kwiaty osadzone najczęściej po 2 na jednej szypułce; płatki korony bladofioletowe lub niebieskawoczerwone; działki kielicha prawie osiągające długość płatków korony, miękko owłosione.

Nasiona podługowatojajowate, z korzonkiem zarodkowym wyraźnie odstającym, o powierzchni gładkiej i matowej, barwy czerwonobrunatnej; często otoczone białą owłosioną owocnią.

Okres kwitnienia: od maja do września.

Występowanie. Jednoroczny lub dwuletni chwast występujący na przewiewnych, wilgotnych glebach, zasobnych w azot; nie ma specjalnych wymagań co do kwasowości i sprawności gleby; występuje przede wszystkim w zasiewach koniczyn i lucern, ale znaleźć go można także wśród wszystkich innych roślin uprawnych.

Znaczenie. Bodziszek drobny nie występuje nigdy masowo i dlatego nie jest zaliczany do chwastów uciążliwych; pomimo to jego rozprzestrzenianiu się, szczególnie przez materiał siewny, powinno się zapobiegać; nasiona jego (bot. owoce) wcale nie dają się maszynowo oddzielić (lub oddzielają się trudno, z dużymi stratami) od materiału siewnego następujących gatunków: koniczyny łąkowej, lucerny siewnej i nerkowatej (chmielowej), komonicy zwyczajnej, przelotu, koniczyny aleksandryjskiej i tymotki.

Zwalczanie tego chwastu na plantacjach nasiennych wymienionych gatunków jest prawie niemożliwe, zwłaszcza że pielenie przed lustracją polową jest technicznie niewykonalne. Dlatego też gospodarstwa, w których występuje bodziszek drobny, powinny wyłączyć z produkcji nasiennej wspomniane gatunki. Jest to o tyle łatwe do przeprowadzenia, że takich gospodarstw jest stosunkowo mało.

Zwalczanie. W odpowiednim czasie wykonane podorywki, stosowanie chwastownika do pielęgnowania zbóż jarych i ziemniaków, wystarczająco hamują rozprzestrzenianie się tego chwastu. Stosowanie czystego materiału siewnego jest bardzo ważne dla polowej uprawy roślin pastewnych, a szczególnie uprawy tych roślin na nasiona.

(TABLICA 13/3)

Bodziszek porozcinany

— *Geranium dissectum* Juslen.
Rodzina: Bodziszkowate — *Geraniaceae*

Opis. Łodygi rozłożyste i podnoszące się, długości od 10 do 70 cm, jednakże tylko do 30 cm wysokości, gałęziste i owłosione; liście w przybliżeniu okrągłe, prawie do nasady blaszki podzielone na 5—7 odcinków równo-wąsko-lancetowatych, owłosione; dwukwiatowe szypułki krótsze lub prawie osiągające długość liści wspierających, po przekwitnieniu zginające się ku dołowi, a owocostan — ku górze (niczym bociani dziób); działki kielicha pokryte gruczołowymi włoskami i zakończone czerwoną ością; płatki korony purpurowoczerwone, mniej więcej takiej długości jak kielich.

Nasienie jajowate, szarobrunatne, regularnie siatkowane, o ciemnych jamkowatych oczkach i jaśniejszej siatce. Owocnia, w której rzadko tkwi nasienie, brunatna i owłosiona.

Bodziszek porozcinany ma charakterystyczne liście, uderzająco podobne do liści bodziszka gołębiego (*G. columbinum* L.) i może być z nim mylony. Ten ostatni występuje przede wszystkim na kamienistych, nasłonecznionych, zwietrzałych glebach i ma wprawdzie także liście podzielone do nasady, jednakże o odcinkach węższych i nieowłosionych, w przeciwieństwie do szerokich i owłosionych odcinków liści bodziszka porozcinanego. Ponadto, oprócz opisanych, są jeszcze liczne gatunki bodziszka o liściach tak samo głęboko podzielonych, ale nie występujące jako chwasty polne. Gatunki te różnią się od dwóch wymienionych wielkością i barwą kwiatów. Na plantacjach nasiennych roślin uprawnych bodziszek gołębi należy oceniać tak samo jak bodziszek porozcinany, dlatego nie wymaga on oddzielnego opisu, zwłaszcza że występuje o wiele rzadziej.

Okres kwitnienia: od maja do października.

Występowanie. Chwast jednoroczny lub wieloletni nie mający specjalnych wymagań glebowych; odpowiadają mu mokre bądź okresowo mokre gleby, poza tym sporadycznie można go znaleźć na większości gleb i we wszystkich roślinach uprawnych; liczniej występuje niekiedy w zasiewach koniczyny; jest to wynikiem używania zanieczyszczonego materiału siewnego koniczyn.

Znaczenie. Bodziszek porozcinany nie należy do chwastów uciążliwych, mimo że jest najbardziej rozpowszechniony, to jednak prawie nigdy nie występuje masowo. Jakie jest jego znaczenie w zasiewach roślin pastewnych, trudno powiedzieć, ponieważ wyniki badań nad jego wartością pastewną, wydajnością suchej masy i agresywnością nie dały dotychczas podstawy do wydania oceny. Jednakże rozprzestrzenianiu się jego przez materiał siewny należy zapobiegać. Przy obecnym stanie techniki nasion bodziszka porozcinanego nie można w ogóle oddzielić od materiału siewnego lucerny nerkowatej (chmielowej), koniczyny łąkowej, komonicy zwyczajnej, lucerny siewnej i seradeli, lub oddziela się je w niedostatecznym stopniu, z dużymi stratami. Z żółtokwitnących gatunków roślin koniczynowatych można bodziszka usuwać.

Dalszy ciąg na str. 90

(TABLICA 13/4)

Bodziszek kosmaty

— *Geranium molle* L.
Rodzina: Bodziszkowate — *Geraniaceae*

Opis. Łodygi rozesłane i wznoszące się ku górze, długości do 50 cm, wysokości do 30 cm, pokryte krótszymi, miękkimi i dłuższymi kosmatymi włoskami; liście długoogonkowe, mniej więcej do połowy podzielone na 7—9 odcinków tępo ząbkowanych, po obu stronach miękko owłosionych; szypułki 2-kwiatowe, owłosione; kwiaty małe, płatki korony dłuższe prawie o 1/3 od kielicha, purpurowoczerwone, z ciemnymi smugami.

Nasiona owalne, z odstającymi korzonkami, gładkie i matowe, barwy żółtej do czerwonobrunatnej, często w owocni rozłupek, zazwyczaj nieco rozwartej, poprzecznie pomarszczonej, wygrzbieconej, barwy szarobrunatnej.

Pomylenia bodziszka kosmatego z innymi gatunkami tego rodzaju można uniknąć, jeśli się weźmie pod uwagę takie charakterystyczne cechy gatunkowe, jak: kosmate owłosienie całej rośliny, charakterystyczna budowa kwiatów i nagie, poprzecznie pomarszczone rozłupki. Najłatwiej można go pomylić z bodziszkiem drobnym, który jednakże jest mniejszy i pokryty włoskami jednakowej długości.

Okres kwitnienia: od maja do września.

Występowanie. Jednoroczny lub dwuletni chwast spotykany na przydrożach i brzegach pól; pojedynczo występuje także wśród wszystkich roślin uprawnych, zwłaszcza na polach koniczynowatych roślin pastewnych na skutek stosowania zanieczyszczonego materiału siewnego. Chociaż — zależnie od rejonu — bodziszek kosmaty występuje lub nie, to jednak wydaje się, że nie ma on specjalnych wymagań w stosunku do warunków siedliska (gleby, kwasowości, stosunków wodnych, nawożenia i sprawności).

Znaczenie. Bodziszek kosmaty wprawdzie bardzo rzadko występuje w większych skupieniach, jednakże ma cechy typowego chwastu; dotychczas nie zbadano jeszcze, w jakim stopniu obniża on wysokość i jakość plonów roślin koniczynowatych.

Występowanie tego chwastu na plantacjach nasiennych lucerny nerkowatej (chmielowej), koniczyn łąkowej i aleksandryjskiej, komonicy zwyczajnej, przelotu, jak również lucerny siewnej i tymotki powinno być surowo oceniane, ponieważ nasiona jego (przy współczesnym stanie techniki) można tylko częściowo oddzielić od materiału siewnego wymienionych gatunków.

Zwalczanie. Zwalczanie jest stosunkowo łatwe; wystarczy stosowanie podorywek, chwastownika do pielęgnowania zbóż i ziemniaków; na czystość materiału siewnego należy szczególnie zwracać uwagę przy uprawie roślin pastewnych; we wczesnej fazie rozwojowej jest on bardzo wrażliwy na azotniak; również stosowanie herbicydów typu regulatorów wzrostu daje dobre wyniki.

TABLICA 13

1. **Iglica pospolita,** *1a* — kwiat, *1b* — rozłupka z dzióbkiem spiralnie zwiniętym
2. **Bodziszek drobny,** *2a* — liść dolny, *2b* — kwiat widziany z boku i z przodu, *2c* — rozłupka, *2d* — nasienie
3. **Bodziszek porozcinany,** *3a* — liść dolny, *3b* — kwiat, *3c* — nasienie
4. **Bodziszek kosmaty,** *4a* — kwiat, *4b* — rozłupka, *4c* — nasienie

Cechy rozpoznawcze i porównawcze

	Bodziszek drobny	Bodziszek kosmaty	Bodziszek porozcinany	Bodziszek gołębi
Łodyga	w górnej części pokryta włoskami gruczołowymi	miękka, kosmato owłosiona	owłosiona	bardzo mało owłosiona
Liście dolne	prawie do połowy podzielone na 7 odcinków; owłosione	prawie do połowy podzielone na 7 do 9 odcinków; po obu stronach miękko owłosione	do nasady podzielone na 7—9 odcinków; owłosione	do nasady pierzasto podzielone na równowąskie odcinki; nieowłosione
Płatki korony	odwrotnie sercowate, prawie takiej długości jak kielich, bladofioletowe lub niebieskawoczerwone	odwrotnie sercowate, dłuższe o 1/3 od kielicha; purpurowoczerwone, z ciemnymi prążkami	odwrotnie sercowate, trochę krótsze od kielicha; purpurowoczerwone	odwrotnie sercowate, takiej długości jak ościsty kielich; jasnoróżowe, z ciemnymi liniami
Rozłupka	z przylegającym białym owłosieniem	nieco rozwarta, poprzecznie pomarszczona, naga, szarobrunatna	pokryta odstającymi włoskami gruczołowymi	gładka i naga
Nasienie	gładkie, matowe [podługowato-jajowate, czerwonobrunatne]	gładkie, matowe [żółte do czerwonobrunatnego]	plastrowato siatkowane	plastrowato siatkowane
grubość	0,5—1,2	0,8—1,2	1,1—1,6	
szerokość	0,9—1,4	0,9—1,3	1,2—2,0	
długość	1,3—2,3	1,5—1,8	1,7—2,1	

Iglica pospolita wyróżnia się spośród wszystkich roślin z rodziny bodziszkowatych podwójnie pierzastymi liśćmi i dlatego nie została uwzględniona w ogólnym zestawieniu cech rozpoznawczych.

Dokończenie ze str. 88

Zwalczanie. Bronowanie chwastownikiem zbóż i ziemniaków, jak również podorywanie ściernisk są najważniejszymi zabiegami przeciwdziałającymi rozpowszechnianiu bodziszka. W uprawie roślin pastewnych zaleca się stosowanie czystego materiału siewnego. We wczesnej fazie wzrostu chwast ten jest bardzo wrażliwy na działanie azotniaku. W zbożach można go zwalczać również za pomocą herbicydów typu regulatorów wzrostu (2,4 D i MCPA).

TABLICA 13

(TABLICA 14/1)

Szarłat szorstki

— *Amaranthus retroflexus* L.
Rodzina: Szarłatowate — *Amaranthaceae*

Opis. Łodyga wyprostowana, żeberkowana, owłosiona, nieznacznie rozgałęziona, wysokości od 25 do 100 cm; liście jajowate, obustronnie nagie, ale szorstkie, długoogonkowe, ogonek liściowy i środkowy nerw liścia delikatnie owłosione; kwiaty zielone, skupione w zbite kłosy; kłosy szczytowe lub wyrastające z kątów liści.

Szczególną cechą pokrojową tego gatunku jest charakterystyczny, zwracający uwagę szczeciniastoościsty kwiatostan; kwiaty zbudowane są ze słupka, 5 pręcików i 5 listków okwiatu, otoczonych 3 ciernistokolczastymi liśćmi przykwiatowymi, dwukrotnie dłuższymi od listków okwiatu i nadającymi kwiatostanowi szczeciniasty wygląd. Barwnie kwitnące gatunki tego rodzaju pochodzą ze Wschodnich Indii i są roślinami ozdobnymi rosnącymi w ogrodach.

Nasiona soczewkowate, o brzegu tylko przy końcu korzonka zarodkowego zatokowowgłębionym, ciemnobrunatne do czarnych, gładkie, błyszczące.

Okres kwitnienia: od lipca do września.

Występowanie. Chwast jednoroczny, szczególnie lubiący gleby dobrze przewietrzone, zasobne w azot i suche; w ostatnich latach znacznie się rozprzestrzenił wśród roślin okopowych i warzyw itp.; w niektórych okolicach (np. w rejonie Berlina) ostatnio stał się najczęściej spotykanym chwastem, liczebnie przewyższając nawet żółtlicę drobnokwiatową (*Galinsoga parviflora*).

Znaczenie. Jedna roślina szarłatu szorstkiego tworzy niezwykle dużo nasion (kilka tysięcy), wskutek czego istnieje niebezpieczeństwo szybkiego jej rozprzestrzeniania się; jako roślina pobierająca dużo składników pokarmowych jest — w wypadku masowego wystąpienia — chwastem szkodliwym i niebezpiecznym dla roślin uprawnych.

Jego małe nasiona można całkowicie oddzielić od nasion większości roślin uprawnych, natomiast od nasion drobnonasiennych gatunków koniczynowatych (koniczyn białej i białoróżowej, komonic błotnej i zwyczajnej) nasiona jego nie dają się — przy obecnym stanie techniki — oddzielić bądź oddzielają się tylko w bardzo nieznacznym stopniu.

Zwalczanie. Szarłat szorstki jest rośliną późno kiełkującą; minimalna temperatura kiełkowania wynosi około 7°C; przy tej temperaturze szybko wykształca silne palowe korzenie i wtedy nie można go zniszczyć za pomocą brony; spośród środków chwastobójczych najlepiej niszczy go kainit pylisty; azotniak natomiast wyraźnie osypuje się z roślin; środki typu regulatorów wzrostu (takie jak 2,4-D, a także MCPA i 2,4, 5-T) są bezskuteczne. Największe znaczenie w walce z szarłatem szorstkim ma stosowanie czystego materiału siewnego i niedopuszczanie do wykształcania się nasion na polu.

(TABLICA 14/2)

Rezeda żółta

— *Reseda lutea* L.
Rodzina: Rezedowate — *Resedaceae*

Opis. Łodyga dołem rozesłana i następnie wznosząca się ku górze, żeberkowana, gęsto pokryta włoskami gruczołowymi, gałęzista, wysokości 30—50 cm; liście odziomkowe całobrzegie, niepodzielone, łopatkowate lub łatkowate, dolne liście łodygowe lirowatołatkowane, górne liście łodygowe głęboko pierzastodzielne lub nawet podwójnie pierzastodzielne, o łatkach stopniowo zwężających się ku szczytowi; grono kwiatowe długości od 5 do 12 cm, ku szczytowi zwężające się; kwiaty szypułkowe, zbudowane z 6 zielonych działek kielicha i 5 bladożółtych, podzielonych płatków korony; torebka nasienna trójkanciasta, jajowatowalcowata.

Nasienie skośnie jajowate do nerkowatego, czarne, gładkie, błyszczące, z silnie wygiętym i odstającym korzonkiem zarodkowym, zaznaczonym na końcu wąską bruzdą; znaczek duży, szorstki, szarożółty.

Okres kwitnienia: od czerwca do września.

Występowanie. Dwu- lub wieloletni chwast występujący przede wszystkim w zbożach i zasiewach roślin pastewnych na wapiennych glebach w pewnym stopniu zasobnych w składniki pokarmowe; nie jest zaliczany do uciążliwych chwastów, ponieważ nigdy nie występuje masowo.

Znaczenie. Wskutek rozrastania się za pomocą pączków korzeniowych rezeda żółta może być czasem rośliną wieloletnią; głównie jednak rozmnaża się przez nasiona, których jedna roślina może tworzyć wiele tysięcy.

Oddzielenie nasion rezedy żółtej od nasion prawie wszystkich gatunków roślin motylkowych drobnonasiennych (z wyjątkiem seradeli i esparcety) jest trudne, bądź — przy obecnym stanie techniki — udaje się tylko częściowo. Dlatego gospodarstwa, w których chwast ten występuje, nie powinny zajmować się produkcją materiału siewnego roślin koniczynowatych.

Zwalczanie. Rezeda żółta jest bardzo wrażliwa na działanie herbicydów typu regulatorów wzrostu.

(TABLICA 14/3)

Rezeda żółtawa

— *Reseda luteola* L.
Rodzina: Rezedowate — *Resedaceae*

Opis. Łodyga wyprostowana, wysokości od 50 do 160 cm, naga i gładka, nieco bruzdkowana, tylko w górnej części rozgałęziona; liście długie, wąskie, nagie; kwiaty w szczytowych gronach, szypułkowe, bladożółte, o 4 działkach kielicha, 4 płatkach korony różnego kształtu, z których górny — największy, o 5—7 niejednakowych końcach; owocem — torebka okrągława, zielona, naga.

N a s i o n a w zarysie prawie okrągłe, z zatokowym wgłębieniem przy końcu korzonka zarodkowego; korzonek mniej więcej do połowy wyraźnie zaznaczony bruzdą; powierzchnia ciemnobrunatna, gładka, nieco błyszcząca.

Okres kwitnienia: czerwiec — wrzesień.

Występowanie i znaczenie. Ta dwuletnia roślina do niedawna była uprawiana dla pozyskiwania żółtego barwnika; obecnie występuje w rozproszeniu tylko jako chwast, zwłaszcza na glebach wapiennych.

TABLICA 14

1. **Szarłat szorstki,** *1a* — ogólny widok nasienia i jego przekrój poprzeczny
2. **Rezeda żółta** — górna część pędu, *2a* — kwiat, *2b* — torebka, *2c* — nasienie
3. **Rezeda żółtawa** — górna część pędu, *3a* — kwiat, *3b* — torebka, *3c* — nasienie

Cechy rozpoznawcze i porównawcze

	Szarłat szorstki	Rezeda żółta	Rezeda żółtawa
Łodyga	wyprostowana, nieco rozgałęziona, owłosiona, wysokości od 25 do 100 cm	rozesłana i następnie podnosząca się, pokryta gruczołowymi włoskami, gałęzista, wysokości 30 do 50 cm	wyprostowana, wysokości 50—160 cm, naga, nieco bruzdkowana, nieznacznie rozgałęziona
Liście	długoogonkowe, jajowate, szorstkie, nieowłosione, u nasady klinowate	odziomkowe całobrzegie lub łatkowate; dolne łodygowe — lirowate, a górne łodygowe — pierzastodzielne	długie, wąskie, nagie, całobrzegie
Kwiaty	żółtawozielone, skupione w zbite, szczeciniaste kłosy pozorne na szczycie pędu lub w pachwinach liści; z trzema liśćmi przykwiatowymi, dwukrotnie dłuższymi od działek kielicha; płatków korony brak	skupione w grona na szczycie pędu, o zielonych działkach kielicha i bladożółtych płatkach korony	jasnożółte (do zielonkawożółtych), skupione w bardzo długie, wąskie i zaostrzone grona na szczycie pędu; płatki korony różnej wielkości i kształtu
Nasiona	soczewkowate, ciemnobrunatne do czarnych, gładkie, błyszczące	skośniejajowate, ze znaczkiem wypukłym, czarne, gładkie, błyszczące	w zarysie prawie kuliste, żółte do ciemnobrunatnych, gładkie, nieco błyszczące
grubość	0,4—1,1	0,6—1,2	0,4—0,6
szerokość	0,9—1,3	0,9—1,5	0,4—0,7
długość	1,15—1,35	1,2—1,9	0,7—1,1

2b
2a
2
2c
3c
1
3a
3
3b
1a
Ut

Komosa biała (lebioda)

— *Chenopodium album* L.
Rodzina: Komosowate — *Chenopodiaceae*

Opis. Łodyga wyprostowana, gałęzista, wysokości od 20 do 90 cm, bruzdkowana i mączysto owłosiona; liście ogonkowe, blaszka liściowa dwa razy dłuższa niż szersza, mączysto owłosiona, górne liście podłużne i całobrzegie, dolne — nierówno ząbkowane; kwiatostany wyrastają z kątów liści i na szczycie pędu; okwiat zielony, 5-listkowy, z wyraźnie wystającymi grzbietami, o silnie mączystej powierzchni po dojrzeniu; owocnia szarobrunatna, cieńka; nasiona w zarysie prawie okrągłe, z korzonkiem zarodkowym wyraźnie odstającym, nieco spłaszczone, czarne, gładkie, błyszczące.

Typ wzrostu zależy w dużym stopniu od warunków siedliska, wskutek czego wyróżnia się kilka podgatunków; poznanie ich nie ma jednak znaczenia dla rolnika. Rolnicy komosę białą nazywają przeważnie lebiodą lub łobodą; szczególnie ta ostatnia nazwa nie powinna być używana, ponieważ już dawno nazwą „łoboda" określony został inny gatunek.

Spośród licznych gatunków komosy, oprócz komosy białej, chwastem polnym jest jeszcze tylko komosa wielonasienna (*Ch. polyspermum* L.), wyróżniająca się całobrzegimi, niemączystymi liśćmi.

Okres kwitnienia: od lipca do września.

Występowanie. Jednoroczny chwast polny nie wykazujący specjalnych wymagań glebowych; wydaje się, że najlepiej odpowiadają mu gleby sprawne i zasobne w azot; wśród roślin okopowych jest jednym z najczęstszych chwastów.

Znaczenie. Ze względu na szybki wzrost i dużą siłę konkurencyjną komosę białą należy uważać za chwast groźny nie tylko dla roślin okopowych, ale także dla innych roślin uprawnych w razie niestosowania odpowiednich zabiegów zwalczających. Jest ona wyraźnym „potasożercą" i pod tym względem prawie żadna roślina jej nie przewyższa.

Nasiona komosy białej dają się maszynowo oddzielać od nasion większości roślin uprawnych, natomiast od materiałów siewnych roślin koniczynowatych o drobnych nasionach (koniczyn białej i białoróżowej, komonicy błotnej) oraz seradeli, tymotki i maku daje się oddzielać tylko częściowo.

Zwalczanie. W fazie kiełkowania chwast ten łatwo można zniszczyć za pomocą brony i włóki. W późniejszym okresie szybko rozwija się silny korzeń palowy, wskutek czego narzędzia te już mu nie mogą zaszkodzić. Stosowanie azotniaku przy zwalczaniu tego chwastu w roślinach okopowych (w ziemniakach na redliny przed wschodami) okazało się bardzo skuteczne. Pojedyncze rośliny komosy białej powinny być we właściwym czasie wyrwane z okopowych, w przeciwnym bowiem wypadku zwiększą się zapasy jej nasion w glebie. Na działanie herbicydów typu regulatorów wzrostu jest bardzo wrażliwa. Czystość na podwórzu i w polu, a także właściwe przechowywanie obornika warunkują skuteczność jej zwalczania.

Łoboda rozłożysta

— *Atriplex patulum* L. (*A. patula* L.)
Rodzina: Komosowate — *Chenopodiaceae*

Opis. Łodyga wyprostowana lub podnosząca się, zielona, bruzdkowana, zazwyczaj bardzo szeroko rozgałęziona (dolne gałązki rozłożyste), osiągająca wysokość 30—120 cm; liście dolne lancetowate, ogonkowe i ząbkowane, górne — równowąskie, lancetowate, całobrzegie i siedzące; męskie kwiaty z okwiatem 4—5-listkowym, żeńskie — z 2-listkowym.

Nasiona (właściwie owoce) otoczone listkami podkwiatu o całobrzegich lub miękko wystających rogach; na jednej roślinie występują nasiona dwojakie: większe — żółtobrunatne oraz mniejsze — czarne i matowe; obydwa rodzaje kształtu dyskowatego.

Cechami charakterystycznymi tego gatunku są: tworzenie rozłożystych bocznych pędów od samego dołu, zmiana typu wzrostu zależnie od warunków siedliska, a także czworokątne listki podkwiatu, okrywające owoce, i dwojakiego rodzaju nasiona na jednej roślinie.

Okres kwitnienia: od lipca do sierpnia.

Występowanie. Ten jednoroczny chwast spotyka się przede wszystkim na terenach nie zagospodarowanych: na piargach, starych nie przerobionych pryzmach kompostowych, przy drogach i ogrodzeniach, ale występuje także na polach — w zbożach i w okopowych. Jego wymagania glebowe nie są ściśle określone; wydaje się jednak, że najlepiej odpowiadają mu gleby słabokwaśne do obojętnych, średnio nawożone, o czasowo zniszczonej strukturze. W suchych latach (1959!) może się silniej rozprzestrzeniać.

Znaczenie. Łoboda rozłożysta rzadko jest uciążliwym chwastem, ponieważ stosunkowo łatwo daje się zwalczać i dlatego rzadko występuje w większych ilościach. Pomimo to pojedyncze rośliny z powodu rozłożystego wzrostu mogą hamować rozwój roślin uprawnych. Z plantacji nasiennych roślin koniczynowatych rośliny łobody powinny być usuwane, gdyż w czasie czyszczenia i przygotowywania produkowanego materiału siewnego nasion jej nie można bez reszty oddzielić nie tylko od nasion roślin koniczynowatych, ale także od nasion tymotki łąkowej.

Zwalczanie. Przy odpowiednim pielęgnowaniu roślin okopowych i starannym podorywaniu ściernisk po roślinach zbożowych łoboda rozłożysta nie występuje. Stosowanie chwastownika w ziemniakach okazało się bardzo skuteczne. Azotniakiem i herbicydami typu regulatorów wzrostu można ją zwalczać w zasiewach roślin zbożowych.

TABLICA 15

1. **Komosa biała** (lebioda) — owocujący pęd, *1a* — liść dolny, *1b* — nasienie, *1c* — owoc (nasienie okryte cienką, błonkowatą owocnią), *1d* — owoc osłonięty zeschniętym okwiatem (charakterystyczna mączysta powłoka na końcu okwiatu)
2. **Łoboda rozłożysta** — owocujący pęd boczny, *2a* — małe nasienie, *2b* — małe nasienie z okwiatem, *2c* — duże nasienie, *2d* — duże nasienie z okwiatem (owocnia)

Cechy rozpoznawcze

	Komosa biała	Łoboda rozłożysta	
Łodyga	wyprostowana, gałęzista, bruzdkowana, mączysto owłosiona, wysokości 20—90 cm	wyprostowana lub podnosząca się, szeroko rozgałęziona, żłobkowana, wysokości 30—120 cm	
Liście	górne — podłużne, całobrzegie; dolne — nierówno ząbkowane i ogonkowe	górne są równo-wąsko-lancetowate, całobrzegie i siedzące; dolne — lancetowate, ząbkowane i ogonkowe	
Okwiat	o 5 listkach, z wystającymi grzbietami; mączysto owłosiony	żeńskie kwiaty z 2-listkowym okwiatem, męskie kwiaty z 4- lub 5-listkowym	
Nasiona	w zarysie prawie okrągłe, z korzonkiem zarodkowym wyraźnie odstającym, czarne, błyszczące, nieco spłaszczone, gładkie	dyskowate, różniące się wielkością i zabarwieniem na jednej i tej samej roślinie; małe — czarne i matowe; duże — żółtobrunatne i matowe	
		małe	duże
grubość	0,4—1,0	0,4—1,0	0,6—1,4
szerokość	0,8—1,6	0,9—2,0	0,9—2,4
długość	0,9—1,9	1,3—2,1	1,5—3,0

1b
1c
1d
2a
2b
2c
2d
1
1a

Babka zwyczajna

— *Plantago maior* L.
Rodzina: Babkowate — *Plantaginaceae*

Opis. Wieloletnia roślina wysokości bardzo zmiennej zależnie od wieku rośliny, stanowiska oraz właściwości gleby; budowa jednakże jednakowa; szypuły kwiatostanowe bezlistne, okrągłe, wysokości od 15 do 50 cm; liście ułożone w różyczkę, mniej lub bardziej rozłożoną na ziemi, ogonkowe, szerokie, z 5—9 łukowatymi nerwami, nagie lub z rzadkim puszystym owłosieniem; kwiaty zebrane w zbity długi kłos. Istnieje możliwość pomylenia babki zwyczajnej z babką średnią (*Plantago media* L.), występującą w takich samych warunkach siedliskowych; ta ostatnia różni się bezogonkowymi liśćmi.

Torebki nasienne jajowate, otwierające się wieczkiem, zawierające najczęściej 8 (6—12) nasion. Nasiona nieregularnie jajowate, klinowate i zazwyczaj zdeformowane; strona brzuszna wypukła lub spłaszczona, z współśrodkowymi zmarszczkami wokół znaczka; strona grzbietowa nieco wypukła, mniej więcej równolegle pomarszczona.

Okres kwitnienia: od lipca do października (czasami także już od maja).

Występowanie. Babka zwyczajna często występuje na przydrożach i silnie wydeptanych trawnikach; jest odporna na udeptywanie i koszenie; stosunkowo źle znosi zacienienie; nie ma specjalnych wymagań w stosunku do innych czynników siedliska (co do rodzaju gleby, nawożenia, stosunków wodnych i powietrznych); jako chwast polny występuje tylko wówczas, gdy nie utrudni się jej owocowania podorywkami ściernisk.

Znaczenie. Na użytkach zielonych babka zwyczajna jest chwastem zajmującym dużo miejsca swoimi płasko rozłożonymi różyczkami, nie dającymi się uchwycić ani przez pasące się zwierzęta, ani przez noże kosiarki. Jako chwast polny ma niewielkie znaczenie.

Także na plantacjach nasiennych babka zwyczajna odgrywa podrzędną rolę. W czasie czyszczenia sprawia trudności oddzielanie jej nasion od nasion tymotki. W praktyce jednak w tymotce występuje ona dość rzadko, ponieważ przy wysokim koszeniu tymotki pozostaje na polu nie zżęta. Od materiału siewnego roślin koniczynowatych o drobnych nasionach (koniczyn białej i białoróżowej oraz komonicy błotnej) można jej nasiona oddzielić tylko na maszynach elektromagnetycznych.

Zwalczanie. W odpowiednim czasie przeprowadzane podorywki oraz czystość materiału siewnego.

(TABLICA 16/2)

Babka lancetowata

— *Plantago lanceolata* L.
Rodzina: Babkowate — *Plantaginaceae*

Opis. Wieloletnia roślina wytwarzająca tylko przyziemne liście i bezlistne szypuły kwiatostanowe; liście ułożone w bardziej lub mniej wyprostowaną różyczkę, lancetowate, lekko ząbkowane, o 5 lub 6 nerwach, nagie lub szorstko owłosione, przechodzące ku nasadzie w długie pochwiaste ogonki liściowe; szypuły kwiatostanowe o 5 bruzdach, sterczące ponad liśćmi; kłosy zbite, podługowato-cylindryczne, walcowate lub jajowate.

Nasiona łódeczkowate, o szeroko rozwiniętych brzegach; strona brzuszna z głębokim wyżłobieniem, z owalnym, czarnym znaczkiem na środku; strona grzbietowa słabo wypukła, z szeroką, jasną smugą wzdłuż; powierzchnia żółtobrunatna do ciemnobrunatnej, gładka, błyszcząca; zwilżone nasiona śluzowacieją, dzięki czemu można je całkowicie oddzielać od nasion roślin koniczynowatych na maszynach elektromagnetycznych.

Okres kwitnienia: od kwietnia do października.

Występowanie. Babka lancetowata jest dość rozprzestrzeniona na trwałych użytkach zielonych; nie ma specjalnych wymagań w stosunku do gleby, nawożenia i uwilgotnienia, a także sposobu użytkowania terenu; na polach uprawnych występuje tylko wśród roślin pastewnych; w koniczynach jest najczęstszym chwastem, co jest wynikiem niedostatecznego przygotowywania materiału siewnego i wysiewania jej wraz z nim.

Znaczenie. Babka lancetowata ma dużą wartość pastewną (zawiera wiele substancji mineralnych i pokarmowych) i jest chętnie zjadana przez zwierzęta; na ogół wydajnością nie przewyższa roślin pastewnych, dlatego silne zachwaszczenie babką lancetowatą zasiewów tych roślin znacznie obniża ich plony. Oprócz tego zasobne w substancje pokarmowe liście w czasie suszenia łatwo się kruszą i wypadają z suszonej masy. Liście i nasiona babki lancetowatej mają również wartość leczniczą. Zbieranie ich na łąkach lub w zasiewach roślin pastewnych jest jednak mało wydajne i pracochłonne, dlatego babkę lancetowatą jako roślinę leczniczą uprawia się w czystym siewie na małych powierzchniach.

W produkcji nasiennej jako chwast odgrywa poważną rolę. Nasion jej nie można oddzielić od nasion następujących gatunków: tymotki, wiechliny łąkowej, mozgi trzcinowatej i grzebienicy łąkowej. Od materiałów siewnych roślin koniczynowatych o większych nasionach (koniczyny łąkowej, inkarnatki, lucerny nerkowatej, nostrzyku, przelotu i lucerny siewnej) można ją całkowicie oddzielić tylko na maszynach elektromagnetycznych i to bez większych strat.

Zwalczanie. Stosowanie czystego materiału siewnego, zwłaszcza w produkcji nasiennej, jest najważniejszym środkiem zapobiegawczym. Na trwałych użytkach zielonych i na plantacjach nasiennych traw skutecznie można ją zwalczać herbicydami typu regulatorów wzrostu.

TABLICA 16

1. **Babka zwyczajna**, *1a* — nasienie od strony brzusznej i grzbietowej, *1b* — zarysy nasion różnego kształtu
2. **Babka lancetowata**, *2a* — nasienie od strony brzusznej i grzbietowej

Cechy rozpoznawcze i porównawcze

	Babka zwyczajna	Babka średnia	Babka lancetowata
Liście	długoogonkowe, szerokojajowate, nagie lub z rzadkim puszystym owłosieniem	eliptyczne, na krótkich i szerokich ogonkach, obustronnie krótko owłosione	lancetowate, wąskie, po obu stronach nagie lub jedwabiście owłosione
Szypuła kwiatostanowa	obła, z długimi kłosami; mniej więcej takiej długości albo nieco dłuższa od liści, wysokości 15—30 cm	obła, z długimi kłosami, znacznie dłuższymi od liści; wysokości 15—50 cm	bruzdkowana, długa, z jajowatymi lub krótkimi, walcowatymi kłosami; wysokości 40—60 cm
Nasiona	małe, nieregularnie jajowate, często zdeformowane, matowe, na stronie grzbietowej — z jaśniejszymi smugami wzdłuż i delikatnymi zmarszczkami, na stronie brzusznej wypukłe, z jaśniejszym znaczkiem na środku oraz współśrodkowymi zmarszczkami wokół niego; barwy od jasno- do ciemnobrunatnej	nieco większe, jednakowego kształtu, często zdeformowane, jasnobrunatne do ciemnobrunatnych; na stronie grzbietowej słabo wypukłe, z jasnymi pasmami wzdłuż, na stronie brzusznej z płytkim szerokim zagłębieniem i podłużnym ciemnym znaczkiem	eliptyczne, z nieznacznie wypukłą, jaśniejszą stroną grzbietową, a na stronie brzusznej łódkowato wgłębione, o nabrzmiałych brzegach i z czarnym owalnym znaczkiem na środku; grzbietowa powierzchnia żółtobrunatna do ciemnobrunatnej, gładka
grubość	0,3—0,6	0,6—0,8	0,4—1,2
szerokość	0,6—1,2	0,8—1,2	0,8—1,7
długość	1,0—1,8	1,3—3,0	1,9—3,5

TABLICA 16

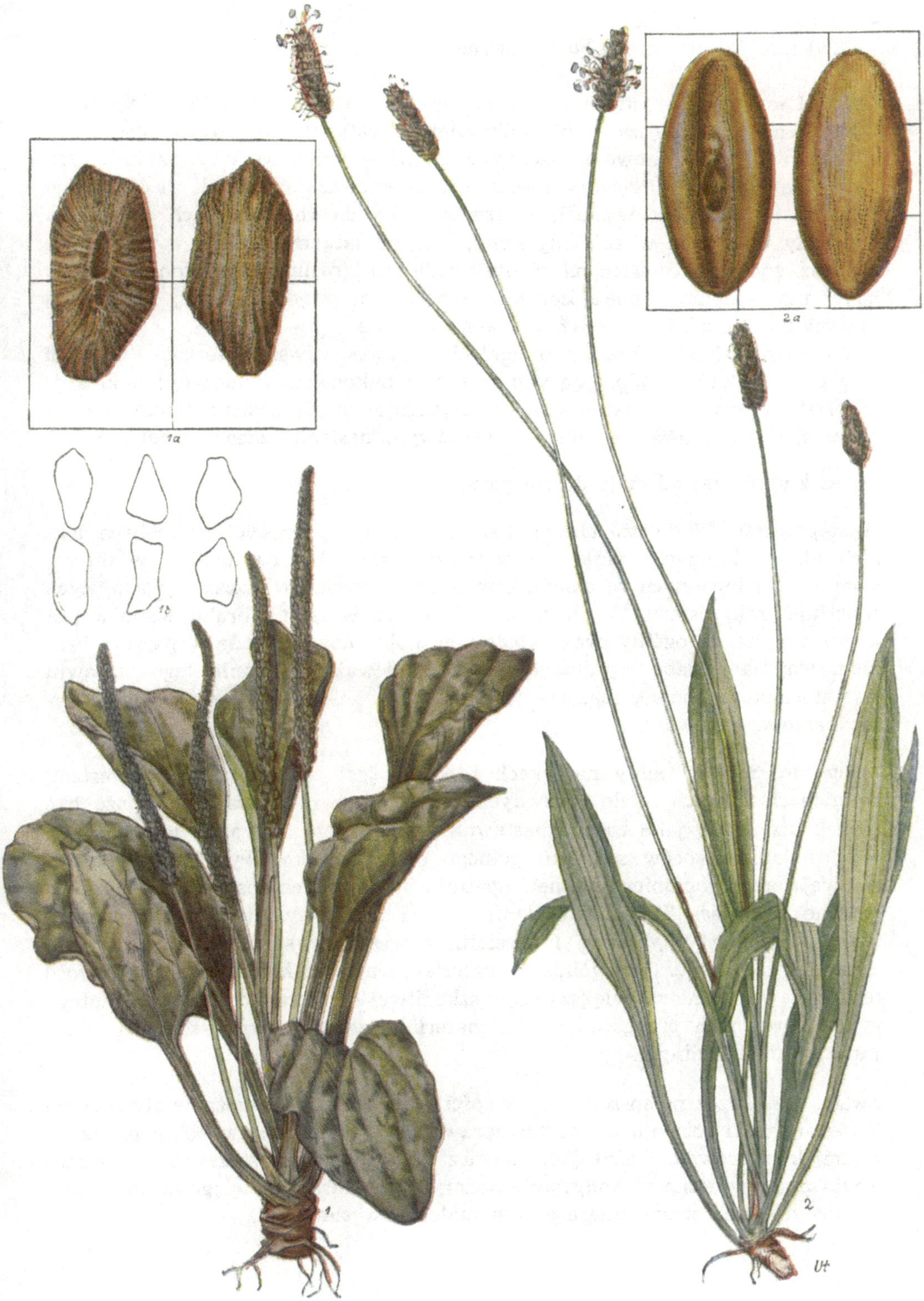

Szczaw polny

— *Rumex acetosella* L.
Rodzina: Rdestowate — *Polygonaceae*

Opis. Łodygi wyprostowane, bruzdkowane, nagie, osiągające wysokość 10—30 cm (najmniejszy i najdelikatniejszy gatunek szczawiu!); liście odziomkowe długoogonkowe i oszczepowate; liście łodygowe o coraz krótszych ku górze ogonkach, górne — siedzące i równowąskie; kształt liści bardzo zmienny, od całkiem wąskich oszczepowatych do równowąskich i wąskich u nasady, z dwoma w bok odgiętymi, ostrymi łatkami; kwiaty małe, jednopłciowe, występujące więc na różnych roślinach (roślina dwupienna). Szczaw polny ma poziomo rosnące korzenie z pączkami przybyszowymi, za pomocą których roślina silnie rozmnaża się wegetatywnie.

Nasiona (bot. owoce) po omłocie prawie zawsze otoczone listkami okwiatu, przeważnie odpadającymi w czasie bukowania koniczyny; tępo-trójkanciaste, czerwonobrunatne, gładkie, błyszczące; nagie nasiona (łupina owocu wytarta, dopiero teraz mówimy o właściwym nasieniu) stearynowobiałe.

Okres kwitnienia: od maja do sierpnia.

Występowanie. Wieloletni chwast polny występujący częściej na glebach lekkich niż na lepszych; silnie rozprzestrzenia się tylko na glebach w dużym stopniu wyjałowionych ze składników pokarmowych, zwłaszcza wykazujących wyraźny brak fosforu. To, że uważa się go za wskaźnik braku wapnia, jest o tyle słuszne, że ogólny brak składników pokarmowych idzie w parze z brakiem wapnia i słabą czynnością gleby. Ponieważ zwalczanie tego szczawiu jest stosunkowo łatwe, masowe jego występowanie wskazuje na pewne zaniedbanie w uprawie roli.

Znaczenie. Szczaw polny na łąkach i polach jest zdecydowanym chwastem, na glebach ubogich, mało sprawnych przy masowym wystąpieniu może być bardzo uciążliwy; jako roślina pastewna jest zupełnie bezwartościowy.

Oddzielanie owoców szczawiu polnego od nasion koniczyn białej i białoróżowej oraz komonicy błotnej (gatunki o drobnych nasionach!) sprawia znaczne trudności. Także oddzielanie ich od nasion tymotki, lucerny nerkowatej, komonicy zwyczajnej i przelotu, nawet przy starannym czyszczeniu, często się nie udaje. Szczególnie w materiale siewnym koniczyny białej owoce tego szczawiu stanowią większą część szkodliwej domieszki chwastów i dlatego w wielu rejonach przygotowywanie materiału siewnego wymienionych roślin jest zadaniem trudnym.

Zwalczanie. Przez polepszenie sprawności gleby i obfite nawożenie stwarza się lepsze warunki rozwoju dla roślin uprawnych i wtedy szczaw polny nie może z nimi konkurować. Ważne jest również niedopuszczanie szczawiu do owocowania przez wczesne wykonywanie podorywek i staranne pielęgnowanie roślin okopowych oraz stosowanie czystych materiałów siewnych.

(TABLICA 17/2)

Szczaw zwyczajny

— *Rumex acetosa* L.
Rodzina: Rdestowate — *Polygonaceae*

Opis. Łodyga wyprostowana, bruzdkowana, ku dołowi ulistniona, u podstawy często trochę czerwono nabiegła, osiągająca wysokość 40—100 cm; liście strzałkowate lub oszczepowate, żyłkowane i — w zależności od miejsca ustawienia na łodydze — na dłuższych lub krótszych ogonkach; kształt liścia wykazuje dużą zmienność, wskutek czego wyróżnia się 3 formy botaniczne szczawiu zwyczajnego.

Kwiaty są rozdzielnopłciowe, przy czym męskie i żeńskie kwiaty występują na różnych roślinach.

N a s i o n a (bot. owoce) ostro-trójkanciaste, na obu końcach zaostrzone, ciemnobrunatne (na kantach jaśniejsze), gładkie i błyszczące.

Okres kwitnienia: od maja do sierpnia.

Występowanie, znaczenie i zwalczanie. Szczaw zwyczajny jako chwast polny występuje rzadko, na łąkach natomiast bardzo często. Jego dojrzałe owoce zazwyczaj roznoszone są przez wiatr na kilka metrów, wskutek czego szczaw ten spotyka się w zasiewach jednorocznych roślin pastewnych na 2—3-metrowych pasach brzeżnych przylegających do łąk. Na polach uprawnych chwast ten jako roślina wieloletnia ulega zniszczeniu; nie ma specjalnych wymagań siedliskowych; raczej nie znosi udeptywania, dlatego nie występuje na pastwiskach.

Rozprzestrzeniony na łąkach staje się uciążliwy; mimo że jest typowym chwastem, podobnie jak inne gatunki tej samej rodziny, w niewielkich ilościach jest tolerowany w sianie, gdyż ma pewną wartość pastewną (Klapp pod tym względem przyrównuje go do kłosówki wełnistej, trybuli leśnej, pępawy dwuletniej itp.). Na łąkach można go zwalczać za pomocą herbicydów typu regulatorów wzrostu. Dobre wyniki uzyskuje się także, jak proponuje Klapp, przez wielokrotne koszenie lub spasanie łąki i wykaszanie niedojadów przy jednoczesnym stosowaniu obfitego nawożenia, z wykluczeniem fizjologicznie kwaśnych nawozów azotowych.

Szczaw kędzierzawy

— *Rumex crispus* L.
Rodzina: Rdestowate — *Polygonaceae*

Opis. Roślina wieloletnia, osiągająca wysokość do 1,25 m; łodyga wyprostowana, kanciasta i silna, często w dolnej części czerwono nabiegła; liście odziomkowe długoogonkowe, podłużnie lancetowate, zawsze o falistokędzierzawych brzegach; takie same brzegi mają liście łodygowe. Trzy silnie rozwinięte zewnętrzne listki okwiatu obupłciowych kwiatów mają po jednym guzku, albo tylko jeden z nich ma większy guzek; utrzymują się one w czasie młocki, jednakże odpadają zawsze w czasie bukowania koniczyn.

N a s i o n a (owoce) ostro-trójkanciaste, na obydwu końcach zaostrzone, czerwonobrunatne, z jaśniejszymi kantami, gładkie i błyszczące.

Okres kwitnienia: od czerwca do sierpnia.

Występowanie. Wieloletni chwast spotykany masowo na ciężkich glebach, zwłaszcza w okolicach górskich obfitujących w opady, aczkolwiek na innych glebach również występuje. Nie ma on specjalnych wymagań w stosunku do czynników siedliskowych (wilgotność gleby, nawożenie, sprawność, stanowisko itd.). Szczaw kędzierzawy spotyka się często na brzegach pól, na nieużytkach, pryzmach obornikowych, ale także w zasiewach roślin pastewnych, a czasem również na łąkach i pastwiskach. Jako chwast polny jest uciążliwy tylko wówczas, gdy czystość pól i podwórza jest niedostateczna, wskutek czego na pola dostają się wciąż nowe nasiona, wywożone wraz z obornikiem lub osypujące się z roślin pozostawionych w zasiewach. Często dzieje się tak dlatego, że dojrzałe rośliny wyrywa się i wyrzuca na polne drogi. Jako chwast polny występuje w wielu miejscach, szczególnie w zbożach jarych i ozimych, a także wśród roślin okopowych.

Znaczenie. Szczaw kędzierzawy stanowi zupełnie bezwartościową paszę, ze względu na twarde łodygi jest nawet niebezpieczny; wytwarza bardzo dużo nasion (według Wehsarga jedna roślina tworzy do 17 000 nasion) i ma zdolność do rozmnażania się wegetatywnego z szyjki korzeniowej, wskutek czego w krótkim czasie może się niebezpiecznie rozprzestrzeniać; bywa wysiewany wraz z nasionami roślin pastewnych. Oddzielanie jego owoców od nasion roślin koniczynowatych o większych nasionach (koniczyny łąkowej, lucerny nerkowatej, nostrzyka i przelotu, a także lucerny siewnej i komonicy zwyczajnej) jest trudne i w zasadzie udaje się tylko częściowo. Ponieważ szczaw kędzierzawy wyraźnie przewyższa wzrostem rośliny koniczynowate i na plantacjach nasiennych z daleka jest widoczny (z wyjątkiem nostrzyka, w którym nigdy nie występuje lub występuje bardzo rzadko), powinien być usuwany z plantacji przed inspekcją polową.

Zwalczanie. Aby całkowicie usunąć szczaw kędzierzawy z pól, zaleca się nie dopuszczać do jego owocowania; w tym celu na podoranie ścierniska należy puszczać kultywator z gęsimi stopkami, uprawiać międzyplony, starannie pie-

Dalszy ciąg na str. 110

Szczaw tępolistny

— *Rumex obtusifolius* L.
Rodzina: Rdestowate — *Polygonaceae*

Opis. Rozgałęzione, o wielu pączkach kłącze wypuszcza łodygę silną, wyprostowaną, głęboko bruzdkowaną, wysokości do 120 cm, ku górze silnie się rozgałęziającą; liście odziomkowe i najniższe liście łodygowe — sercowate i tępe, środkowe liście łodygowe — podłużnie sercowate, a najwyższe — lancetowate; żyłki blaszki liściowej i ogonki często zabarwione na czerwono; brzegi liści często lekko falowane i nieco karbowane. Dojrzewające i dojrzałe owoce okryte 3 jajowatymi listkami okwiatu, z których jeden ma większy jajowaty guzek, a pozostałe dwa — z mniejszymi guzkami; niekiedy okryte są tylko jednym listkiem okwiatu z guzkiem; charakterystyczną cechę listków okwiatu stanowią ostre ząbki (2—5) występujące u nasady po obu ich stronach (rys. 4*b*); listki okwiatu utrzymują się zawsze przy młóceniu, odpadają natomiast w czasie bukowania koniczyn.

Nasiona (bot. owoce) ostro-trójkanciaste, na obydwu końcach spiczaste, brunatne, gładkie i błyszczące.

Okres kwitnienia: od lipca do sierpnia.

Występowanie: Szczaw tępolistny jest wieloletnim chwastem, któremu odpowiadają gleby wilgotne, okresowo nawet mokre i zasobne w azot; ponieważ znosi dobrze udeptywanie, rozmnaża się na intensywnie użytkowanych pastwiskach, gdzie staje się nieraz uciążliwym chwastem; często również spotyka się go nad brzegami rowów i w oświetlonych podszyciach leśnych; jako chwast polny występuje o wiele rzadziej niż szczaw kędzierzawy, ponieważ stosunki wodne gleb uprawnych na ogół mu nie odpowiadają, a także dlatego, że późno owocuje; nierzadko występuje jednak w koniczynie i lucernie, gdzie wysiewany jest wraz z materiałem siewnym tych roślin jako szkodliwa domieszka.

Znaczenie. Szczaw tępolistny swoimi rozetkowo rozkładającymi się szerokimi liśćmi podstawowymi przygłusza wszystkie sąsiadujące z nim rośliny. Na pastwiskach zwierzęta omijają go, na mokrych łąkach do okresu sianokosów drewnieje tak silnie, że musi być traktowany jako uciążliwy chwast bez żadnej wartości pastewnej.

Ten duży gatunek szczawiu jest nie do przeoczenia na każdej plantacji nasiennej i musi być usuwany w odpowiednim czasie, zwłaszcza z plantacji roślin koniczynowatych o dużych nasionach, a więc z koniczyny łąkowej, lucerny nerkowatej, nostrzyka, komonicy zwyczajnej, przelotu i lucerny siewnej; oddzielanie jego owoców od nasion wymienionych gatunków nie udaje się lub pociąga za sobą znaczne straty (do okresu zbioru nasion inkarnatki nigdy nie dojrzewa).

Zwalczanie. Chwast ten rozmnaża się nie tylko generatywnie (przez nasiona), lecz znacznie rozprzestrzenia się również wegetatywnie — poprzez żywotne,

Dalszy ciąg na str. 110

TABLICA 17

1. **Szczaw polny** — pęd, *1a* — liść podstawowy, *1b* — owoc (widok ogólny i w przekroju poprzecznym)
2. **Szczaw zwyczajny** — kwiatostan, *2a* — liść podstawowy, *2b* — owoc
3. **Szczaw kędzierzawy** — kwiatostan, *3a* — liść podstawowy, *3b* — owoc z okwiatem (zewnętrzne listki okwiatu z guzkami), *3c* — owoc
4. **Szczaw tępolistny** — kwiatostan, *4a* — liść podstawowy, *4b* — owoc z zewnętrznymi listkami okwiatu, *4c* — owoc

Cechy rozpoznawcze i porównawcze

	Szczaw polny	Szczaw zwyczajny	Szczaw kędzierzawy	Szczaw tępolistny
Wysokość rośliny	10—30 cm	40—100 cm	60—125 cm	60—120 cm
Liście odziomkowe	oszczepowate	strzałkowate lub oszczepowate	podłużnie lancetowate o falistokędzierzawych brzegach	sercowatojajowate, o tępych brzegach, nieznacznie tylko falowanych
Listki okwiatu na dojrzałym owocu	ściśle przylegające do owocu, bez guzków	prawie takiej samej szerokości jak długości, sieciowato żyłkowane, o brzegach różowoczerwonych, z małymi żółtymi łuseczkami	szerokosercowate, sieciowato żyłkowane, z 1 lub 3 czerwonymi guzkami	jajowate, z 2—5 ząbkami po obu stronach i 3 guzkami; jeden guzek zazwyczaj większy od dwu pozostałych; sieciowato żyłkowane
Owoc	tępo-trójkanciasty, czerwonobrunatny, gładki, błyszczący	ostro-trójkanciasty, ciemnobrunatny, z jaśniejszymi kantami; gładki, błyszczący	ostro-trójkanciasty, czerwonobrunatny, z jaśniejszymi kantami; gładki, błyszczący	ostro-trójkanciasty, brunatny, gładki, błyszczący
grubość	0,5—1,0	0,6—1,0	0,8—1,75	0,7—1,6
szerokość	0,8—1,2	0,8—1,3	1,2—2,3	1,1—2,0
długość	1,0—1,3	1,4—1,8	2,0—2,6	2,0—2,4

Dokończenie ze str. 108

lęgnować rośliny okopowe i wyrywać z nich rośliny szczawiu oraz unikać zawleczenia nowych nasion. W uprawie roślin pastewnych szczególne znaczenie ma stosowanie czystego materiału siewnego.

Także zwalczanie za pomocą herbicydów typu regulatorów wzrostu jest możliwe, chociaż szczaw kędzierzawy — jak wszystkie inne gatunki szczawiu — nie należy do roślin bardzo wrażliwych na ich działanie.

Dokończenie ze str. 109

bardzo zasobne w składniki pokarmowe, silne korzenie, których stosunkowo małe fragmenty mogą regenerować nowe rośliny. Bezpośrednie zwalczanie szczawiu tępolistnego jest stosunkowo trudne. Na działanie herbicydów typu regulatorów wzrostu wykazuje on znaczną odporność, wskutek czego na trwałych użytkach zielonych herbicydy trzeba stosować kilkakrotnie lub w zwiększonych dawkach. Tym większe więc znaczenie ma stosowanie czystego materiału siewnego, zwłaszcza, że na użytkach pastewnych chemiczne zwalczanie tego chwastu niszczy także rośliny motylkowe.

TABLICA 17

Rdest kolankowaty

— *Polygonum nodosum* Pers. (*P. lapathifolium* L.)
Rodzina: Rdestowate — *Polygonaceae*

Opis. Łodyga wyprostowana, wysokości od 30 do 140 cm, gałęzista, często czerwona lub czerwono nakrapiana; liście lancetowate, nagie lub owłosione, na górnej stronie często nakrapiane, na dolnej — często pokryte gruczołowatymi guzkami; pochwy liściowe w miejscach osadzenia liści nagie lub pajęczynowato owłosione, na brzegach bardzo delikatnie orzęsione (gołym okiem niewidoczne!). Kwiaty zebrane na szczycie w kłosy pozorne, różowobiałe albo żółtozielone. Wszystkie n a s i o n a (bot. owoce) charakterystycznie obustronnie spłaszczone lub nieznacznie wklęsłe.

Gatunek ten występuje w kilku odmianach, przeważnie na określonych stanowiskach, np. na polach — var. *agreste*, na żwirowiskach — var. *ruderale* itp. Rozróżnienie poszczególnych odmian jest trudne i nie ma dla rolnika istotnego znaczenia, ponieważ nasiona kształtem i wielkością mało się różnią między sobą, a w czasie czyszczenia materiału siewnego zachowują się jednakowo.

Pewien wyjątek stanowi rdest gruczołowaty (*Polygonum tomentosum* Schrank), który został uznany za samoistny gatunek; rośnie na wilgotnych, zawierających nieco wapnia, ciężkich glebach; liście jego na dolnej stronie najczęściej biało, aksamitnie owłosione; owoce obustronnie spłaszczone do lekko wgłębionych, ale nieco większe od owoców *P. nodosum*, wskutek czego jeszcze trudniej je oddzielić od nasion lnu (zob. tabelaryczne zestawienie cech).

Okres kwitnienia: od lipca do października.

Występowanie: Jednoroczny chwast polny; występuje przede wszystkim na dobrych i średnich glebach, sprawnych i obficie nawożonych azotem; szczególnie bujnie rośnie w zespole z komosą białą na glebach torfowych, na których bardzo utrudnia uprawę; często występuje z rdestem plamistym. Jako typowy chwast kiełkujący wiosną może masowo występować nie tylko wśród roślin okopowych, ale także w zbożach jarych; w roślinach strączkowych, zwłaszcza na glebach torfowych, może stanowić poważną część ogólnego zachwaszczenia.

Znaczenie. Rdest kolankowaty z powodu dużej siły konkurencyjnej, zdolności wytwarzania ogromnej ilości nasion i stosunkowo trudnego zwalczania jest chwastem uciążliwym. Występując masowo może zagłuszać rośliny okopowe, niekiedy także i inne rośliny uprawne wysiewane na wiosnę i zmniejszać ich plony. Przez bydło jest najczęściej ze wstrętem omijany, wskutek czego także z tego względu jest uznany za absolutny chwast.

Jego owoce trudno jest odczyszczać tylko od materiałów siewnych seradeli, lnu i marchwi. Jeszcze trudniej oddzielają się od materiału siewnego lnu nasiona rdestu gruczołowatego.

Zwalczanie. Wyniki doświadczeń zgodnie wykazały, że wszystkie dotychczas znane środki o działaniu kontaktowym są w mniejszym lub większym stopniu

Dalszy ciąg na str. 113

Rdest plamisty

— *Polygonum persicaria* L.
Rodzina: Rdestowate — *Polygonaceae*

Opis. Łodyga wyprostowana, gałęzista, wysokości 20—100 cm, często czerwona; liście podługowatolancetowate, z wierzchu często nakrapiane, od dołu bez gruczołowatych guzków; pochwy liściowe (miejsca osadzenia liści) na stronie zewnętrznej krótko owłosione, na brzegach z orzęsieniem długości 1—2 mm; kwiaty białawe lub różowe, skupione w szczytowe kłosy; n a s i o n a (bot. owoce!) dwustronnie spłaszczone lub na jednej stronie wypukłe aż do charakterystycznie trójkanciastych; na jednej roślinie występują oba rodzaje owoców.

Odróżnienie rdestu plamistego od kolankowatego nie jest łatwe. Cechami, na podstawie których można najłatwiej odróżnić te dwa gatunki, są: brak gruczołów na dolnej stronie liści i orzęsione brzegi pochw. W czasie kwitnienia rolnik może odróżnić oba gatunki na podstawie kształtu owoców. Jeżeli na dłoni wykruszymy dojrzały kłos zerwany ze starszego osobnika, to owoce rdestu plamistego poznamy po tym, że na jednej stronie będą one trochę lub nawet silnie wypukłe. Wśród owoców pochodzących z jednej rośliny będzie można zaobserwować wszystkie formy przejściowe aż niemal do trójkanciastych. Natomiast owoce rdestu kolankowatego wszystkie są dwustronnie spłaszczone lub nawet z boków wklęsłe.

Okres kwitnienia: od lipca do września.

Występowanie. Temu jednorocznemu chwastowi, jakim jest rdest plamisty, najbardziej odpowiadają gleby przewiewne, wilgotne, obficie nawożone. Według **Wehsarga,** rozwojowi jego sprzyjają duże dawki obornika i mineralne nawozy azotowe fizjologicznie kwaśne. Szczególnie bujnie rośnie on na glebach torfowych, gdzie razem z rdestem kolankowatym i komosą białą może silnie zagłuszać zboża, a często hamować wzrost nawet innych chwastów. Na glebach ubogich w składniki pokarmowe nie wyrasta wysoko lub w ogóle nie występuje. Jego nasiona zaczynają kiełkować na wiosnę nieco później niż nasiona rdestu kolankowatego, ale za to mogą kiełkować dłużej, bo aż do sierpnia włącznie. Dlatego też pojawia się on masowo tylko wśród roślin okopowych, na nie podoranych ścierniskach, w mieszankach roślin strączkowych i w zasiewach roślin specjalnych.

Znaczenie. Takie samo jak rdestu kolankowatego.

Zwalczanie. Jak rdestu kolankowatego.

Dokończenie ze str. 112

nieskuteczne, nie niszczy go także kainit. Najlepiej nadaje się azotniak, który rozsypany wczesną wiosną — przed wysiewem lub wysadzeniem okopowych — niszczy większość jego nasion.

Staranne pielęgnowanie okopowych i podorywka ściernisk wstrzymują rozprzestrzenianie się tego rdestu, nie dopuszczają bowiem do jego owocowania. Przy uprawie ziemniaków szczególnie dobre wyniki daje włókowanie.

TABLICA 18

1. **Rdest kolankowaty** — pęd, *1a* — część łodygi z pochwą, *1b* — owoc i jego przekrój poprzeczny
2. **Rdest plamisty** — pęd, *2a* — część łodygi z pochwą (o brzegach orzęsionych), *2b* — owoc jednostronnie lekko wypukły i jego przekrój poprzeczny, *2c* — owoc silnie wypukły (prawie trójkanciasty) i jego przekrój poprzeczny *2b* i *2c* — owoce pochodzące z tego samego kłosa)

Cechy rozpoznawcze i porównawcze

	Rdest kolankowaty	Rdest gruczołowaty	Rdest plamisty
Łodyga	wyprostowana, gałęzista, często czerwona, wysokości do 140 cm	rozesłana [lub leżąca], kolankowato podnosząca się, wysokości 20—60 cm, mało rozgałęziona	wyprostowana, gałęzista, często czerwona, wysokości do 100 cm
Liście	lancetowate, na dolnej stronie z gruczołowatymi guzkami, a na nerwach przylegająco owłosione	lancetowate, spodem najczęściej z białym lub szarym filcowatym owłosieniem i gruczołowatymi guzkami	podługowatolancetowate, na stronie dolnej bez gruczołowatych guzków
	ciemna plama na górnej (brzusznej) stronie blaszki liściowej u wszystkich 3 gatunków może występować lub nie występuje; nie jest to jednak cecha porównywalna		
Pochwy	luźno przylegające, na brzegach krótko i delikatnie orzęsione	nagie albo tylko delikatnie orzęsione	ściśle przylegające, na brzegach z długim orzęsieniem (1—2 mm)
Kwiaty	szypułki i okwiat bez gruczołów	szypułki i okwiat pokryte żółtymi maleńkimi gruczołami	szypułki i okwiat bez gruczołów
Kłosy	różowe, białe lub żółtozielone	najczęściej zielonkawe	różowe albo białe
Owoc	dwustronnie spłaszczony lub nieznacznie wklęsły	dwustronnie wklęsły	trójkanciasty lub spłaszczony z jednej strony, albo mniej lub bardziej wypukły
grubość	0,6—1,1	0,6—1,1	0,7—1,75
szerokość	1,7—2,7	2,1—3,0	1,4—2,40
długość	2,4—3,0	2,5—3,2	2,3—2,70

1a
1b
1
2
2a
2b
2c

Rdest powojowy

— *Polygonum convolvulus* L.
Rodzina: Rdestowate — *Polygonaceae*

Opis. Łodyga wijąca się, długości od 20 do 120 cm, kanciasta, żeberkowana; liście ogonkowe, sercowatostrzałkowate; kwiaty małe i niepozorne, skupione w kątach liści po 2—6, na bardzo krótkich szypułkach; listki okwiatu na zewnątrz tępo wygrzbiecone, zielone, wewnątrz jasnoróżowe. Rdest powojowy w stanie bezkwiatowym często mylony jest z powojem polnym (*Convolvulus arvensis* L.); najważniejszą cechę rozpoznawczą stanowi liść; powój polny ma liście tępawe, o wierzchołkach nie zawiniętych w dół, natomiast wierzchołki liści rdestu powojowego zawsze są zawinięte ku dołowi — rynienkowate, a roślina wije się do góry.

W materiale siewnym występują 3 rodzaje nasion:

1. z zewnętrznymi listkami okwiatu (gdy materiał siewny nie był ostro młócony) ściśle przylegającymi; trójkanciaste, szarożółte do zielonkawych;
2. ostro-trójkanciaste, na obydwu końcach zaostrzone, matowoczarne, delikatnie punktowane, z jasnym znaczkiem;
3. trójkanciaste, stearynowobiałe, wypadłe z ciemnych łupin nasiennych podczas ostrego młócenia.

Okres kwitnienia: od lipca do października.

Występowanie. Jednoroczny chwast polny, rzadko występujący masowo, spotykany jednak prawie na wszystkich glebach, chociaż bardziej odpowiadają mu gleby lekkie i średnio ciężkie; nie występuje specjalnie w jakichś określonych gatunkach roślin uprawnych; ostatnio jednak w coraz większych ilościach pojawia się na plantacjach nasiennych buraka, prawdopodobnie wskutek uodpornienia się na coraz powszechniejsze stosowanie herbicydów typu regulatorów wzrostu.

Znaczenie. Rzadko obniża on plony, ponieważ raczej nie pojawia się masowo. Nasiona rdestu powojowego można całkowicie usunąć z materiału siewnego roślin pastewnych, z ziarna zbóż oddziela się je na tryjerze; natomiast maszynowe oddzielenie jego nasion od materiału siewnego buraka cukrowego oraz pastewnego, w którym ostatnio spotyka się ich coraz więcej, jest trudne i udaje się najlepiej na sitach (oczka o przekroju 3,0—3,2 mm i przesiewie na oczkach trójkątnych wysokości 3,9 mm). Ponieważ może on znacznie utrudniać prace pielęgnacyjne (w burakach), trzeba uważać, ażeby materiał siewny w stopniu elity wolny był od nasion tego rdestu, a materiał siewny w stopniu oryginału produkowany był tylko na polach nie zanieczyszczonych jego nasionami.

Zwalczanie. Broną trudno go zniszczyć nawet we wczesnej fazie wzrostu. ponieważ bardzo szybko wytwarza silne korzenie; rośliny okopowe należy starannie motyczyć, potem ewentualnie nawet wyrywać rdest ręcznie, aby nie

Dalszy ciąg na str. 118

(TABLICA 19/2)

Rdest ptasi

— *Polygonum aviculare* L.
Rodzina: Rdestowate — *Polygonaceae*

Opis. Łodyga leżąca, silnie rozgałęziona, długości od 10 do 50 cm; wszystkie gałązki, aż do wierzchołka, ulistnione, najczęściej wznoszące się; liście krótkoogonkowe, wąskolancetowate; kwiaty małe i niepozorne, występujące pojedynczo lub po 2—4 w kątach liści, osadzone na krótkich szypułkach; listki okwiatu zielone, tylko na brzegach purpurowoczerwone lub białe; pomylenie rdestu ptasiego z innym gatunkiem jest mało prawdopodobne.

Nasiona (owoce) są ostro-trójkanciaste, brunatne do czarnobrunatnych, matowe do słabo błyszczących; w czasie bukowania okwiat odłamuje się, pozostają tylko jego resztki; czasem odpadają także łupiny nasienne, wskutek czego w materiałach siewnych roślin koniczynowatych spotyka się czerwonożółte, szklistoprzezroczyste nasiona rdestu ptasiego.

Okres kwitnienia: od czerwca do października.

Występowanie. Ten jednoroczny uciążliwy chwast występuje tylko na glebach wapiennych na suchych stanowiskach, chociaż jako chwast kosmopolityczny spotykany jest prawie na wszystkich glebach; jest rośliną światłolubną, dlatego rośnie w rzadkich zbożach i małozwartych zasiewach roślin pastewnych, a także na brzegach pól; silnie rozmnaża się na nie podoranych ścierniskach; wśród roślin okopowych łatwo go zniszczyć zabiegami pielęgnacyjnymi; jest bardzo odporny na udeptywanie, dlatego można go znaleźć na intensywnie użytkowanych powierzchniach zadarnionych, zwłaszcza przy drogach.

Znaczenie. W zasiewach roślin pastewnych rdest ptasi zalicza się do typowych chwastów, ponieważ bydło go omija (tylko jego nasiona stanowią zimowy pokarm dla ptaków — stąd jego nazwa). To, że nie jest on jednym z najgroźniejszych chwastów, zawdzięczać należy jego małej sile konkurencyjnej, której przyczyną jest jego wyraźna światłolubność.

Maszynowe oddzielenie jego owoców od materiałów siewnych roślin koniczynowatych o dużych nasionach (koniczyn łąkowej, krwistoczerwonej i aleksandryjskiej, lucerny nerkowatej, komonicy zwyczajnej, przelotu i lucerny siewnej) oraz od nasion tymotki i marchwi jest trudne.

Zwalczanie. Do zniszczenia rdestu ptasiego w zbożach wystarcza stosowanie dobrze oczyszczonego materiału siewnego i staranne podorywanie ściernisk; skuteczne jest stosowanie azotniaku — w zbożach ozimych oraz środków o działaniu kontaktowym lub herbicydów typu regulatorów wzrostu — w zbożach jarych; w roślinach okopowych wystarcza staranne pielęgnowanie, szczególnie stosowanie włóki po posadzeniu ziemniaków; zwykle jednak pozostają jeszcze pojedyncze rośliny, które dojrzewają do zbiorów i osypują nasiona.

We wczesnej fazie wzrostu można rdest ptasi niszczyć azotniakiem, kainit natomiast jest mało skuteczny; na różne środki typu regulatorów wzrostu jest dość odporny, dlatego trzeba stosować dawki średnie do dużych; skutecznie działają także środki parzące (DNOC).

TABLICA 19

1. **Rdest powojowy,** *1a* — dwa kwiaty w pachwinie liścia, *1b* — nasienie (bot. owoc!) i jego przekrój poprzeczny
2. **Rdest ptasi,** *2a* — kwiaty (1 i 3) w pachwinie liścia, *2b* — nasienie (bot. owoc!) i jego przekrój poprzeczny

Cechy rozpoznawcze i porównawcze

	Rdest powojowy	Rdest ptasi
Łodyga	wijąca się, długości do 120 cm	leżąca, od podstawy rozgałęziająca się; każdy pęd aż do wierzchołka ulistniony, długości 10 do 50 cm
Liście	sercowatostrzałkowate, ogonkowe, wierzchołkami skierowane w dół	wąskolancetowate, na bardzo krótkich ogonkach
Kwiaty	małe, niepozorne, wyrastające po 2—6 z pachwiny liścia, na wierzchołku pędu pozornie skupione	małe, niepozorne, wyrastające pojedynczo lub po 2—4 z pachwiny liścia
Listki okwiatu	po stronie zewnętrznej zielone i pokryte gruczołami, od wewnątrz jasnoróżowe	dołem zrośnięte, zielone, o białych lub czerwonych brzegach
Owoc	trójkanciasty, czarny, matowy	trójkanciasty, brunatny aż do czarnobrunatnego
grubość	1,6—2,25	0,6—1,3
szerokość	2,0—3,0	0,9—1,7
długość	2,8—3,4	2,1—2,5

Dokończenie ze str. 116

dopuścić do osypania się jego nasion; szczególnie z wysadków buraków, po ostatnim maszynowym opielaniu, trzeba starannie wyrwać pozostałe rośliny rdestu. W zbożach rozpowszechnianiu się jego można zapobiegać przez stosowanie czystego materiału siewnego i staranne podorywanie ściernisk. Rdest powojowy nie należy do chwastów dających się łatwo zwalczyć środkami chemicznymi, dlatego też tylko duże dawki herbicydów dają pewne wyniki. (Azotniak — 2 q/ha, kainit — 8 q/ha, herbicydy typu regulatorów wzrostu — dawki średnie do wysokich; lepiej od 2,4 D i MCPA działa MCPP). Dobrze działają również środki parzące typu dwunitro-orto-krezolu (DNOC).

TABLICA 19

(TABLICA 20/1)

Kąkol polny

— *Agrostemma githago* L.
Rodzina: Goździkowate — *Caryophyllaceae*

Opis. Łodyga mało rozgałęziona, wysokości 50—100 cm, kosmato owłosiona podobnie jak liście i kielich; liście równo-wąsko-lancetowate, dolne — ogonkowe, górne — siedzące; ząbki kielicha (5) wystające ponad purpurowoczerwone płatki korony i dwukrotnie od nich dłuższe, co jest cechą charakterystyczną gatunku; torebki pojedyncze, z 5 ząbkami, pękające.

Nasiona duże, czarne, w przekroju mniej więcej trójkątne, często zdeformowane; powierzchnia ich pokryta współśrodkowo ułożonymi brodawkami guzkowatymi, co nasuwa podobieństwo do zwiniętego jeża.

Okres kwitnienia: od czerwca do lipca.

Występowanie i znaczenie. Jednoroczny lub dwuletni chwast polny; występuje właściwie tylko w zbożach, przypadkowo także w zasiewach roślin strączkowych. Od czasu wprowadzenia nowoczesnych maszyn czyszczących, zwłaszcza tryjera, kąkol polny jest coraz rzadziej spotykany, a w wielu rejonach prawie już nie można go znaleźć. W poprzednich stuleciach był on bardzo rozpowszechnionym chwastem zbóż. **Simon** pisze o pewnej próbie żyta z XV wieku, zamurowanej w budynku urzędu podatkowego w Burghausen, zawierającej w 100 gramach ziarna 45 nasion kąkolu; stanowi to jeszcze jeden dowód, że pochodzące z dawnych czasów wiadomości o śmiertelnych zatruciach nasionami kąkolu polnego znajdującymi się w ziarnie zbóż są w zupełności słuszne. Kiełek bowiem nasienia kąkolu zawiera około 6% silnie narkotycznie działającej gitaginy lub agrosteminy, będących saponinami glikozydowymi. Chleb upieczony ze zboża zawierającego domieszki nasion kąkolu, oprócz niebieskozielonego zabarwienia, ma jeszcze nieprzyjemny gorzki smak.

Zwalczanie. Największe znaczenie w walce z kąkolem polnym ma staranne oczyszczenie zboża, zwłaszcza na tryjerze. Azotniak niszczy kąkol tylko w fazie kiełkowania; kainit zastosowany w tym samym okresie działa mniej skutecznie. Na różne środki parzące i typu regulatorów wzrostu nie jest wrażliwy, w każdym razie w celu skutecznego zwalczania trzeba stosować średnie dawki tych herbicydów.

Tatarka

— *Fagopyrum tataricum* (L.) Gaertn.
Rodzina: Rdestowate — *Polygonaceae*

Opis. Łodyga wyprostowana, gałęzista, osiągająca wysokość 30—90 cm; liście szeroko sercowate do oszczepowatych, z ciemną plamką u podstawy; charakterystyczne małe zielonawe kwiaty.

Nasiona (owoce) trójkanciaste, chropowate i matowe, szare i brunatne albo w szaroczarne plamki, kanty najczęściej z falisto wygiętymi ząbkami.

Okres kwitnienia: od czerwca do sierpnia.

Występowanie i znaczenie. Ta jednoroczna roślina jako chwast polny występuje bardzo rzadko, np. w Niemczech najczęściej spotyka się ją jako chwast towarzyszący w importowanych (do Niemiec) materiałach siewnych gryki zwyczajnej (*Fagopyrum sagittatum* Gilib.); w żadnym wypadku nie może ona być u nas traktowana jako niebezpieczny lub uciążliwy chwast.

Kilkakrotna selekcja tatarki pozwoliła na wyhodowanie formy, nazwanej po niemiecku Bernburger Rauhsamiger, uprawianej jako roślina pastewna w poplonach.

Oddzielanie stosunkowo grubych i krótkich owoców sprawia trudności tylko przy materiale siewnym gryki zwyczajnej. Zwalczanie na polach uprawnych jest stosunkowo proste, łatwo bowiem daje się zniszczyć broną, a także prawie wszystkimi herbicydami.

TABLICA 20

1. **Kąkol polny** — kwitnący pęd, *1a* — nasienie
2. **Tatarka** — kwitnący i owocujący pęd, *2a* — kwiat, *2b* — owoce

1
1a
2
2a
2b

(TABLICA 21/1)

Bniec biały

— *Melandrium album* (Mill.) Garcke (*M. pratense* Röhl.)
Rodzina: Goździkowate — *Caryophyllaceae*

Opis. Dwu- lub wieloletni chwast polny, o łodydze najczęściej od samej podstawy rozgałęzionej, wysokości do 1 m; cała roślina silnie owłosiona: łodyga — kosmato, liście i kielich pokryte gruczołowatymi włoskami; kwiaty rozdzielnopłciowe, to znaczy na jednej roślinie występują kwiaty tylko żeńskie lub tylko męskie; po zapyleniu kielichy żeńskich kwiatów szybko się powiększają i sprawiają wrażenie silnie rozdętych (rys. 1*b* i 1*c*), wówczas gdy kielichy kwiatów męskich pozostają prawie tak samo wysmukłe, jak były (rys. 1*a*); cecha ta bardziej ułatwia rozpoznawanie płci roślin niż pylniki męskich kwiatów; słupki o 5 znamionach w kwiatach żeńskich; przy oczyszczaniu jakiejś plantacji nasiennej żeńskie rośliny tego chwastu nawet niewykwalifikowani pracownicy, po uzyskaniu odpowiedniej instrukcji, mogą z daleka i bezbłędnie rozpoznać po rozdętych kielichach. Pięć białych płatków korony odznacza się głębokimi wcięciami.

Bnieca białego odróżnia się od innych gatunków tej samej rodziny przede wszystkim po fioletowym zabarwieniu kielicha i nerwów liści, które są gruczołowato owłosione; w przeciwieństwie do lepnicy dwudzielnej, bniec biały ma kielich unerwiony nie tylko podłużnie, lecz ma także unerwienie boczne odchodzące od nerwów głównych (rys. 1*b*, 1*c* i 2*b*).

Owocem jest owalna torebka jednokomorowa z 5 lub 10 (powstałymi wskutek podziału) wyprostowanymi albo odgiętymi ząbkami.

N a s i o n a małe, grube, nerkowate do kulistych (podobne do zwiniętego jeża), pokryte współśrodkowo ułożonymi, guzkowatymi wyrostkami; szare do szarobrunatnych, matowe.

Okres kwitnienia: od maja do jesieni.

Występowanie. Szczególnie silnie występuje tylko w koniczynie; w ostatnich dziesięciu latach w zasadzie tylko w tej roślinie silnie się rozpowszechnił, gdyż w całych rejonach prawie nie znajdzie się pola z koniczyną (zwłaszcza łąkową), w którym bniec biały nie byłby najliczniej występującym chwastem. Swoim rytmem rozwojowym najlepiej dostosowany jest do rytmu koniczyny łąkowej; także pod względem wymagań glebowych wykazuje dużą zgodność z wymaganiami tej koniczyny. Pierwszy pokos koniczyny łąkowej pobudza bniec biały do silniejszego rozgałęziania się; jedna jego roślina wydaje do okresu dojrzewania nasion koniczyny łąkowej znacznie więcej dojrzałych nasion niż np. w koniczynie białoróżowej lub białej, których pierwsze pokosy przeważnie służą produkcji nasiennej (według Korsmo jedna roślina bnieca białego wydaje przeciętnie około 6000 nasion). Wskutek wysiewania mieszanek koniczyny łąkowej z tymotką zwiększa się także jego udział w plantacjach nasiennych tymotki. Bniec rozprzestrzenia się tylko przez stosowanie zanieczyszczonego materiału siewnego, chociaż pewną rolę odgrywa także jego wegetatywne rozmnażanie się przez pączki przybyszowe na szyjkach korzeni. W niektórych rejonach pojawia się także jako pospolity chwast w zbożach i wśród roślin okopowych.

Znaczenie. Pod względem pastewnym bniec biały nie przedstawia żadnej wartości; przy wolnym wypasie jest omijany przez zwierzęta. Jak dalece udział bnieca białego, np. w koniczynie łąkowej, wpływa na obniżenie jej plonów, dotychczas doświadczalnie nie zostało udowodnione. W każdym razie jednak należy uważać go za typowy chwast.

Maszynowe oddzielanie jego nasion sprawia znaczne trudności przy czyszczeniu materiałów siewnych: koniczyn białej i białoróżowej (udaje się tylko częściowo przez silny podmuch), lucerny nerkowatej (udaje się częściowo przez silny podmuch, a całkowicie — tylko przy oczyszczeniu wstępnym materiału omłotowego), koniczyny łąkowej (udaje się na sitach z okrągłymi oczkami średnicy 1,4 mm), lucerny siewnej (można oddzielać na tryjerze 1,75 mm) i tymotki (przy zastosowaniu środkowego sita z okrągłymi oczkami średnicy 1,1 lub 1,2 mm). Na maszynie elektromagnetycznej można prawie całkowicie oddzielić tylko wtedy, gdy zastosuje się specjalny proszek — R 55. Proszku tego jednakże przeważnie brakuje lub nie stosuje się go z powodu nadmiernego rozpylania w czasie procesu czyszczenia. Dlatego bniec biały należałoby usuwać przed przeprowadzaniem kwalifikacji plantacji nasiennych następujących roślin: koniczyn białej, białoróżowej i łąkowej, lucerny nerkowatej oraz tymotki. Pominąwszy fakt, że okres kwalifikacji polowej dla każdej rośliny uprawnej jest ściśle określony, z wyrywaniem tego chwastu z pola nie można zbyt długo zwlekać, ponieważ przekwitające jego rośliny pochylają się i stają się przez to mało widoczne wśród roślin nasiennych.

Zwalczanie. Najważniejszym zabiegiem jest stosowanie czystego materiału siewnego; w zbożach i na trwałych użytkach zielonych można go zwalczać za pomocą herbicydów typu regulatorów wzrostu, chociaż w różnych doświadczeniach bniec biały okazywał się mało wrażliwy na te środki.

(TABLICA 21/2)

Lepnica dwudzielna

— *Silene dichotoma* Ehrh.
Rodzina: Goździkowate — *Caryophyllaceae*

Opis. Łodyga rozwidlająca się kilkakrotnie na dwie jednakowo silne gałązki, osiągająca wysokość do 1 m; cała roślina krótko owłosiona; kielich pokryty silnie wystającymi zielonymi, podłużnymi żeberkami, szczeciniasto owłosionymi; 5 białych płatków korony głęboko rozciętych. Lepnica dwudzielna odróżnia się od wszystkich innych chwastów tej samej rodziny wielokrotnym rozwidleniem łodygi i charakterystyczną budową kielicha. N a s i o n a małe, nerkowate do prawie kulistych, najczęściej na stronie grzbietowej przy znaczku spłaszczone; powierzchnia pokryta współśrodkowo ułożonymi wyrostkami guzkowatymi; szare do szarobrunatnych, matowe; bardzo trudno je odróżnić od nasion bnieca białego.

Okres kwitnienia: od lipca do sierpnia.

Występowanie. Jednoroczny lub dwuletni chwast; zadomowiony w południowej i wschodniej Europie i stamtąd zawleczony do Niemiec wraz z nasionami lucerny i koniczyny; jednakże nie zdążył prawdopodobnie zadomowić się w niektórych okolicach Niemiec. Chociaż jedna roślina lepnicy dwudzielnej produkuje więcej nasion niż bniec biały, to jednak o wiele mniej rozprzestrzenia się, ponieważ duża część jej nasion nie dojrzewa w naszym klimacie przed pierwszym pokosem koniczyny nasiennej.

Znaczenie. Typowy chwast, skłonny do szybkiego drewnienia, niechętnie zjadany przez bydło; w jakim stopniu zmniejsza plony różnych gatunków roślin koniczynowatych, dotychczas jeszcze nie wiadomo; w produkcji nasiennej należy go traktować tak samo jak bniec biały, ponieważ ich nasiona są do siebie bardzo podobne pod każdym względem.

Zwalczanie. Najistotniejsze jest stosowanie czystego materiału siewnego.

(TABLICA 21/3)

Lepnica rozdęta

— *Silene inflata* (Salisb.) Sm. (*S. cucubalus* L., *S. vulgaris* Garcke, *S. venosa* Asch.)
Rodzina: Goździkowate — *Caryophyllaceae*

Opis. Łodyga prosto rosnąca, osiągająca wysokość do 50 cm; kwiaty skupione w szczytowe luźne wierzchotki i wyrastające z kątów liści; cała roślina naga; charakterystyczną cechą — kielichy beczułkowato nadęte, siatkowato żyłkowane, nagie.

Nasiona małe, nerkowate, o bokach spłaszczonych w kierunku ciemnego znaczka; na stronie grzbietowej z brodawkowatymi guzkami większymi od współśrodkowo ułożonych na bokach; szaroczarne, matowe.

Okres kwitnienia: od maja do września.

Występowanie. Wieloletnia roślina; rośnie przeważnie w miejscach nie uprawianych, a więc na brzegach pól i dróg oraz na użytkach zielonych; dlatego częściej można ją spotkać na miedzach i obrzeżach pól niż w środku pól uprawnych; lubi lekkie, przepuszczalne gleby, mało sprawne, które przeważnie są ubogie w azot.

Znaczenie. Chociaż ma typowe właściwości chwastu i małą wartość pastewną, nie jest szkodliwa, ponieważ właściwie nie jest chwastem polowym i na dobrze pielęgnowanych użytkach zielonych nie występuje; źle znosi zacienienie, a spasania w ogóle nie znosi; jej wartość pastewna jest bardzo niewielka, gdyż roślina ta szybko drewnieje; tam gdzie występuje, zmniejsza wartość paszy.

Masowo nigdy nie występuje w zasiewach traw i koniczynowatych roślin nasiennych. Jeżeli z obrzeża przedostanie się nieco głębiej na pole, to najlepiej jeden pokos przeznaczyć na paszę. Kiedy podczas ostatecznej kwalifikacji zostanie stwierdzona obecność nasion roślin lepnicowatych, to przeważnie chodzi tu o nasiona bnieca białego (*Melandrium album*). Według **Korsmo** jedna roślina lepnicy rozdętej może produkować przeciętnie około 8000 nasion.

TABLICA 21

1. **Bniec biały** — pęd, *1a* — kwiat męski, *1b* — kwiat żeński, *1c* — dojrzała torebka z kielichem, *1d* — nasienie
2. **Lepnica dwudzielna** — pęd, *2a* — kwiaty, *2b* — dojrzała torebka z kielichem, *2c* — nasienie
3. **Lepnica rozdęta** — pęd, *3a* — kwiat, *3b* — dojrzała torebka z kielichem, *3c* — nasienie (Uwaga: kwadraty na siatkach odpowiadają 1 mm^2; tylko kwiaty bnieca białego wykonano na siatce o wymiarach $5 \times 5 = 25$ mm^2)

Cechy rozpoznawcze i porównawcze

	Bniec biały	Lepnica dwudzielna	Lepnica rozdęta
Wysokość	25—100 cm	25—100 cm	20—50 cm
Łodyga	rozgałęziona i owłosiona	widlasto rozgałęziona, owłosiona	rozgałęziona, naga
Liście	szerokie, pokryte gruczołowatymi włoskami	węższe, kosmato owłosione	nieowłosione
Kielich	z podłużnymi żeberkami często zabarwionymi fioletowo i pokrytymi gruczołowatymi włoskami; między żeberkami rozgałęziające się nieowłosione nerwy	10 wyniosłych zielonych i kosmato owłosionych żeberek; znajdująca się między nimi powierzchnia nie jest unerwiona	sieciowato żyłkowany, nagi; znacznie większy od torebki, stąd jego rozdęcie
Płatki korony	zawsze 5, białe i rozcięte tak głęboko, że przy powierzchownym oglądaniu wydaje się, że jest ich 10		
Nasienie	podobne do zwiniętego jeża, garbate, przez ucisk ściśle przylegającej torebki często zdeformowane, barwy zależnie od dojrzałości i wieku od brunatnej do szarej; rozpoznanie nasion tych 3 gatunków jest bardzo trudne, a niekiedy nawet niemożliwe		
grubość	0,4—1,2	0,5—1,1	0,6 —1,2
szerokość	0,8—1,8	0,9—1,4	0,8 —1,5
długość	1,0—2,1	1,1—1,7	1,15—1,5

TABLICA 21

(TABLICA 22/1)

Gwiazdnica pospolita

— *Stellaria media* (L.) Vill.
Rodzina: Goździkowate — *Caryophyllaceae*

Opis. Łodygi rozesłane, długości 5—60 cm i jednostronnie owłosione (ustawione w szeregi włoski na łodydze i ogonkach liściowych doprowadzają wodę do słabo rozwiniętego systemu korzeniowego); liście naprzeciwległe, jajowate i ogonkowe; kwiaty małe, szczytowe lub wyrastające na długich szypułkach z kątów liści, o 5 białych płatkach korony głęboko rozciętych, krótszych lub takiej samej długości jak działki kielicha (rys. 1*b*), stąd niepozorność kwiatów.

N a s i o n a nerkowate do okrągławych, pokryte koncentrycznie ułożonymi, nabrzmiałymi brodawkami; barwy szarobrunatnej do czerwonobrunatnej.

Okres kwitnienia: od marca do listopada (właściwie prawie cały rok).

Występowanie. Ten jednoroczny lub dwuletni chwast szczególnie w dużych ilościach występuje na silnie nawożonych próchnicznych i niekwaśnych glebach; jesienią, pokrywając całkowicie ozime zasiewy (także i winnice), może je prawie zupełnie wydusić. Jest groźny również dla nowych zasiewów traw i koniczyn oraz mieszanek łąkowych i pastwiskowych.

Gwiazdnica pospolita kiełkuje w jesieni i wcześnie na wiosnę; silnie rozmnaża się tylko przy dostatecznej wilgotności gleby i powietrza, dlatego niektóre pola pokryte są gwiazdnicą od jesieni aż do wiosny, czego przyczyną jest najczęściej niewielkie tylko zachwaszczenie w okresie letnim. Wyjątek stanowią torfowiska niskie, na których niekiedy i w lecie znajduje warunki odpowiednie do rozwoju.

Znaczenie. Jako typowy chwast polny tworzący swoimi łodygami zwartą sfilcowaną pilśń w okresie późnej jesieni jest groźna dla ozimin i innych młodych zasiewów; oziminy są tym bardziej zagrożone, im wcześniej zostały wysiane (jęczmień).

Także zasiewy traw nasiennych gwiazdnica pospolita może wydusić w roku wysiewu i bardzo znacznie zmniejszyć plon nasion w pierwszym roku zbioru. Jest to szczególnie groźne dla traw zarówno o początkowym powolnym wzroście jak i szybko rosnących, wysiewanych w lecie bez rośliny ochronnej. Nasiona gwiazdnicy pospolitej można bez specjalnych trudności oddzielić od materiału siewnego wszystkich roślin z tym tylko, że od drobnych nasion roślin koniczynowatych: koniczyny białej, białoróżowej i komonicy błotnej nasion gwiazdnicy nie można oddzielić mechanicznie, natomiast na maszynach elektromagnetycznych oddzielenie całkowicie się udaje. Gwiazdnica pospolita rozprzestrzenia się jednak z reguły nie przez materiały siewne, lecz wskutek osypywania się torebek dojrzewających przeważnie jeszcze przed sprzętem rośliny uprawnej.

Zwalczanie. Gwiazdnicę pospolitą bardzo skutecznie niszczy azotniak stosowany w jesieni lub wczesną wiosną; parząco działa także kainit pylisty; najlepiej działa mieszanina azotniaku i kainitu w ilości około 5—8 q/ha (w sto-

Dalszy ciąg na str. 131

(TABLICA 22/2)

Gwiazdnica trawiasta

— *Stellaria graminea* L.

Rodzina: Goździkowate — *Caryophyllaceae*

Opis. Łodygi gładkie i rozesłane; wśród traw wznoszą się do 50 cm; liście naprzeciwległe, wąskolancetowate, siedzące, nagie, lecz u podstawy orzęsione; kwiaty małe, na długich szypułkach; 5 białych płatków korony głęboko rozciętych, takiej długości jak działki kielicha; te ostatnie z 3 nerwami; torebka nasienna dłuższa od kielicha.

Nasiona są okrągławe do nerkowatych z małym wcięciem przy znaczku; powierzchnia lekko pomarszczona, szarobrunatne do ciemnobrunatnych, matowe.

Okres kwitnienia: od maja do jesieni.

Występowanie i znaczenie. Jako roślina wieloletnia gwiazdnica trawiasta nie jest chwastem polnym, występuje wyłącznie na łąkach, przy żywopłotach i na obrzeżach pól; dzięki długim, podziemnym rozłogom luźno przerasta darń, nigdy nie wchodząc w większych ilościach w skład zielonej masy; na dobrych łąkach przepada, ponieważ nie znosi zacienienia, na pastwiskach zaś ginie, ponieważ nie wytrzymuje udeptywania przez zwierzęta. Jako chwast nie ma żadnego znaczenia, chociaż tak samo jak gwiazdnica pospolita zawiera trującą saponinę i bywa powodem zachorowań koni i bydła.

Zwalczanie. Nasiona gwiazdnicy trawiastej dają się maszynowo oddzielać od materiałów siewnych wszystkich roślin uprawnych; zwalczanie na polu jest więc zbędne.

Dokończenie ze str. 130

sunku 1 : 6). Tej wielkości dawka praktycznie biorąc zniszczy wszystkie rośliny aż do roślin w fazie do 8 liścia, starsze rośliny zostaną także poważnie uszkodzone, wskutek czego większość ich zginie.

Na chemiczne środki typu regulatorów wzrostu gwiazdnica pospolita jest dosyć odporna; skuteczne są tylko herbicydy typu MCPP. Także motyczeniem gwiazdnicy nie można całkowicie zniszczyć, ponieważ wskutek dużej zawartości wody niełatwo wysycha; rozmnaża się bowiem wegetatywnie, wypuszczając korzenie z kątów liści pozostałych kawałków pędów.

TABLICA 22

1. **Gwiazdnica pospolita,** *1a* — część łodygi z 2 liśćmi, *1b* — kwiat, *1c* — nasienie
2. **Gwiazdnica trawiasta,** *2a* — część łodygi z liśćmi, *2b* — kwiat, *2c* — nasienie (Uwaga: kwadraty siatek odpowiadają powierzchni 1 mm^2, tylko *1a* w wymiarze 5×5 mm = 25 mm^2)

Cechy rozpoznawcze i porównawcze

	Gwiazdnica pospolita	Gwiazdnica trawiasta
Łodyga	jednoszeregowo owłosiona	nieowłosiona
Liście	jajowate, stosunkowo duże, ogonkowe; ogonki jednoszeregowo owłosione	wąskolancetowate, bezogonkowe (siedzące), nagie, niekiedy u podstawy orzęsione
Kwiaty	małe, niepozorne	jaskrawe, na długich szypułkach
Płatki korony	białe, głęboko rozcięte, krótsze lub takiej samej długości jak działki kielicha	białe, głęboko rozcięte, takiej samej długości jak działki kielicha
Nasiona	nerkowate do okrągławych, pokryte brodawkami; z małym wcięciem przy znaczku; szarobrunatne do czerwonobrunatnych	okrągławe do nerkowatych, z lekkimi zmarszczkami i małym wcięciem przy znaczku; szarobrunatne do ciemnobrunatnych
grubość	0,4—0,8	0,4—0,9
szerokość	0,7—1,2	0,7—1,1
długość	0,8—1,3	0,9—1,3

(TABLICA 23/1)

Sporek polny

— *Spergula arvensis* L.
Rodzina: Goździkowate — *Caryophyllaceae*

Opis. Delikatna, jednoroczna roślina o cienkich łodygach; liście równo-wąsko-szydlaste, okółkowe, krzaczaste, na stronie brzusznej (górnej) wypukłe, na grzbietowej (dolnej) — bruzdkowane; cała roślina mniej lub bardziej owłosiona i pokryta gruczołami; kwiaty małe, o 5 białych płatkach korony; szypułki kwiatowe po okwitnieniu opuszczone ku dołowi; działki kielicha zielone, o białych brzegach, gruczołowato owłosione; liście okwiatu prawie takiej samej długości jak płatki korony; torebki wielonasienne, zawsze dłuższe od kielicha i otwierające się na górze, wskutek czego nasiona łatwo wypadają.

Nasiona soczewkowate lub kuliste, obrzeżone wąskim żółtawobiałym, błoniastym skrzydełkiem; powierzchnia matowoczarna, często pokryta jasnymi buławkowatymi włoskami.

Sporek siewny (*S. arvensis* var. *sativa*), jako odmiana sporka polnego, różni się od niego tylko trochę większymi i ciemniejszymi nasionami, a poza tym nie ma żadnych innych różnic morfologicznych między nimi; jedynie jeszcze torebki nasienne w czasie dojrzewania nie pękają w przeciwieństwie do torebek sporka polnego. Sporek olbrzymi (*S. arvensis* var. *maxima*) ma jeszcze większe nasiona, wyrasta wyżej i tworzy więcej węzłów z liśćmi okółkowymi niż sporek polny. Także sporek wiosenny (*S. vernalis* Willd.) i sporek pięciopręcikowy (*S. pentandra* L.), które rzadziej występują jako chwasty polne, można łatwo pomylić ze sporkiem polnym, dlatego więc warto zwrócić uwagę na charakterystyczne cechy porównawcze wymienionych gatunków.

Cechy porównawcze gatunków i odmian sporka

	Sporek polny	Sporek siewny	Sporek olbrzymi	Sporek pięciopręcikowy	Sporek wiosenny
Liście	na stronie dolnej bruzdkowane			ogonki w przekroju okrągłe	
Owłosienie	mniej lub bardziej gruczołowato owłosione			nagie	nagie
Oskrzydlenie nasion	wąskie, gładkie, żółtawe			bardzo szerokie, białe, faliste	szerokie, brunatnawe

Okres kwitnienia: od czerwca do jesieni.

Występowanie. Jako chwast polny występuje masowo tylko na lekkich, kwaśnych, ale poniekąd dostatecznie wilgotnych glebach (natomiast sporek wiosenny rośnie tylko na jałowych glebach w suchych stanowiskach); zawartość wapnia w glebie utrudnia jego kiełkowanie; spotyka się go przede wszystkim w zbożach jarych, ale także w roślinach okopowych i na podoranych ścierniskach zbóż ozimych.

Znaczenie. Z powodu masowego występowania, szybkiego tempa rozwoju i ciągłego rozsiewania nasion sporek może być uciążliwym chwastem. Bydło chętnie go zjada, dlatego sporek siewny często uprawia się jako poplon na lekkich glebach. W produkcji nasiennej różnych roślin powinno się zwracać na niego uwagę. Szczególne trudności sprawia oddzielanie jego nasion od nasion koniczyn — białej i białoróżowej oraz od nasion komonicy zwyczajnej, ale także i od większych nasion niektórych roślin koniczynowatych (z wyjątkiem inkarnatki), nie zawsze udaje się całkowicie oddzielić jego nasiona nawet na elektromagnetycznych maszynach czyszczących; również w zupełności nie można oddzielić ich od materiału siewnego tymotki.

Zwalczanie. W fazie kiełkowania łatwo można zniszczyć sporek polny bronowaniem, które szczególnie skutecznie działa po posadzeniu ziemniaków; wczesnowiosenne wapnowanie pod okopowe hamuje kiełkowanie jego nasion. Na ogół najlepiej go zwalczać za pomocą herbicydów typu regulatorów wzrostu; w młodej fazie wzrostu jest bardzo wrażliwy na działanie azotniaku i kainitu. Najlepiej działa mieszanka azotniaku z kainitem (w stosunku 1 : 6, około 7 q/ha). Według doświadczeń **Rademachera** wymieniona mieszanina totalnie niszczy sporek w fazie drugiego okółka liści łodygowych, a w następnych fazach rozwoju te same wyniki można uzyskać stosując wszystkie inne herbicydy.

(TABLICA 23/2)

Czerwiec roczny

— *Scleranthus annuus* L.
Rodzina: Goździkowate — *Caryophyllaceae*

Opis. Mały chwast polny, wysokości od 6 do 20 cm, silnie rozgałęziony od podstawy, wskutek czego tworzy pewnego rodzaju mniej lub bardziej zwarty krzaczek; łodygi okrągławe i rozgałęziające się także w górnej części; liście naprzeciwległe, nieco mięsiste, u podstawy zrośnięte; owłosienie liści i gałązek zmienne zależnie od stosunków wodnych siedliska; kwiaty małe, zielone, zebrane w pachwinach liści lub w pęczki na szczytach gałązek; kielich dzwonkowaty, z 5 ząbkami o wąskich białych brzegach oraz żółtych nerwach środkowych; w okresie dojrzewania ząbki kielicha odchylają się nieco; płatków korony brak, a więc cała roślina jest zawsze zielona.

Po dojrzeniu jednonasienna torebka otoczona jest stwardniałym kielichem; nawet w wytartym materiale siewnym roślin koniczynowatych można znaleźć nienaruszony charakterystyczny 5-ząbkowy kielich.

Czerwiec roczny pomylić można tylko z czerwcem trwałym (*S. perennis* L.), który jest typową rośliną rosnącą na żwirowiskach, a więc nie występującą jako chwast polny.

Okres kwitnienia: od maja do października.

Występowanie i znaczenie. Ten jednoroczny lub dwuletni chwast występuje na kwaśnych, mało sprawnych glebach, najczęściej wyjałowionych ze składników pokarmowych. Na takich glebach pojawia się masowo, grożąc wyduszeniem i tak słabowitym tutaj roślinom uprawnym; można go znaleźć także na trochę lepszych glebach (do piaszczystych glin włącznie), nawet zasobnych w wapń, lecz nieco suchych; na tych ostatnich glebach nie bywa już niebezpieczny.

Jako chwast plantacji nasiennych czerwiec roczny nie ma dużego znaczenia. Jego owoców w zupełności nie można oddzielić tylko z materiałów siewnych kupkówki, wyczyńca łąkowego i mozgi kanaryjskiej; z materiału siewnego inkarnatki i lucerny siewnej całkowite oddzielenie mechaniczne jego nasion jest raczej trudne, ale na maszynach elektromagnetycznych udaje się w stu procentach.

Zwalczanie. Czerwiec roczny szybko ginie po poprawieniu sprawności i żyzności gleby przez wapnowanie i nawożenie oraz dzięki wczesnemu wykonywaniu podorywek, nie dopuszczających do jego owocowania. W sprawnych glebach jego nasiona szybko tracą siłę kiełkowania. Przeprowadzone doświadczenia nad zwalczaniem tego chwastu za pomocą herbicydów typu regulatorów wzrostu dały niejednolite wyniki; w każdym razie nie należy on do chwastów dających się łatwo zniszczyć. Lepsze wyniki daje azotniak, jeżeli jest stosowany w odpowiednim czasie (w fazie do drugiego okółka liści zniszczyć go można całkowicie).

(TABLICA 23/3)

Przytulia pospolita

— *Galium mollugo* L.
Rodzina: Marzanowate — *Rubiaceae*

Opis. Roślina wieloletnia, o podziemnych rozłogach, od podstawy rozgałęziona; łodygi czterokanciaste, mniej lub bardziej obwisłe, rozgałęzione, długości do 1,20 m, najczęściej nagie; liście wąskie, ustawione okółkowo na łodydze, niżej po 8, ku górze po 5 lub 6, zaostrzone, o brzegach pokrytych drobnymi ząbkami skierowanymi ku szczytowi liści (dlatego zazwyczaj są wstecznie szorstkie!); gałązki kwiatowe silnie rozgałęzione, wyrastające z kątów liści; kwiaty małe, białe albo nieco żółtawe.

Nasiona (bot. rozłupki) kuliste do nerkowatych, ciemnobrunatne, pomarszczone, z wgłębieniem na stronie znaczka.

Okres kwitnienia: od maja do sierpnia.

Występowanie i znaczenie. Przytulia pospolita rzadko występuje jako chwast polny, znacznie częściej spotyka się ją na miedzach i suchych łąkach, a także przy żywopłotach i ogrodzeniach; najlepiej odpowiadają jej luźne, suche próchniczne gleby. Na suchych łąkach bynajmniej nie należy jej traktować jako chwastu, ponieważ w stanie zielonym ma dobrą, a po wysuszeniu średnią wartość pastewną.

Chociaż przytulia pospolita nie jest zaliczana do chwastów polnych, to jednak z brzegów pól może się przedostawać w głąb plantacji nasiennych roślin pastewnych. Mechaniczne oddzielanie jej owoców od materiałów siewnych roślin koniczynowatych napotyka znaczne trudności, natomiast na maszynach elektromagnetycznych udaje się prawie całkowicie.

Zwalczanie. Na polach uprawnych zwalczanie nigdy nie jest potrzebne; na plantacjach zaś nasiennych — w razie potrzeby — należy skosić pasy przybrzeżne i uzyskaną zieloną masę zużytkować na paszę; należy również uważać na czystość materiału siewnego przeznaczonego do wysiewu na nowo zagospodarowywanych użytkach zielonych.

Jako środki zwalczania przytulii pospolitej na łąkach **Klapp** zaleca zagęszczenie darni przez spasanie lub wałowanie, połączone z wielokrotnym koszeniem i obfitym nawożeniem; na działanie herbicydów typu regulatorów wzrostu jest odporna.

(TABLICA 23/4)

Przytulia czepna

— *Galium aparine* L.
Rodzina: Marzanowate — *Rubiaceae*

Opis. Łodyga czterokanciasta, czepiająca się wskutek wstecznie ustawionych zadzierzystych, sztywnych włosków, osiągająca długość 1,30 m (w wyjątkowych wypadkach — do 2 m); liście okółkowe (6—9), lancetowate, pojedynczo unerwione, na brzegach i poniżej nerwu środkowego zadzierzysto owłosione; szypułki kwiatowe wyrastające w kątach liści, rozwidlające się, do okresu owocowania wyprostowane, a więc nie wygięte ku dołowi, o 5—12 kwiatach, małych, białych lub zielonkawobiałych.

Nasiona (bot. rozłupki) kuliste do gruboowalnych, zaokrąglone, z ostrymi brodawkami, przechodzącymi w haczykowate szczecinki (często wytarte).

Okres kwitnienia: od maja do października.

Występowanie i znaczenie. Jednoroczny lub dwuletni chwast polny; występuje niemal we wszystkich roślinach uprawnych. Kiełkując na jesieni i na wiosnę może być bardzo uciążliwy zarówno w zbożach ozimych, jak i jarych, a także w okopowych, grochu, lnie, w burakach nasiennych i innych. Wykazuje on dużą zdolność przystosowywania do różnorodnych warunków siedliskowych; jednakże najlepiej odpowiadają mu gleby dobrze zaopatrzone w wodę i składniki pokarmowe.

Jej płożąca się forma wzrostu, łącznie ze szczeciniastymi zadzierzysto osadzonymi haczykami na łodydze, liściach i owocach, czyni z niej szczególnie niebezpieczny chwast, powodujący wyleganie zboża i utrudniający zbiór.

Najtrudniejsze jest oddzielanie nasion przytulii czepnej od materiałów siewnych buraka cukrowego i pastewnego. Także od nasion inkarnatki mechaniczne odczyszczanie nie udaje się całkowicie, natomiast elektromagnetyczne jest zupełnie możliwe; to samo dotyczy nasion wszystkich roślin kapustnych (należących do rodzaju *Brassica*).

Zwalczanie. Najskuteczniejsze sposoby zwalczania przytulii czepnej to: stosowanie pozbawionego chwastów materiału siewnego, wczesne wykonywanie podorywek, niedopuszczanie jej do owocowania w roślinach okopowych oraz utrzymanie czystości w podwórzu. Różne herbicydy typu regulatorów wzrostu we wszystkich doświadczeniach okazały się bezskuteczne, natomiast preparaty typu MCPP uważane są za środki bardzo skuteczne; azotniak zaś nie działa zadowalająco. Według **Rademachera** i **Flocka** doskonałe wyniki daje stosowanie kainitu lub mieszanki kainitu z azotniakiem (6 : 1); nawozami tymi można skutecznie zwalczać przytulię aż do fazy szóstego okółka liściowego.

TABLICA 23

1. **Sporek polny,** *1a* — kwiat, *1b* — dojrzewająca torebka z kielichem, *1c* — nasienie
2. **Czerwiec roczny,** *2a* — kwiat, *2b* — dojrzały owoc z kielichem (nasienie zwykle okryte zasychającym dzwonkowatym kielichem)
3. **Przytulia pospolita,** *3a* — liście okółkowe i część czterokanciastej łodygi, *3b* — kwiat, *3c* — rozłupnia, *3d* — nasienie (rozłupka) widziane od strony brzusznej i grzbietowej
4. **Przytulia czepna,** *4a* — liście okółkowe i część łodygi, *4b* — kwiat, *4c* — nasienie (rozłupka) widziane od strony brzusznej i grzbietowej

Cechy rozpoznawcze

	Sporek polny	Czerwiec roczny
Łodyga	cienka, okrągła, gałęzista	silnie rozgałęziona, krótka
Rozmieszczenie liści	okółkowe	parami naprzeciwległe
Liście	mięsiste, z bruzdką na stronie dolnej	mięsiste, u podstawy zrośnięte
Szypułki kwiatowe do okresu dojrzewania	opuszczone ku dołowi	brak
Płatki korony	5, drobne, białe	brak
Nasienie	soczewkowate, z wąskim białym skrzydełkiem, matowe, czarne, pokryte jasnymi buławkowatymi włoskami	owoce w dzwonkowatym kielichu, o 5 języczkowatych działkach
grubość	0,4—1,2	0,9—1,75
szerokość	0,6—1,4	1,4—2,5
długość	1,2—1,75	3,2—4,7

	Przytulia pospolita	Przytulia czepna
Łodyga	czterokanciasta, najczęściej naga	czterokanciasta, silnie zadzierzysta
Rozmieszczenie liści	okółkowe	okółkowe
Liście	na brzegach nieco szorstkie	na brzegach i na stronie dolnej zadzierzyste
Szypułki kwiatowe przed okresem dojrzewania	proste, nie zwisające	skierowane ku dołowi
Płatki korony	4, białe do żółtawych	4, białe do zielonkawobiałych
Nasienie	kuliste do nerkowatego, brunatne, pomarszczone, z wgłębieniem na stronie znaczka	kuliste do gruboowalnego, pokryte haczykowatymi szczecinkami
grubość	0,6—1,3	1,6—3,0
szerokość	0,8—1,6	2,0—4,0
długość	1,0—1,7	2,6—4,2

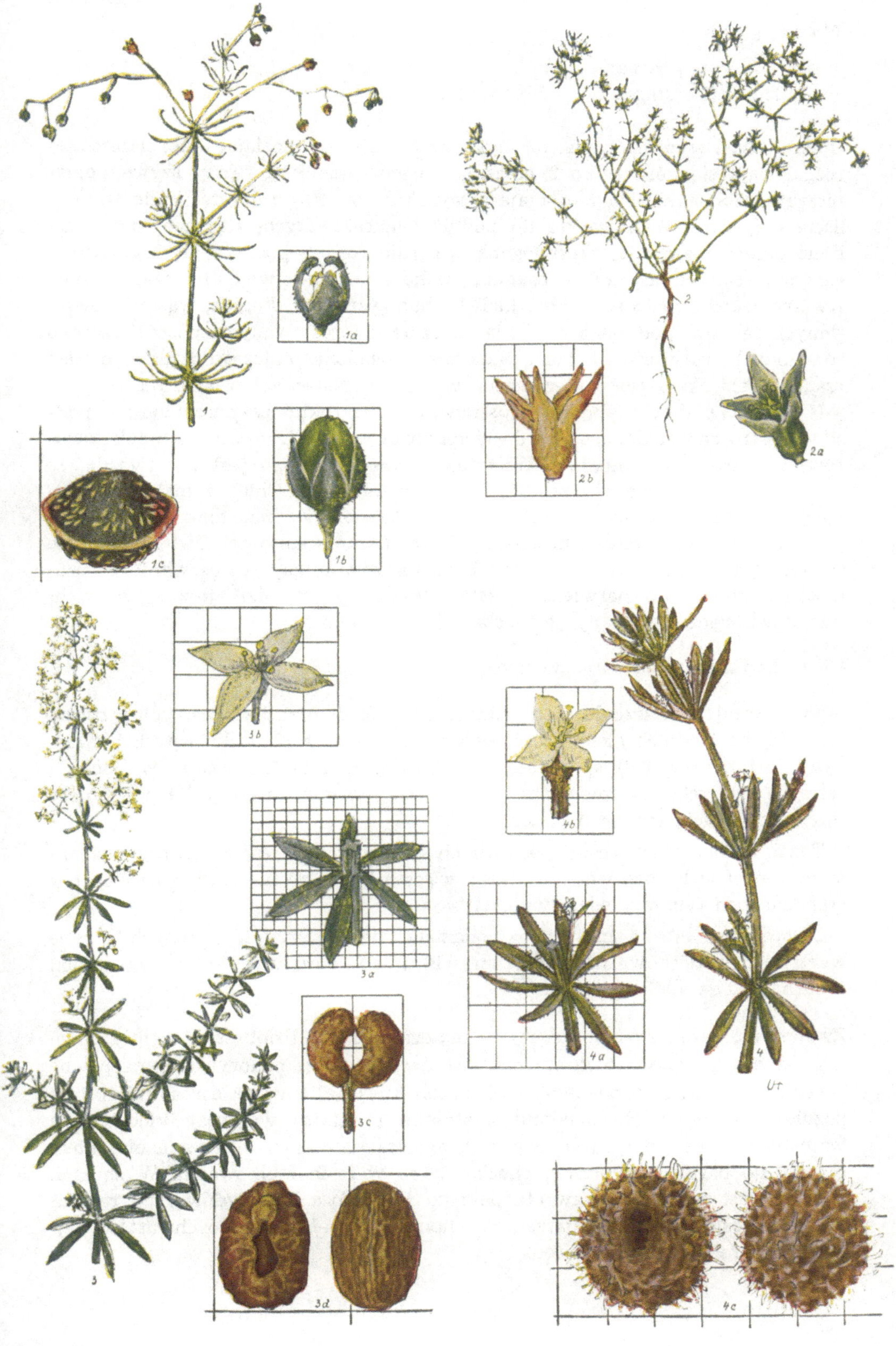
1
1a
1b
1c
2
2a
2b
3
3a
3b
3c
3d
4
4a
4b
4c

Nawrot polny

— *Lithospermum arvense* L.
Rodzina: Szorstkolistne — *Boraginaceae*

Opis. Łodyga wyprostowana, na ogół nieznacznie rozgałęziająca się; najczęściej rozgałęziają się górą tylko 2 gałązki, czasami jednak tuż przy szyjce korzeniowej; słabo kanciasta i osiągająca wysokość od 15 do 45 cm; liście wąskie; liście łodygowe równowąskie do podłużnielancetowatych, siedzące; natomiast liście dolne — jajowate, krótkoogonkowe; cała roślina pokryta przylegającymi, gęstymi, szczeciniastymi włoskami, wskutek czego wygląda szarozielono. Kwiaty drobne, mało widoczne; kielich zbudowany z 5 długich, wąskich, owłosionych ząbków, podczas kwitnienia znacznie wyprostowanych, później szeroko rozłożonych; rurkowata korona 5-krotnie podzielona, najczęściej biała, bardzo rzadko niebieska i tylko nieznacznie wystająca ponad ząbki kielicha.

Nasienie (bot. rozłupka) gruszkowate, z szerokim zakończeniem; u podstawy ostro zaokrąglone, szare do ciemnobrunatnego. Owocnia rozłupek (owoców) zawiera dużo wapnia i krzemionki, wskutek czego jest tak twarda, że w czasie mielenia może uszkodzić kamienie młyńskie. Chleb z mąki zawierającej domieszkę roztartych rozłupek nawrotu polnego ma smak piasku; stąd pochodzi niemiecka nazwa nawrotu polnego (Ackersteinsame); świeże korzenie zawierają czerwony albo brunatny barwnik, znajdujący zastosowanie w produkcji szminek, do barwienia masła, wosku itp.; do dziś jeszcze w wielu miejscowościach nazywany jest „chłopską szminką".

Okres kwitnienia: od maja do lipca.

Występowanie i znaczenie. Ten jednoroczny lub dwuletni chwast polny rośnie najlepiej na średnich glebach wapiennych; na glebach słabo kwaśnych i kwaśnych (pH poniżej 6,6) spotykany jest bardzo rzadko lub wcale. W zbożach ozimych i jarych, jak również w okopowych występuje najczęściej pojedynczo lub w gniazdach, rzadko masowo.

Także w zasiewach roślin pastewnych nawrot polny jest absolutnym chwastem, nawet w bardzo wczesnej fazie wzrostu bydło go nie zjada (owce i kozy stanowią pod tym względem wyjątki).

Owoce jego można maszynowo oddzielać od materiałów siewnych prawie wszystkich gatunków, trudności sprawia tylko odczyszczanie ich od nasion inkarnatki i seradeli.

Zwalczanie. Jeżeli stosuje się czysty materiał siewny i dobrze przegniły obornik, nawrot polny wkrótce przepada całkowicie; także podorywki mają pewne znaczenie, dzięki nim bowiem część nasion kiełkuje, a wyrosłe roślinki zostają później zniszczone. Na działanie azotniaku i kainitu we wszystkich fazach wzrostu nawrot polny jest odporny; mieszanka zaś kainitu z azotniakiem niszczy go bardzo skutecznie, chociaż tylko w fazie kiełkowania. W zbożach możliwe jest zwalczanie nawrotu polnego za pomocą herbicydów typu regulatorów wzrostu i środków parzących, chociaż nie należy on do chwastów najbardziej wrażliwych na te środki.

(TABLICA 24/2)

Krzywoszyj polny

— *Lycopsis arvensis* L. (*Anchusa arvensis* M. B.)
Rodzina: Szorstkolistne — *Boraginaceae*

Opis. Łodyga gałęzista, rzadziej pojedyncza, tak jak i liście, pokryta gęstymi, białymi, szczeciniastymi włoskami, osiągająca wysokość 15—30 cm; górne liście łodygowe opasujące łodygę w połowie jej wysokości, niższe — siedzące, a najniższe — krótkoogonkowe; wszystkie liście podłużne, obustronnie szorstko owłosione (stąd niemiecka nazwa — Ochsenzunge), wielkości zmiennej zależnie od warunków siedliskowych. Kielich głęboko podzielony na 5 wąskich ząbków, pokrytych gęstymi szczeciniastymi włoskami; rurka korony biała, mniej więcej takiej długości jak ząbki kielicha, z charakterystycznym dla gatunku zgięciem (stąd nazwa polska krzywoszyj); 5 błękitnoniebieskich płatków korony.

Nasienie (bot. rozłupka) podobne do małego pofałdowanego pantofelka z nabrzmiałym gęsto żeberkowanym brzegiem, luźno opasującym wystający spod niego czepek; powierzchnia szara do szaroczarnej, pomarszczona, matowa.

Okres kwitnienia: od kwietnia do maja i od lipca do października.

Występowanie i znaczenie. Ten dwuletni lub jednoroczny chwast polny rośnie lepiej na lekkich, kwaśnych glebach, wykazuje jednakże dużą tolerancję w stosunku do odczynu gleby (pH); jego wymagania glebowe nie ujawniają się więc wyraźnie; występuje najczęściej gniazdowo, zarówno w zbożach ozimych i jarych, jak i w roślinach okopowych. Przyczyną tego jest roznoszenie jego nasion przez mrówki, dojrzałe bowiem nasiona bardzo łatwo opadają z roślin; przy sprzęcie zbóż kombajnem większość jego owoców zostaje zebrana wraz z ziarnem.

Maszynowe oddzielanie owoców tego chwastu z różnych materiałów siewnych w zasadzie nie powoduje żadnych trudności; do odczyszczania ich z nasion inkarnatki potrzebne są maszyny elektromagnetyczne, a z nasion seradeli nie zawsze całkowicie się udaje.

Zwalczanie. Szczególne znaczenie ma podorywanie ściernisk, ponieważ rośliny skiełkowane wczesną wiosną podorywka niszczy przed owocowaniem, a nasiona opadłe z roślin skiełkowanych w poprzednim roku zostaną pobudzone do kiełkowania i zniszczone w czasie upraw jesiennych. Materiał siewny zbóż zebrany kombajnem powinien być szczególnie starannie czyszczony na tryjerach.

Bezpośrednie zwalczanie w zbożu udaje się lepiej za pomocą herbicydów kontaktowych (DNOC i DNBP) niż za pomocą herbicydów typu regulatorów wzrostu; działanie azotniaku jest również niezbyt skuteczne.

(TABLICA 24/3)

Żmijowiec zwyczajny

— *Echium vulgare* L.
Rodzina: Szorstkolistne — *Boraginaceae*

Opis. Dwu- lub wieloletnia roślina; tworzy w pierwszym roku tylko rozetkę liści wąskich, szczeciniasto owłosionych; w drugim roku osiąga wysokość 50—140 cm; łodyga nierozgałęziona, bardzo silna, dźwigająca liście i liczne kwiatostany (skrętki) wyrastające z kątów liści, pokryta odstającymi, czarniawymi włoskami szczeciniastymi; liście łodygowe siedzące, wąskie, zaostrzone, szorstko owłosione i ku górze łodygi coraz mniejsze i węższe; kwiaty poszczególnych skrętów zakwitają kolejno od dołu ku wierzchołkowi; pączki kwiatowe różowoczerwone; korony rozkwitniętych kwiatów najczęściej niebieskie, rzadko czerwone lub białe; brzeg rurki korony lejkowato rozszerzony, o 5 zróżnicowanych skrętoległych płatkach.

Nasienie (bot. rozłupka) podobne do głowy ptaka; podstawa nasienia okrągława lub zbliżona do trójkanciastej oraz ostro ścięta; powierzchnia garbata, brodawkowato lub sieciowato pomarszczona; na stronie grzbietowej i brzusznej z podłużnymi, przecinkowatymi wyniesieniami; barwy szarobrunatnej do ciemnobrunatnej.

Okres kwitnienia: od czerwca do sierpnia.

Występowanie i znaczenie. Ta ozdobna roślina rzadko występuje jako chwast polny; znajduje się ją najczęściej w suchych stanowiskach na miedzach, nasypach kolejowych, ugorach i nieużytkach, skąd jego owoce dostają się czasem na pola uprawne i do materiałów siewnych. Według **Korsmo** żmijowiec zwyczajny w krajach skandynawskich jest uciążliwym chwastem w różnych warunkach siedliskowych, czego nie można o nim powiedzieć w odniesieniu do Środkowej Europy.

Maszynowe oddzielanie jego owoców z materiałów siewnych roślin koniczynowatych o większych nasionach sprawia znaczne trudności lub udaje się tylko niecałkowicie; nawet czyszczenie na maszynach elektromagnetycznych daje nieszczególne wyniki. Dlatego trzeba pamiętać, aby trudne do przeoczenia rośliny żmijowca zwyczajnego usuwać przed inspekcją polową z plantacji nasiennych następujących gatunków: inkarnatki, koniczyny łąkowej, lucerny nerkowatej (chmielowej), nostrzyka i przelotu, a także lucerny siewnej i seradeli.

Zwalczanie. Dzięki stosowaniu dobrze oczyszczonych materiałów siewnych i starannej uprawie roli, żmijowiec zwyczajny daje się całkowicie wyeliminować jako chwast polowy; za pomocą zaś herbicydów typu regulatorów wzrostu nie można go skutecznie zwalczyć.

(TABLICA 24/4)

Rolnica pospolita

— *Sherardia arvensis* L.
Rodzina: Marzanowate — *Rubiaceae*

Opis. Jednoroczna, delikatna, niska roślina, od podstawy rozgałęziająca się, najczęściej o łodygach rozesłanych i dość gęstym ulistnieniu; łodyga osiągająca długość od 10 do 25 cm; liście osadzone w okółkach na łodydze, najniższe po 4 w okółku, następne po 5, a górne (których jest najwięcej) po 6; wszystkie liście szorstko owłosione; kwiaty skupione po 3 lub 4 na szczytach łodyg i gałązek, otoczone najwyższym okółkiem 8-liściowym; kielich 6-ząbkowy, bardzo mały; korona jasnofioletowa, rzadko biała, lejkowata, o 4 płatkach, z długą rurką.

N a s i e n i e (bot. rozłupka) otoczone 3 jaskrawymi ząbkami kielicha; na stronie grzbietowej na przedłużeniu środkowego ząbka kielicha ± wysklepione; na stronie brzusznej z wąską, głęboką podłużną bruzdą; powierzchnia szara do ciemnobrunatnej, z przylegającymi białymi włoskami.

Okres kwitnienia: od maja do października.

Występowanie, znaczenie i zwalczanie. Jednoroczny, bardzo rzadko dwuletni chwast polny; utrzymuje się na wapiennych, ciężkich do średnio ciężkich glebach o odczynie obojętnym i występuje prawie we wszystkich roślinach uprawnych. Masowo występuje rzadko, lecz na nie podorywanych ścierniskach może rozmnażać się obficie. Chociaż rolnica pospolita nie jest zaliczana do niebezpiecznych chwastów polowych, to jednak w produkcji nasiennej wymaga uwagi. Z materiałów siewnych roślin koniczynowatych o większych nasionach owoce rolnicy dają się oddzielić tylko elektromagnetycznie, natomiast z nasion traw można je odczyszczać na tryjerze.

Za najważniejsze metody zwalczania rolnicy pospolitej należy uważać odpowiednio wczesne podorywanie ściernisk i staranne pielęgnowanie roślin okopowych.

TABLICA 24

1. **Nawrot polny** — pęd, *1a* — kwiat, *1b* — owoc w kielichu, *1c* — rozłupka
2. **Krzywoszyj polny** — pęd, *2a* — kwiaty, *2b* — rozłupka
3. **Żmijowiec zwyczajny** — pęd, *3a* — kwiat, *3b* — owoc w kielichu, *3c* — rozłupka
4. **Rolnica pospolita** — pęd, *4a* — kwiat, *4b* — owoc z kielichem, *4c* — rozłupka

Cechy rozpoznawcze

	Nawrot polny	Krzywoszyj polny	Żmijowiec zwyczajny	Rolnica pospolita
Łodyga	mało rozgałęziona, wyprostowana, owłosiona, wysokości 15—45 cm	gałęzista, pokryta gęstymi szczeciniastymi włoskami; wysokości 15—50 cm	niegałęzista, szczeciniasto owłosiona, wysokości 50—140 cm; roślina o jednej lub więcej łodygach	od podstawy gałęzista, rozesłana, długości 10—25 cm
Liście	dolne — odwrotnie jajowate i ogonkowe; łodygowe — siedzące, równowąskie do podłużnie lancetowatych, zaostrzone; wszystkie liście pokryte przylegającymi, szorstkimi włoskami	dolne — krótkoogonkowe; wyższe — bezogonkowe, w górnej połowie otaczające łodygę; wszystkie dwustronnie szorstko owłosione	odziomkowe — ogonkowe, wąskie, szczeciniasto owłosione; łodygowe — bezogonkowe, wąskie, z przylegającym szczeciniastym owłosieniem	w okółkach na łodydze, dolne — po 4, wyższe — po 5, górne — po 6; wszystkie szorstko owłosione
Kwiaty	białe, wyrastające pojedynczo z pachwin liści, skupione również na wierzchołku pędu	niebieskie [na krótkich szypułkach osadzonych w pachwinach] na wierzchołkach pędów	niebieskie, rzadziej czerwone albo białe, zebrane w liczne skrętki; pączki różowoczerwone	różowoczerwone do jasnofioletowych, rzadziej białe, skupione w pęczkach po 3—4 na wierzchołkach pędów, otoczone najwyższym okółkiem liści
Korona	krótka, nieznacznie przewyższająca kielich; kształtu szerokiego lejka, o brzegu 5-krotnie podzielonym	rurka biała i kolankowato zgięta; 5 zrosłych płatków; niebieska	rurka szeroka, znacznie dłuższa od kielicha; płatki korony bardzo różne	rurka cienka, długa; 4-płatkowa; jasnofioletowa
Kielich	głęboko podzielony na 5 działek; działki wąskie, długie i owłosione	głęboko podzielony na 5 działek; wąski, pokryty gęstymi szczeciniastymi włoskami	głęboko podzielony, 5-działkowy, wąski, szczeciniasto owłosiony	bardzo mały, 6-ząbkowy
Owoc	gruszkowaty, w szerszym końcu ucięty, u podstawy o ostrych brzegach, z dwiema małymi brodawkami; powierzchnia charakterystycznie brodawkowatoszorstka, szarożółta do szarobrunatnej	kształtu krótkiego pofałdowanego pantofelka, o nabrzmiałym i żeberkowanym brzegu, luźno otaczającym wystający czopek; szary do szaroczarnego, matowy	z kształtu podobny do głowy ptaka; podstawa okrągława lub wyraźnie trójkanciasta, ostro ścięta; powierzchnia garbata, brodawkowato pomarszczona; na dolnej i górnej stronie z podłużnymi pieńkowatymi zgrubieniami; szarobrunatny do ciemnobrunatnego	rozłupka z 3 ząbkami kielicha; z długim wygarbieniem po stronie grzbietowej na przedłużeniu środkowego ząbka kielicha; na stronie brzusznej — z głęboką wąską podłużną bruzdą; szary do ciemnobrunatnego, pokryty przylegającymi białymi włoskami
grubość	1,1—1,9	1,4—2,1	1,0—1,75	0,7—1,5
szerokość	1,3—2,25	1,9—2,5	1,2—2,2	0,9—2,25
długość	1,5—2,9	3,0—3,9	1,9—2,7	2,3—3,7

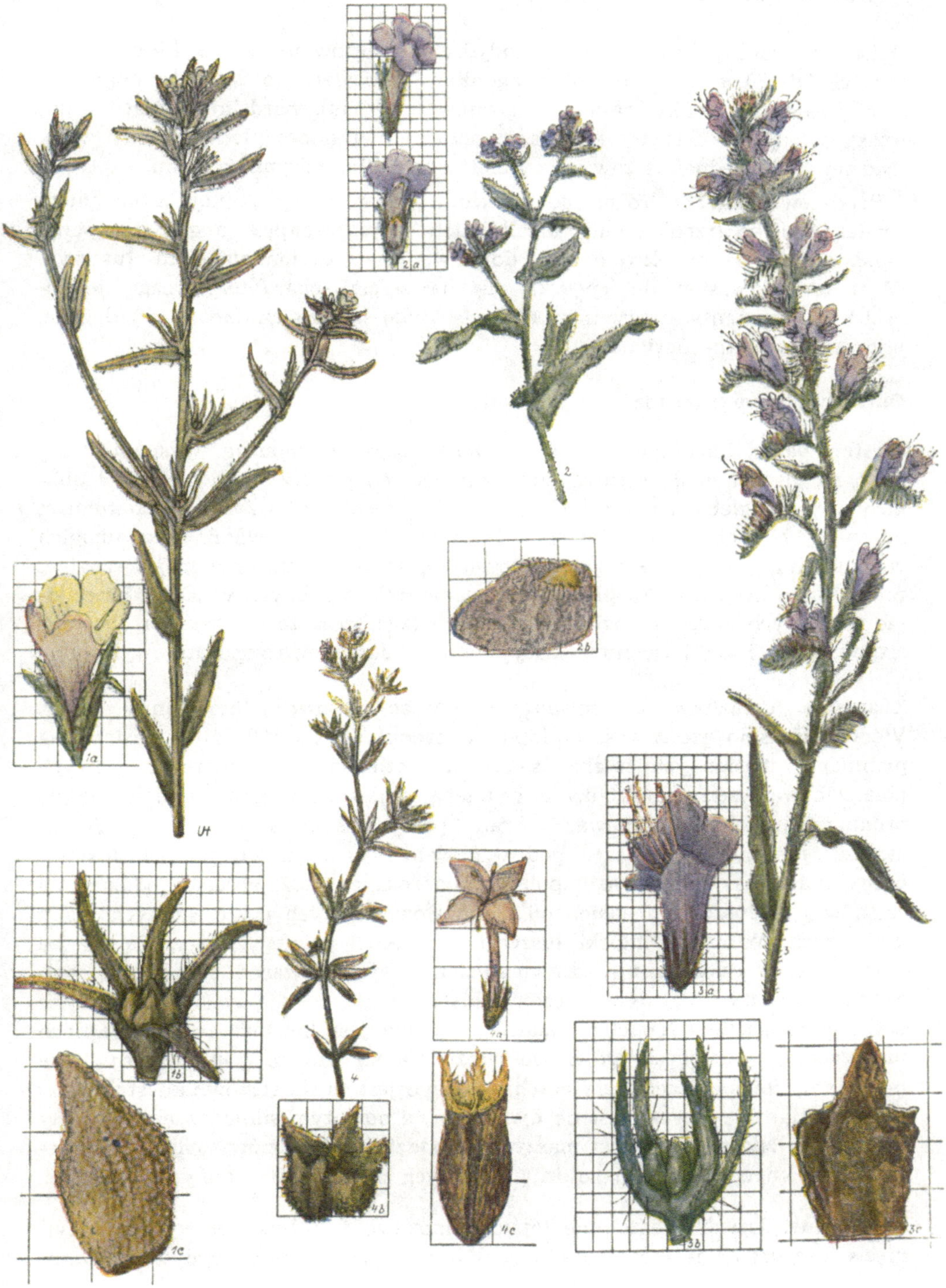

(TABLICA 25/1)

Rzodkiew świrzepa (łopucha)

— *Raphanus raphanistrum* L.
Rodzina: Krzyżowe — *Cruciferae*

Opis. Jednoroczny chwast polny o łodydze wyprostowanej i rozgałęzionej, wysokości 30—70 cm; liście dolne ogonkowe, lirowate (o łatkach stopniowo zmniejszających się ku nasadzie), górne — mniej lub bardziej siedzące, całobrzegie; łodyga, liście i kielich szczeciniasto owłosione; płatki korony żółte, rzadziej białe, jednakże zawsze z fioletowymi albo żółtymi żyłkami.

Rzodkiew świrzepa różni się wyraźnie od gorczycy polnej ustawieniem działek kielicha (rzodkiew ma działki kielicha przylegające, a gorczyca polna — odstające), a w okresie zaś dojrzewania — rozczłonkowaniem łuszczyn. W materiale nasiennym spotyka się najczęściej charakterystyczne jednonasienne fragmenty łuszczyn rzodkwi, a tylko bardzo rzadko — wydłużone, jajowate, brunatne nasiona.

Okres kwitnienia: od maja do września.

Występowanie. Rzodkiew świrzepa, zwana pospolicie łopuchą, występuje masowo na glebach mało sprawnych. Na kwaśnych piaszczystych glebach i ubogich w wapń glebach gliniastych pojawia się forma żółto kwitnąca, natomiast na suchych glebach lessowych i iłach zasobnych w wapń, lecz ubogich w składniki pokarmowe i znajdujących się w złej strukturze można znaleźć formy biało kwitnące. Na glebach przewiewnych, zasobnych w wapń, przeciętnie wilgotnych, mikrobiologicznie czynnych (zwłaszcza ze względu na obecność azotobaktera i bakterii nitryfikacyjnych) rzodkiew świrzepa nie występuje.

Znaczenie. Uciążliwy ten chwast występując masowo silnie obniża plony. Według **Korsmo** jedna roślina łopuchy produkuje do 160 sztuk nasion. Na plantacjach nasiennych trzeba ją oceniać rozmaicie. Gospodarstwa, których pola zachwaszczone są rzodkwią świrzepą, tylko warunkowo nadają się do produkcji nasiennej, ponieważ zebrane plony nasion roślin uprawnych zazwyczaj nie są zadowalające pod względem wysokości ani jakości. Różnice oceny znaczenia tego chwastu polegają na różnych możliwościach oddzielania członów jego łuszczyn i nasion od materiałów siewnych poszczególnych roślin uprawnych. W czasie młocki łuszczyny rzodkwi świrzepy rozpadają się na jednonasienne człony silnie zdrewniałe i nadzwyczaj twarde; nawet przy wycieraniu koniczyn pojedyncze człony łuszczyn nie zostają rozbite. Całkowite oddzielenie członów łopuchy i ziarna zbóż nie jest możliwe na zwyczajnych maszynach czyszczących, gdyż nie oddzielają się ani za pomocą strumienia powietrza, ani na sitach i tryjerach. Możliwe jest to na sortowniku stołowym, który jednak nie zawsze jest do dyspozycji, a poza tym silnie zwiększa koszty czyszczenia zboża. Natomiast maszynowe oddzielanie członów łopuchy z materiałów siewnych polowych roślin pastewnych nie natrafia żadnych trudności.

Zwalczanie. Trwałe zniszczenie łopuchy możliwe jest tylko w wypadku usunięcia przyczyny jej występowania. Kwaśne gleby muszą być wapnowane, a ciężkie zubożałe gleby — dobrze nawożone i przewietrzane. Ważne jest także stwierdzenie **Wehsarga,** że większość nasion rzodkwi świrzepy wraz z obornikiem wraca z powrotem na pola wskutek niedostatecznej higieny podwórza, ponieważ gołębie i kury nie zjadają członów łuszczyn łopuchy, a więc przy skarmianiu odpadów i pośladu nasiona jej pozostają nie zjedzone i wraz z obornikiem wracają na pola.

Rzodkiew świrzepa jest bardzo wrażliwa na działanie azotniaku i kainitu, a także na środki chwastobójcze o działaniu kontaktowym i typu regulatorów wzrostu, dzięki czemu możliwe i skuteczne jest chemiczne jej zwalczanie.

(TABLICA 25/2)

Gorczyca polna (ognicha)

— *Sinapis arvensis* L.
Rodzina: Krzyżowe — *Cruciferae*

Opis. Łodyga szczeciniasto owłosiona, gałęzista, wysokości 30—60 cm; liście dolne ogonkowe i często łatkowate (duża końcowa łatka z 2—4 małymi lirowatymi łateczkami), górne — siedzące i niełatkowate; działki kielicha zielone i odstające; płatki korony żółte; łuszczyny odstające, niekiedy pokryte wstecznie ustawionymi, szczeciniastymi włoskami i zakończone ostrym, rozdwojonym dziobem.

Najprostszą cechą pomagającą rolnikowi odróżnić gorczycę polną od rzodkwi świrzepy w okresie kwitnienia są odstające działki kielicha (u rzodkwi świrzepy — przylegające!).

N a s i o n a mniej więcej kuliste, o średnicy od 1,2 do 2 mm, z małym białawym znaczkiem; o brunatnej do ciemnej powierzchni.

Okres kwitnienia: od maja do września, przede wszystkim jednak od czerwca do lipca.

Występowanie. Ten jednoroczny chwast polny występuje szczególnie licznie w zbożach jarych, natomiast w zbożach ozimych, dobrze zacieniających glebę począwszy od wczesnej wiosny, nasiona ognichy nie mogą kiełkować. Dlatego nie spotykamy jej nigdy w jęczmieniu ozimym, rzadziej występuje w życie, stosunkowo zaś często — w pszenicy ozimej, która krzewi się dopiero na wiosnę.

Masowo może ognicha występować także na kopczyskach i pryzmach kompostowych, skąd nasiona jej przenoszone bywają na pola.

Fakt, że gorczycę polną można czasem spotkać razem z rzodkwią świrzepą na jednym polu, świadczy, że sprzyjające warunki rozwoju znajduje ona na dobrych glebach, których odczyn i sprawność, jak również troficzność są odpowiednie. Należy więc ona do chwastów mających duże wymagania.

Znaczenie. Uciążliwy chwast, utrzymujący się we współzawodnictwie z roślinami uprawnymi, nieraz dotkliwie obniżający plony.

Nasiona ognichy stosunkowo łatwo dają się usunąć maszynowo z materiałów siewnych większości roślin uprawnych, tylko oddzielenie od nasion rzepaku i rzepiku jarego oraz z nasion gorczycy jasnej i innych roślin kapustnych jest zupełnie niemożliwe. Znaczne trudności występują także przy oddzielaniu jej nasion od materiału siewnego inkarnatki; w takim wypadku stosunkowo najlepsze wyniki uzyskuje się na żmijce albo na sortowniku gumowotaśmowym (tzw. pluszówce).

Zwalczanie. Gorczyca polna ma bardzo wysoki współczynnik rozmnażania. Według **Wehsarga** jedna roślina może wytwarzać do 20 000 nasion, natomiast na polach uprawnych trzeba liczyć przeciętnie 4—5 tysięcy nasion na roślinę (według Korsmo tylko 1200 sztuk). Jeżeli gorczycy polnej nie utrudnia się owocowania, zapasy jej nasion w glebie w krótkim okresie czasu zwiększają się bardzo znacznie. Ważny jest także fakt, że jej nasiona mogą kiełkować od wiosny do lipca. Dlatego bardzo wiele jej nasion może kiełkować na ścierniskach jęczmiennych i żytnich, wyrosłe zaś z nich rośliny przed terminem orki jesiennej mogą kwitnąć i zaowocować. Wczesne podorywki, jeśli nie będą dalej uprawiane, mogą przyczynić się do zachwaszczenia pól gorczycą polną.

W zbożach jarych można ją skutecznie zwalczać stosując zarówno środki parzące, jak i typu regulatorów wzrostu. Gorczyca polna jest, tak samo jak rzodkiew świrzepa, bardzo wrażliwa na działanie azotniaku i kainitu pylistego, Raphanitu, Hedolitu i środków typu regulatorów wzrostu.

TABLICA 25

1. **Rzodkiew świrzepa** (łopucha) — pęd, *1a* — kwiat, *1b* — dwa człony łuszczyny, jeden człon z odkrytym nasieniem
2. **Gorczyca polna** (ognicha) — pęd, *2a* — kwiat, *2b* — nasienie (widziane z boku)

Cechy rozpoznawcze i porównawcze

	Rzodkiew świrzepa		Gorczyca polna
Łodyga	prosta, gałęzista, szczeciniasto owłosiona		prosta, gałęzista, szczeciniasto owłosiona
Wysokość	od 30 do 70 cm		od 30 do 60 cm
Liście dolne	ogonkowe, zawsze łatkowate (lirowate), o końcowej łatce znacznie większej od pozostałych, o 3—11 małych łatkach [nierówno ząbkowanych]; szczeciniasto owłosione		ogonkowe, czasem łatkowate, o końcowej łatce znacznie większej od pozostałych 2—3 małych łatkach; szczeciniasto owłosione
Liście górne	siedzące, o małych łatkach lub bez łatek szczeciniasto owłosione		siedzące, bez łatek; szczeciniasto owłosione
Kwiaty	żółte lub białe, żyłkowane		złocistożółte
Działki kielicha	przylegające		odstające
Łuszczyna dojrzała	przewęzista, z długą prostą szyjką, składająca się z pojedynczych jednonasiennych członów, z ukrytymi w nich nasionami; człony łuszczyny nie pękające w czasie młocki		guzowata i niekiedy trochę nabrzmiała, jednak nigdy rozczłonowana, łatwo pękająca
Materiał siewny	człon łuszczyny		nasienie kuliste
	człon łuszczyny	nasienie	nasienie
grubość	2,25—4,5	1,75—2,5	1,0—2,25
szerokość	2,5 —5,3	1,9 —2,7	1,3—2,25
długość	3,5 —6,7	2,3 —3,5	1,4—2,3

1
1a
1b
2
2a
2b

(TABLICA 26/1)

Lnicznik siewny (lnianka siewna)

— *Camelina sativa* (L.) Cr.
Rodzina: Krzyżowe — *Cruciferae*

Opis. Łodyga sztywna, wyprostowana, okrągława, mało rozgałęziona, naga bądź słabo owłosiona, wysokości od 45 do 110 cm; najniższe liście zwężające się tuż za ogonkiem liściowym, wszystkie inne — siedzące, ze strzałkowatą nasadą przy łodydze, lancetowate, długo zaostrzone, całobrzegie lub nieznacznie ząbkowane, nagie albo słabo owłosione. Kwiaty małe i bladożółte; gruszkowate, długoszypułkowe owoce (łuszczynki) zebrane w luźne grona i wcześnie twardniejące.

N a s i o n a podługowatoowalne, z korzonkiem zarodkowym wyraźnie zaznaczonym bruzdą i takiej samej długości jak liścienie; żółtoczerwone do jasnobrunatnych, gładkie do delikatnie chropowatych, szorstkich, matowe.

Jako chwasty w lnie odgrywają pewną rolę jeszcze dwa inne gatunki lnicznika: lnicznik właściwy (*Camelina alyssum* [Mill.] Thell., *C. foetida* Fries) i lnicznik drobnoowocowy (*Camelina microcarpa* Andrz.). Wszystkie trzy gatunki różnią się między sobą.

	Camelina sativa	*Camelina alyssum*	*Camelina microcarpa*
Łodyga	naga lub słabo owłosiona, wysokości od 45 do 110 cm	naga, wysokości do 60 cm	długo owłosiona, szarozielona, wysokości do 60 cm
Liście	podłużnie lancetowate, o strzałkowatej nasadzie, całobrzegie lub zanikająco ząbkowane	zatokowo ząbkowane do pierzastodzielnych, nagie	długo owłosione
Łuszczynki	duże, długości 6—10 mm	duże, długości 6—12 mm	małe, trwarde
Nasiona	jednakowego kształtu i takiej samej barwy bądź bardzo podobne		
grubość	0,5—1,2	0,7—1,1	0,3—0,5
szerokość	1,1—1,5	0,9—1,4	0,5—0,7
długość	1,8—2,2	1,5—2,1	1,0—1,2

Wszystkie trzy gatunki kwitną od maja do lipca i są jednoroczne. Lnicznik drobnoowocowy występuje na obrzeżach pól w istocie jako roślina dwuletnia.

Występowanie, znaczenie i zwalczanie. Lnicznik siewny jest uprawiany jako dosyć pewnie plonująca jara roślina oleista, a także, podobnie jak lniczniki — właściwy i drobnoowocowy występuje jako uciążliwy chwast w zasiewach lnu; nie tylko pogarsza on jakość włókna, ale także dosyć znacznie obniża plony lnu. **Grümmer** wykazał, że lnicznik siewny wydziela substancje, które spłukiwane przez deszcz działają silnie hamująco na wzrost lnu. Wobec tego staje się zrozumiałe, dlaczego wystarcza 5-procentowe zanieczyszczenie zasiewów lnu lnicznikiem, aby obniżyć plon lnu o 25% i więcej.

Oddzielanie nasion lnicznika siewnego od nasion lnu na ogół tylko dlatego udaje się niecałkowicie, że maszyny wstępnego i głównego czyszczenia zwykle za bardzo bywają napełniane. Jeśli materiał siewny jest zbyt obficie podawany na sito dolne, nasiona lnicznika układają się na wierzchu i nie mogą wypadać przez okrągłe oczka sita, które przeważnie są dostatecznie duże, aby nasiona lnicznika można było całkowicie usunąć z nasion lnu. Dotyczy to przede wszystkim nasion lnicznika drobnoowocowego. Podawanie zbyt dużych ilości czyszczonego materiału siewnego na maszyny elektromagnetyczne również przeszkadza skutecznemu oddzielaniu nasion lnicznika.

Stosowanie czystego materiału siewnego lnu ma o wiele większe znaczenie niż późniejsze zwalczanie lnicznika w zasiewach lnu.

Pieprzyca polna

— *Lepidium campestre* (L.) R. Br.
Rodzina: Krzyżowe — *Cruciferae*

Opis. Łodyga sztywno wyprostowana, owłosiona, dołem niegałęzista, wyżej nieznacznie rozwidlająca się i osiągająca wysokość 15—45 cm; liście dolne długoogonkowe, całobrzegie, z delikatnymi zatokowymi ząbkami, albo nawet lirowate; liście łodygowe siedzące, o strzałkowatej nasadzie, całobrzegie do głęboko ząbkowanych; wszystkie liście delikatnie owłosione; kwiaty małe, niepozorne, białe, zebrane w szczytowe grona; łuszczynki jajowate, szeroko oskrzydlone, brodawkowate, kropkowane, dwunasienne.

Nasienie jajowate, z jasną, krótką czapkowatą osadką (wieszadełkiem) nasienną na węższym końcu; korzonek zarodkowy mniej lub bardziej oddzielony wyraźną bruzdą, wypełnioną ciągliwą masą, wyraźnie odstający, takiej samej długości jak liścienie, nieco wygięty; powierzchnia czarnobrunatna, szeroko pomarszczona, matowa.

Okres kwitnienia: od maja do czerwca.

Występowanie, znaczenie i zwalczanie. Ten dwuletni chwast pojawia się na brzegach pól, jak również i na gruntach ornych, wybierając gleby ciężkie, zasobne w wapń; spotyka się go przede wszystkim w zasiewach koniczyny i lucerny, dokąd się dostaje wraz z materiałem siewnym tych roślin. Obecnie pieprzyca polna stała się stosunkowo rzadkim chwastem. Przyczyną tego jest szybkie tracenie siły kiełkowania przez nasiona pieprzycy w glebach czynnych; skuteczne jej zwalczanie polega więc przede wszystkim na starannej uprawie roli; stosowanie elektromagnetycznego czyszczenia nasion przyczynia się do całkowitego usunięcia domieszek nasion pieprzycy polnej z materiałów siewnych roślin uprawnych.

(TABLICA 26/3)

Tobołki polne

— *Thlaspi arvense* L.
Rodzina: Krzyżowe — *Cruciferae*

Opis. Łodyga wyprostowana, kanciasta, zwykle tylko górą nieznacznie rozgałęziona lub bez gałązek; osiąga wysokość od 15 do 35 cm, w zbożach jarych nawet do 50 cm; nie tworzy rozetki liściowej; tylko najniższe liście (z reguły usychają i opadają przed kwitnieniem) zwężające się przy ogonku; pozostałe liście siedzące, podługowate, najczęściej zatokowo ząbkowane, o strzałkowatej nasadzie; cała roślina naga, ma zapach czosnku; kwiaty małe i białe; łuszczynki prawie okrągłe i do samej podstawy szeroko oskrzydlone; grono owocowe silnie wydłużone; szypułki owocowe sztywne, odstające i dłuższe od łuszczynek.

N a s i e n i e owalne, bocznie spłaszczone, z łukowatym pomarszczeniem; powierzchnia ciemnobrunatna do czarnej, chropowata, błyszcząca.

Okres kwitnienia: od maja do jesieni.

Występowanie i znaczenie. Ten jednoroczny lub dwuletni chwast może przy niestarannej uprawie roli występować w dużych ilościach prawie we wszystkich roślinach uprawnych. Szczególnie silnie występuje w rzadkich zasiewach zbóż i roślin pastewnych; nie brak go również w okopowych i w roślinach specjalnych; masowo rośnie także często na kopczyskach, wysypiskach i pryzmach kompostowych. Jego wymagania glebowe nie są ściśle ograniczone, chociaż wydaje się, że najbardziej odpowiadają mu gleby zasobne w składniki pokarmowe.

Gdy zwierzęta mają wolny wybór, nie zjadają tobołków; natomiast jeśli pasza podawana do obory zawiera pewną ilość roślin tego chwastu, to mleko nabiera specyficznego smaku i zapachu czosnku.

W produkcji nasiennej chwast ten nie ma zasadniczego znaczenia, ponieważ przy obecnym stanie techniki czyszczenia można jego nasiona bez reszty oddzielać od materiału siewnego wszystkich gatunków roślin uprawnych (z nasion roślin koniczynowatych — elektromagnetycznie).

Zwalczanie. Tobołki polne są wrażliwe na działanie herbicydów kontaktowych (DNOC) i środków typu regulatorów wzrostu; można go również skutecznie zwalczać mieszaniną azotniaku i kainitu (1 : 6; około 6 q/ha).

TABLICA 26

1. **Lnicznik siewny** (lnianka siewna), *1a* — kwiat, *1b* — łuszczynka (widziana z boku i w przekroju poprzecznym), *1c* — nasienie
2. **Pieprzyca polna,** *2a* — liście dolne, *2b* — kwiat, *2c* — łuszczynka, *2d* — nasienie
3. **Tobołki polne,** *3a* — liście odziomkowe, *3b* — kwiat, *3c* — łuszczynka, *3d* — łuszczynka otwarta, *3e* — nasienie

Cechy rozpoznawcze i porównawcze

	Lnicznik siewny	Pieprzyca polna	Tobołki polne
Łodyga	okrągława, wyprostowana, mało rozgałęziona, naga lub lekko owłosiona, wysokości 45—110 cm	sztywna, wyprostowana, owłosiona, górą nieznacznie rozgałęziająca się, wysokości 15—45 cm	kanciasta, naga, wyprostowana, nieznacznie rozwidlona, wysokości 15—35 cm, w zbożach jarych — do 50 cm
Liście	lancetowate, długie, zaostrzone, całobrzegie lub nieznacznie ząbkowane, siedzące, o strzałkowatej nasadzie	podługowate, całobrzegie lub głęboko ząbkowane, delikatnie owłosione, u nasady strzałkowate	podługowate, całobrzegie, do zatokowo ząbkowanych, nagie, siedzące, o strzałkowatej nasadzie
Kwiaty	małe, bladożółte	małe, białe	małe, białe
Łuszczynki	gruszkowate, wielonasienne	jajowate, szeroko oskrzydlone, brodawkowate, kropkowane, dwunasienne	prawie okrągłe, do samej podstawy szeroko oskrzydlone, wielonasienne
Nasienie	podługowatoowalne; korzonek zarodkowy wyraźnie odstający i takiej długości jak liścienie; żółtoczerwone, gładkie do delikatnie chropowatego, szorstkie, matowe	jajowate, z jasną czopkowatą osadką nasienną; korzonek zarodkowy wyraźnie odstający i takiej długości jak liścienie; czarnobrunatne, chropowate, pomarszczone, matowe	owalne, bocznie spłaszczone, z łukowatymi zmarszczkami na bokach [koncentrycznie zbiegającymi się na wierzchołku nasienia]; ciemnobrunatne do czarnego, chropowate, błyszczące
grubość	0,5—1,2	0,9—1,6	0,5—1,0
szerokość	0,8—1,5	1,1—1,75	1,1—1,7
długość	1,5—2,1	2,3—2,6	1,5—2,1

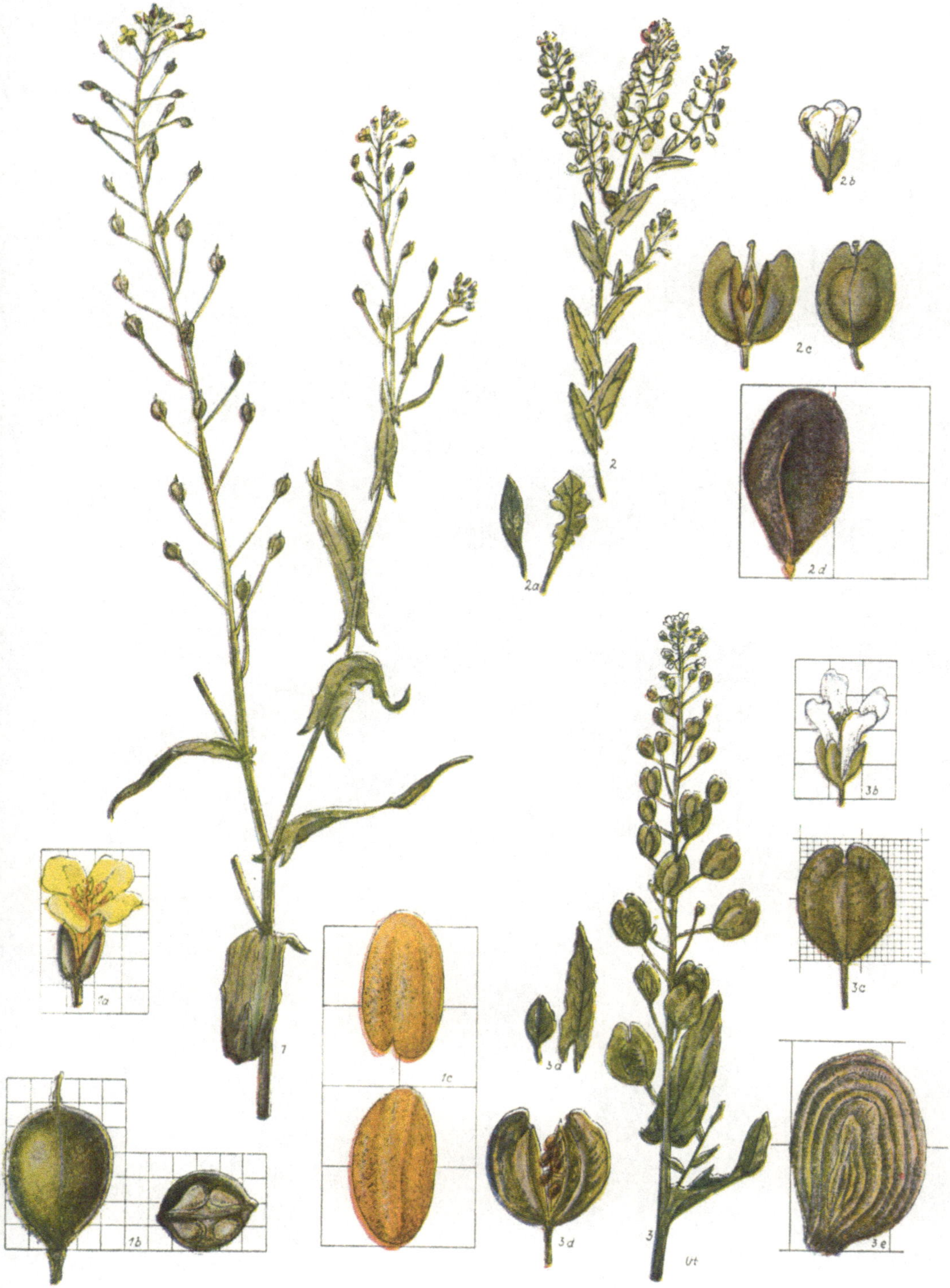
2b
2c
2
2d
2a
3b
1a
3c
1
1c
3a
1b
3d
3
3e

(TABLICA 27/1)

Jaskier ostry

— *Ranunculus acer* L.
Rodzina: Jaskrowate — *Ranunculaceae*

Opis. Wieloletni chwast, wypuszczający proste, żeberkowane pędy, z liśćmi i kwiatami, osiągający wysokość do 100 cm; kształt liści zmienny, zależnie od stanowiska; jednak zawsze są dłoniastodzielne, o 3—5 odcinkach głęboko wrębnych (prawie do samej nasady liścia); odcinki (łatki) liścia w zasadzie trójdzielne i każda łatka grubo ząbkowana, wskutek czego liść jest bardzo pocięty; łatki liści roślin rosnących na stanowiskach suchych są węższe niż u roślin na stanowiskach wilgotnych; długoogonkowe liście dolne szersze i tym samym mniej porozcinane od krótkoogonkowych lub siedzących liści łodygowych; szypułki kwiatowe niepomarszczone; 5 żółtawych działek kielicha przylegających do błyszczących żółtych i obwisłych płatków korony; cała roślina przylegająco owłosiona.

Nasiona (bot. niełupki) są płaskie, w zarysie wybrzuszone, z dzióbkiem nieco zgiętym lub prostym; ciemne niełupki mają jasne brzegi; powierzchnia gładka, matowa, szarobrunatna do ciemnobrunatnej.

Okres kwitnienia: od maja do jesieni.

Występowanie. Jaskier ostry jest pospolitym chwastem łąk i pastwisk; jako chwast polny występuje tylko na gruntach stale nadmiernie uwilgotnionych, stanowiąc wskaźnik sygnalizujący konieczność zdrenowania danego pola.

Znaczenie. Na trwałych użytkach zielonych traktowany może być tylko jako zdecydowany chwast; w stanie zielonym działa trująco; na pastwiskach bydło omija go z powodu ostrego smaku; wysuszony traci wprawdzie właściwości trujące, jednakże w czasie suszenia tak bardzo się kruszy, że jako pasza staje się zupełnie bezwartościowy. Przy zwalczaniu na polach rzadko sprawia trudności, gdyż występując jedynie na kwaśnych stale nadmiernie uwilgotnionych glebach jest stosunkowo łatwy do zniszczenia.

Jego rozłupka nie można bez reszty oddzielić od materiałów siewnych roślin koniczynowatych o większych nasionach. Jednakże w materiałach siewnych tych gatunków nasiona jego trafiają się rzadko, ponieważ na polach, na których rozmnażany bywa materiał siewny roślin koniczynowatych, jaskier ostry nie rośnie.

Zwalczanie. Jaskier ostry jest bardzo wrażliwy na działanie herbicydów typu regulatorów wzrostu; z pól po przeprowadzeniu niezbędnego drenowania szybko ustępuje, ponieważ przewiewne niekwaśne gleby absolutnie mu nie odpowiadają. Także azotniak niszczy go skutecznie w fazie kiełkowania, a więc zastosowany w kilka tygodni po wysiewie zbóż ozimych.

Jaskier polny

— *Ranunculus arvensis* L.
Rodzina: Jaskrowate — *Ranunculaceae*

Opis. Jednoroczny lub dwuletni chwast polny, osiągający wysokość 30—60 cm; walcowata, prosta łodyga bogato ulistniona i najczęściej wielogałęzista; cała roślina sprawia wrażenie jasnozielonej i jest naga; pierwsze dolne liście całobrzegie i długoogonkowe, 3-dzielne, z dziwacznym zakończeniem; siedzące liście łodygowe są również 3-dzielne, o odcinkach liści ogonkowych, też 3-dzielnych i ząbkowanych; równowąskie odcinki nadają liściom charakterystyczny kształt; ku górze liście łodygowe coraz mniej podzielone, a na najwyższych szypułkach kwiatowych występują jako liście wspierające, równowąskie i całobrzegie; kwiaty bladożółte i bardzo małe; 5 bardzo wąskich, żółtawozielonych działek kielicha.

Owocostany (o 5—8 rozłupkach) znacznie większe od kwiatów; n a s i o n a (bot. niełupki) duże, spłaszczone, w zarysie silnie wybrzuszone, z długimi kolcami po obu stronach, obłamującymi się w czasie wycierania nasion.

Okres kwitnienia: od maja do lipca.

Występowanie. Jako chwast zbóż (przeważnie zbóż ozimych) występuje tylko na ciężkich gliniastych i ilastych glebach, lekko kwaśnych, lecz nie na wyraźnie ubogich w wapń. Według **Wehsarga** może stanowić dobry wskaźnik świadczący, że przyczyną małej sprawności gleby jest nie brak wapnia, lecz brak powietrza, spowodowany nadmierną wilgotnością. Pola zachwaszczone jaskrem polnym najczęściej wymagają drenowania. Masowo występuje on tylko w latach mokrych, ponieważ jego kolczaste owoce (nasiona) mogą kiełkować tylko wtedy, gdy przez dłuższy czas leżą w bardzo wilgotnej lub mokrej glebie.

Znaczenie. Jaskier polny występujący masowo jest chwastem uciążliwym. W produkcji nasiennej nie ma wielkiego znaczenia, ponieważ jego owoce dają się bez reszty oddzielać od materiałów siewnych niemal wszystkich gatunków; nie daje się oddzielać jedynie od nasion esparcety. Ponieważ jednak stanowiska, w których rośnie jaskier, nie są odpowiednie dla esparcety, dlatego w stanowiskach takich nie należy jej uprawiać na nasiona.

Zwalczanie. W zbożach można jaskier polny skutecznie zwalczać środkami typu regulatorów wzrostu; trwałe wyniki jednak uzyskuje się tylko wtedy, gdy — dzięki drenowaniu — usunięta zostanie przyczyna jego występowania. Na działanie kainitu i mieszanki azotniaku z kainitem jest bardzo wrażliwy, lecz tylko do fazy liścieni. Sam azotniak działa mniej skutecznie.

Jaskier polny rozmnaża się tylko przez swoje kolczaste nasiona. Z materiałem siewnym są one rzadko wysiewane na polach; o wiele większe jest niebezpieczeństwo rozwleczenia jego nasion z plewami i obornikiem, zwłaszcza że konie ich nie jedzą i przeważnie wyrzucają ze żłobków do ściółki.

(TABLICA 27/3)

Jaskier rozłogowy

— *Ranunculus repens* L.
Rodzina: Jaskrowate — *Ranunculaceae*

Opis. Wieloletni chwast, o rozległych, płożących się nadziemnych rozłogach, zakorzeniający się w węzłach; kwiaty i liście na łodygach podnoszących się lub wyprostowanych, osiągających wysokość do 50 cm; owłosienie bardzo zróżnicowane: albo prawie go brak, albo jest przylegające, lub też odstające; łodyga w przekroju poprzecznym dołem zawsze okrągła, a górą bruzdkowana; ogonki liściowe głębokorynienkowate i rozszerzające się u podstawy; liście, jak u wszystkich roślin jaskrowatych, zależnie od ustawienia bardzo różne; całkowicie rozwinięte liście trójsieczne, o odcinkach krótkoogonkowych, głęboko trójwrębnych i ząbkowanych; górne liście zawsze mniejsze i prostsze. Błyszczące, złocistożółte kwiaty różnią się wielkością; 5 działek kielicha o połowę krótszych od płatków korony.

Nasiona (bot. niełupki) płaskie, w zarysie ukośnie jajowate, z dzióbkiem słabo zgiętym, o brzegu wąskooskrzydlonym lub bez oskrzydlenia; powierzchnia żółtobrunatna, słabo punktowana, matowa.

Okres kwitnienia: od maja do września.

Występowanie. Jaskier rozłogowy jest pospolitym chwastem mokrych łąk i pastwisk; szczególnie rozprzestrzenia się na łąkach zalewanych. Jako chwast polny spotykany jest tylko na zbyt mokrych, kwaśnych glebach, przeważnie potrzebujących wapnowania. W takich warunkach swoimi rozłogami może zwarcie pokrywać całą powierzchnię pola, która z daleka wydaje się zupełnie żółta.

Znaczenie. Jego znaczenie na łąkach i pastwiskach bywa różne. W niektórych okolicach (Spreewald) jako składnik zielonek nie jest niekorzystnie oceniany, w innych zaś stwierdzono, że zwierzęta omijają go na pastwiskach. Wysuszony lub zakiszony stanowi paszę bez większej wartości. Występując masowo na okresowo podmokłych, niesprawnych glebach może się stać chwastem niebezpiecznym. Jego rozpowszechnieniu się przez zanieczyszczony materiał siewny bezwarunkowo trzeba przeciwdziałać. Ponieważ jest on zarówno chwastem polnym, jak i chwastem trwałych użytków zielonych, jego obecność w materiale siewnym roślin pastewnych trzeba szczególnie surowo oceniać.

Przy obecnym stanie techniki czyszczenia nie da się jego nasion (niełupek) w zupełności oddzielić od materiału siewnego koniczyny łąkowej, lucerny siewnej i przelotu.

Zwalczanie. Oprócz bezpośrednich sposobów zwalczania stosowanych w uprawie polowej, takich jak stosowanie czystego materiału siewnego, przeprowadzanie podorywek we właściwym czasie i kilkakrotne kultywatorowanie podoranych ściernisk, do zniszczenia jaskra rozłogowego prowadzą także wszystkie zabiegi polepszające sprawność gleby (wapnowanie, przewietrzanie podglebia, drenowanie). Również bardzo skutecznie może być zwalczany, tak na użytkach zielonych, jak i w zbożach, za pomocą herbicydów typu regulatorów wzrostu.

TABLICA 27

1. **Jaskier ostry** — pęd, *1a* — kwiat (1 kwadrat 5 mm × 5 mm = 25 mm²), *1b* — niełupka (nasienie)
2. **Jaskier polny** — pęd, *2a* — kwiat, *2b* — niełupka (nasienie) powiększona: skośny widok płaskiej strony, na dole — widok od strony brzusznej
3. **Jaskier rozłogowy** — pęd z rozłogiem nadziemnym, *3a* — kwiat (1 kwadrat 5 mm × 5 mm = 25 mm²), *3b* — niełupka (nasienie)

Cechy rozpoznawcze i porównawcze

	Jaskier ostry	Jaskier polny	Jaskier rozłogowy
Łodyga	prosta, żeberkowana, wysokości do 1 m, przylegająco owłosiona	prosta, walcowata, gałęzista, naga, wysokości 30—60 cm	wznosząca się — do wyprostowanej, dołem okrągła, u góry bruzdkowana; owłosienie zmienne; wysokości do 50 cm; z pędami pełzającymi (= rozłogami nadziemnymi)
Liście	o 3—5 odcinkach głębokowrębnych, dłoniasto trójdzielnych, na wierzchołku ząbkowanych	trójdzielne; listki ogonkowe, o wielu odcinkach wrębnych lub zazębionych	podwójnie trójdzielne; listki ogonkowe, trójdzielne i ząbkowane, bruzdkowane)
Szypułki kwiatowe	niepomarszczone, przylegająco owłosione	okrągłe, gładkie lub nieznacznie bruzdkowane	(= pędy pełzające)
Kwiaty	błyszczące, złocistożółte	małe, bladożółte	błyszczące, złocistożółte
Działki kielicha	5, żółtawe, owłosione	5, w środku zielone, na brzegach żółtawe lub całkiem żółte, mniej lub bardziej owłosione	5, zielonkawe, małe
Owoc (nasienie)	niełupka [szerokoowalna, płaska] wybrzuszona, zakończona prostym lub zagiętym, ostrym dzióbkiem; owoce ciemne o jaśniejszych krawędziach, szarobrunatne do ciemnobrunatnych, gładkie, matowe	niełupka [szerokoowalna] płaska, po obu stronach z długimi grubymi kolcami	niełupka płaska, wybrzuszona; dzióbek słabo zgięty; brzegi oskrzydlone lub nieoskrzydlone; żółtobrunatny, delikatnie punktowany, matowy
grubość	0,6—1,3	1,3 —2,5 (2,4 —5,1) **	0,7 —1,2
szerokość	1,6—3,0	2,75—4,2 (2,75—5,1) **	1,75—3,0
długość	2,5—3,8 (4,1) *	6,3 —7,4 (6,3 —7,4) **	2,3 —3,5 (4,5) *

* długość z dzióbkiem
** kolce na stronie płaskiej nie wchodzą w rachubę

TABLICA 27

(TABLICA 28/1)

Rumianek pospolity

— *Matricaria chamomilla* L.
Rodzina: Złożone — *Compositae*

Opis. Łodyga prosta, lekko bruzdkowana, naga, bardzo rozgałęziająca się w górnej części, tak że szczytowe kwiatostany tworzą jedną wypukłą płaszczyznę; liście podwójnie pierzastodzielne, o łatkach (odcinkach) równowąskich, cienkie i siedzące na łodygach i gałązkach. Charakterystyczne cechy gatunku: puste, stożkowate dno kwiatowe, brzeżne białe kwiaty języczkowate, po przekwitnieniu opuszczone w dół oraz przyjemny aromatyczny zapach całej rośliny. Żółte kwiaty rurkowate bez plewinek, występujących u rumianu.

Owoce małe, słupkowate, nieco wygięte, o 3 lub 5 podługowatych żeberkach; szerszy koniec siedzący, najczęściej skośnie płaski, z małym rąbkiem na szczycie (pozostałość szyjki słupka) i podwyższonym brzegiem; barwa jasnożółta do ciemnoszarej.

Okres kwitnienia: od maja do sierpnia.

Występowanie. Ta jednoroczna lub dwuletnia roślina w pewnych rejonach występuje często w zbożach ozimych, w innych zaś — w zbożach jarych i wśród okopowych; najlepiej odpowiadają jej gleby średnie (piaszczystogliniaste lub gliniastopiaszczyste), chociaż spotykany jest także na glebach skrajnie ciężkich i lekkich. W stosunku do pH i nawożenia gleby rumianek pospolity jest obojętny; gleby zbyt wilgotne, o złej strukturze i mało przewiewne sprzyjają jego rozprzestrzenianiu się; masowo występuje w nieudanych zasiewach i na uwrociach.

Znaczenie. Rumianek pospolity jest rośliną leczniczą i niekiedy bywa w tym celu uprawiany; zbierane są jego kwiatostany (koszyczki kwiatowe); w zasiewach innych roślin uprawnych zawsze jednak musi być traktowany jako chwast; na trwałych użytkach zielonych nigdy nie występuje, a w roślinach pastewnych — rzadko, wskutek czego stwierdzenie, że jego wartość pastewna jest mała, ma niewielkie znaczenie.

Jedna roślina wytwarza do 20 000 owoców, według Korsmo — przeciętnie 5300. W okresie dojrzałości owoce bardzo łatwo opadają, wskutek czego w jego glebie mogą się poważnie zwiększać zapasy jego nasion; jako bardzo lekkie mogą również być przenoszone przez wiatr. W mało czynnych glebach bardzo wolno tracą siłę kiełkowania. Zebranie ich z pól razem z roślinami nasiennymi nie ma większego znaczenia, ponieważ oddzielenie ich nawet od najdrobniejszego materiału siewnego nie sprawia żadnych trudności. Dlatego owoce rumianku pospolitego nadzwyczaj rzadko się rozpowszechniają tą drogą.

Zwalczanie. Poprawienie sprawności gleby i utrudnienie przez to owocowania rumianku pospolitego prowadzi do trwałego jego zniszczenia. Skuteczne jest również stosowanie dobrze przegniłego obornika. Do niedawna rumianek pospolity uchodził za chwast odporny na działanie herbicydów typu regulatorów

Dalszy ciąg na str. 168

(TABLICA 28/2)

Rumianek bezpromieniowy

— *Matricaria discoidea* DC. (*M. suaveolens* Pursh, *M. matricacarioides* (Less.) Porter)

Rodzina: Złożone — *Compositae*

Opis. Z wyglądu bardzo podobny do rumianku pospolitego; jednak bardzo łatwo dający się rozpoznać ze względu na brak kwiatów języczkowatych, pełne stożkowate dno kwiatowe (nie puste!) oraz żółte czteroząbkowe kwiaty rurkowate (nie pięcioząbkowe jak u rumianku pospolitego); podwójnie lub potrójnie pierzastodzielne liście o łateczkach nitkowatych; cała roślina aromatycznie pachnąca.

Owoce małe, podługowate, najczęściej trochę wygięte, z jasnymi podługowatymi żeberkami i szarymi smużkami między nimi; na każdej stronie jedna wyraźna czerwonobrunatna smużka (rys. 2c); na szczycie widoczny krótki ząbek, będący małym środkowym wierzchołkiem.

Okres kwitnienia: od czerwca do sierpnia.

Występowanie. Ta jednoroczna roślina występuje masowo w miejscach silnie udeptanych (podwórza, place wiejskie itp.) i jest traktowana jako zdecydowana roślina ścieżek i przydroży. Do Europy rumianek bezpromieniowy dostał się ze wschodniej Azji i zachodniej Ameryki, obecnie, zadomowiony, stale się rozprzestrzenia; niekiedy może być uciążliwym chwastem w ogrodach, w niezbyt zwartych zasiewach roślin pastewnych i w roślinach okopowych.

Rozprzestrzenianie się i zwalczanie jak rumianku pospolitego.

Dokończenie ze str. 167

wzrostu, ostatnio jednak preparat MCPP okazał się bardzo skuteczny. Dobre wyniki daje także stosowanie, do fazy szóstego liścia, herbicydów kontaktowych (DNOC i DNBP), kainitu, a zwłaszcza mieszanki kainitu z azotniakiem (6 : 1).

(TABLICA 28/3)

Maruna bezwonna

— *Tripleurospermum inodorum* (L.) Schultz-Bip. (*Matricaria maritima* L., *M. inodora* L.)
Rodzina: Złożone — *Compositae*

Opis. Gałęzista łodyga często od dołu lekko bruzdkowana, wzniesiona, wysokości do 60 cm; liście 2- lub 3-krotnie pierzastosieczne, o łatkach (odcinkach) równo-wąsko-lancetowatych, dołem bruzdkowanych; kwiatostany o długich, białych kwiatach języczkowych po przekwitnieniu nie zwisających; dno kwiatowe półkolisto wypukłe i wewnątrz pełne. O w o c e są stosunkowo duże, podłużne, z trzema szerokimi, silnie wyniosłymi podłużnymi żeberkami; strona grzbietowa nieżeberkowana, ciemnobrunatna, silnie poprzecznie pomarszczona, z 2 gruczołami żywicznymi w postaci ciemnych dołeczków tuż poniżej brzegu; w przekroju poprzecznym owoce trój- lub czterokanciaste.

Okres kwitnienia: maj — czerwiec do jesieni.

Występowanie. Dwuletnia — niekiedy jednoroczna lub wieloletnia — roślina nie wykazuje specjalnych wymagań siedliskowych. Najczęściej i w dużych ilościach można ją znaleźć na lekko kwaśnych średnich glebach, przynajmniej okresowo zawilgoconych lub źle przewietrzanych, ale dobrze zaopatrzonych w azot; także i na innych glebach maruna bezwonna jest niebezpiecznym konkurentem roślin uprawnych. Na torfowiskach niskich i lekko zamulonych ciężkich glebach, jak również na polach nawadnianych systemem stokowym jest często uciążliwym chwastem. Masowo może ona występować w oziminach, w słabo zwartych zasiewach roślin pastewnych, a także we wszystkich innych roślinach, zwłaszcza na plantacjach nasiennych traw i roślin koniczynowatych. Nie zagospodarowane ścierniska może ona późną jesienią gęsto pokryć swoimi białymi kwiatami. Maruna bezwonna jest najpospolitszym gatunkiem z roślin rumiankowatych.

Znaczenie. Ze względu na masowe występowanie maruna bezwonna należy do najbardziej uciążliwych chwastów; w gęstych i zwartych łanach zbóż nie może się jednak utrzymać. Wszędzie, gdzie tylko może wystąpić uważana jest za absolutny chwast; jej grube łodygi schną bardzo powoli, utrudniając tym samym sprzęt rośliny uprawnej; jako pasza jest bez wartości, a bydło najczęściej ją omija.

Rozmnaża się tylko generatywnie. Jedna roślina może wyprodukować od 30 000 do 40 000 owoców, według **Korsmo** — przeciętnie 34 000; jeśli nawet część z nich wysypie się przed sprzętem rośliny uprawnej, to jednak większość nasion zostaje zebrana wraz z plonem. Oddzielanie owoców maruny bezwonnej od materiałów siewnych większości gatunków uprawnych udaje się w zupełności. Bardzo trudne i wymagające poważnych nakładów jest usuwanie jej nasion z materiałów siewnych tymotki, wiechliny łąkowej, błotnej i zwyczajnej, a także z lucerny siewnej, koniczyny łąkowej, lucerny nerkowej i nostrzyka; udaje się ono całkowicie tylko na maszynach elektromagnetycznych.

Zwalczanie. W zbożach i plantacjach nasiennych traw najlepsze wyniki osiąga się przy stosowaniu kainitu w okresie do fazy 6 liścia. Azotniak niszczy marunę tylko w fazie kiełkowania; na herbicydy typu regulatorów wzrostu jest ona dosyć odporna. Według doświadczeń **Hanfa,** najlepsze rezultaty daje stosowanie preparatu MCPP (U 46 KV i MP 58); na środki parzące jak DNOC i DNBP jest jednak dosyć wrażliwa. Szczególnie starannie trzeba zapobiegać dojrzewaniu nasion maruny bezwonnej w roślinach okopowych i na ścierniskach, terminowo przeprowadzając odpowiednie zabiegi uprawowe; nie można też dopuszczać, aby zdolne do kiełkowania jej nasiona dostawały się na pola wraz z niedostatecznie przegniłym obornikiem. Przy trwałym zwalczaniu i systematycznym przewietrzaniu gleby gatunek ten nigdy nie będzie się mógł pojawiać.

(TABLICA 28/4)

Rumian polny

— *Anthemis arvensis* L.
Rodzina: Złożone — *Compositae*

Opis. Łodygi pokładające się, najczęściej silnie rozgałęzione i delikatnie owłosione; liście podwójnie pierzastodzielne; o odcinkach równo-wąsko-lancetowatych, wyraźnie spłaszczonych, niepodzielonych lub 2—3-dzielnych, ząbkowanych; liście także puszysto owłosione, dlatego cała roślina wygląda szarozielono; kwiatostany (koszyczki) z długimi, białymi kwiatami języczkowatymi podobne do kwiatostanów maruny bezwonnej; nieznaczne różnice istnieją w budowie dna kwiatowego, które u rumianu polnego jest szpikowato wypełnione. Charakterystyczną cechą gatunku są długie łódeczkowate plewinki na żółtych rurkowatych kwiatach.

Owoce klinowate, tępo kanciaste o 4—5 kantach, bardziej lub mniej podłużnie żeberkowane, z wąskimi bruzdkami; barwy szarobiałej do żółtobrunatnej, matowe.

Okres kwitnienia: od maja do października.

Występowanie. Ten dwuletni lub jednoroczny chwast (niekiedy także wieloletni) lubi wyraźnie kwaśne gleby, lecz zasobne we wszystkie trzy podstawowe składniki pokarmowe (N, K_2O i P_2O_5). W tych warunkach może masowo występować w zbożach, zwłaszcza ozimych, w okopowych, w rzadkich zasiewach roślin pastewnych i na nieudanych nowo zasianych użytkach zielonych. Nie zagospodarowane ścierniska na lekkich i kwaśnych glebach może on kwitnąć i owocując aż do późnej jesieni przekształcać w biało kwitnące łany.

Znaczenie. Rumian polny, wszędzie tam, gdzie może występować, jest oczywistym chwastem; silnie rozmnożony może być chwastem dość uciążliwym. Zwierzęta raczej go omijają, jeżeli go jedzą, to z niechęcią.

Jako szkodliwa domieszka w materiale siewnym nasiona rumianu polnego mają znacznie mniejsze znaczenie niż nasiona maruny bezwonnej, ponieważ z ziarna zbóż można je całkowicie odczyścić, a odpowiadające mu stanowiska raczej nie nadają się do produkcji nasiennej roślin pastewnych, zwłaszcza koniczynowatych. Odczyszczenie nasion rumianu polnego z materiałów siewnych tymotki, wiechliny łąkowej, wiechliny błotnej i zwyczajnej jest w ogóle niemożliwe lub możliwe tylko częściowo, przy czym nasion koniczyny łąkowej, lucerny nerkowatej i siewnej, nostrzyku, koniczyny zwyczajnej i przelotu udaje się tylko na maszynach elektromagnetycznych.

Zwalczanie. Ostrożne wapnowanie gleb jest prawie zawsze pożądane i dla trwałego zwalczania konieczne. Niedopuszczanie do owocowania na ścierniskach i w roślinach okopowych jest równie ważne. W walce z tym chwastem szczególną uwagę należy zwracać na właściwe przechowywanie obornika i stosowanie czystego materiału siewnego, przede wszystkim roślin pastewnych.

Liczne doświadczenia dotyczące działania chwastobójczego herbicydów typu regulatorów wzrostu nie dały jednoznacznych wyników; w każdym razie

Dalszy ciąg na str. 172

(TABLICA 28/5)

Rumian psi

— *Anthemis cotula* L.
Rodzina: Złożone — *Compositae*

Opis. Łodyga wyprostowana, gałęzista i osiągająca wysokość od 30 do 60 cm; liście pojedynczo lub podwójnie pierzastodzielne, o odcinkach niepodzielnych lub 2—3-ząbkowanych; kwiatostany składające się z kwiatów języczkowatych i rurkowatych; wieczorem kwiaty języczkowate opuszczają się w dół, wskutek czego rumian psi można pomylić z rumiankiem pospolitym.

Charakterystycznymi cechami rozpoznawczymi są: pełne dno kwiatowe, równowąskie, szczeciniaste plewinki znacznie krótsze od żółtych kwiatów rurkowatych oraz odrażająca woń.

Owoce przysadziste, słupkowate, z jasnym rąbkiem na szczycie i z około 10 guzkowatymi podłużnymi żeberkami; barwa żółta do brunatnej; słabo błyszczące.

Okres kwitnienia: od czerwca do września.

Występowanie, znaczenie i zwalczanie. Rumian psi, roślina jednoroczna, spotykany jest tylko na ciężkich glebach, zresztą rzadko w większych ilościach; jako chwast nie jest niebezpieczny, ponieważ rośnie prawie wyłącznie przy drogach i na obrzeżach pól; tam gdzie pojawia się masowo jako chwast polny, prawdopodobnie występuje w podglebiu zbita, nieprzepuszczalna warstwa, wymagająca przewietrzenia lub drenowania; jako pasza jest całkowicie nieużyteczny.

Od materiału siewnego roślin koniczynowatych jego nasiona dają się oddzielać tylko na maszynach elektromagnetycznych.

W literaturze nie ma danych na temat doświadczeń prowadzonych ze zwalczaniem tego chwastu jakimikolwiek środkami chemicznymi.

Dokończenie ze str. 171

rumian polny należy do gatunków nie dających się łatwo zniszczyć. Wydaje się, że najlepiej działa herbicyd 2, 4, 5-T (kwas 2, 4, 5-trójchlorofenoksyoctowy), jednakże w zbożach wynik jego działania był niewielki. Zgodnie z wynikami doświadczeń **Rademachera** i **Flocka** bardzo dobre wyniki można uzyskać stosując — do fazy 6 liścia — kainit lub mieszankę kainitu z azotniakiem.

(TABLICA 28/6)

Rumian austriacki

— *Anthemis austriaca* Jacq.
Rodzina: Złożone — *Compositae*

Opis. Łodyga podnosząca się, skąpo rozgałęziona od dołu i osiągająca wysokość około 50 cm; liście podwójnie pierzastodzielne, wskutek omszenia przybierające barwę szarozieloną; łatki prawie jednakowej wielkości, całobrzegie i ostro zakończone. Kwiatostan składa się z białych kwiatów języczkowych, czasami żółtych (niekiedy może ich brakować) oraz kwiatów środkowych koszyczka; dno kwiatowe pełne, plewinki przy kwiatach rurkowatych lancetowate i na wierzchołku najczęściej postrzępione.

Owoc względnie duży, klinowaty, słabo podłużnie żeberkowany, z ostrym kantem na grubszym końcu; dosyć gładki, żółtobrunatny, matowy.

Okres kwitnienia: od czerwca do jesieni.

Występowanie, znaczenie i zwalczanie. Jednoroczny, rzadko występujący jako roślina dwuletnia, rumian austriacki jest zadomowiony w rejonie przedalpejskim i w Czechach na wapiennych, gliniastych glebach w suchych, słonecznych położeniach od kilku lat rozprzestrzenia się coraz bardziej na płytkich nizinnych glebach węglanowych południowych Niemiec. O występowaniu jego w rejonie środkowych Niemiec dotychczas nie donoszono. W rejonie tym również nie spotykano jego nasion w materiałach siewnych roślin uprawnych. Jak wszystkie rumiany także i on, wszędzie gdzie występuje, jest absolutnym chwastem.

Co do możliwości oddzielenia jego nasion od materiałów siewnych rozmaitych gatunków roślin uprawnych trudno podać jakieś bliższe szczegóły, ponieważ Autor nie przeprowadzał odpowiednich doświadczeń. Nie uwzględniono tego gatunku także w licznych doświadczeniach dotyczących zwalczania chwastów, więc również nie można na ten temat nic powiedzieć. **Wehsarg** zaobserwował, że częsta uprawa nasiennej lucerny i esparcety na nizinnych glebach węglanowych hamuje jego rozprzestrzenianie się.

TABLICA 28

1a. **Rumianek pospolity** — odcinek liścia pierzastego, *1b* — przekrój podłużny kwiatostanu (puste dno kwiatowe), *1c* — kwiat rurkowaty, *1d* — owoc

2b. **Rumianek bezpromieniowy** — przekrój podłużny kwiatostanu, *2c* — kwiat rurkowaty, *2d* — owoc

3. **Maruna bezwonna** — pęd, *3a* — liść pierzasty, *3b* — przekrój podłużny kwiatostanu (kwadraty 5 mm × 5 mm), *3c* — kwiat rurkowaty, *3d* — owoc widziany od strony brzusznej i grzbietowej

4a. **Rumian polny** — liść pierzasty, *4b* — przekrój podłużny kwiatostanu, *4c* — kwiat rurkowaty z plewinkami, *4d* — owoc

5a. **Rumian psi** — liść pierzasty, *5b* — przepołowiony kwiatostan, *5c* — kwiat rurkowaty z plewinką, *5d* — owoc

6d. **Rumian austriacki** — owoc

Cechy rozpoznawcze i porównawcze

	Rumianek pospolity	Rumianek bezpromieniowy	Maruna bezwonna
Zapach	przyjemny, silnie aromatyczny		brak
Liście	pierzaste, o łatkach równowąskich		pierzaste, na stronie dolnej bruzdkowane
Kwiaty brzeżne języczkowate (białe)	opuszczone w dół do tyłu	brak	odstające
Dno kwiatowe	puste	pełne	pełne
Plewinki	nie istnieją	nie istnieją	nie istnieją
Owoc	mały, wygięty, z 3—5 delikatnymi, jasnymi, podłużnymi żeberkami; jasnożółty do ciemnoszarego	mały, najczęściej wygięty, z jasnymi podłużnymi żeberkami oraz szarymi i 2 czerwonobrunatnymi smużkami między nimi	z 3 dużymi, jasnymi żeberkami oraz ciemnobrunatnymi i chropowatymi smużkami między nimi; strona grzbietowa z 2 gruczołkami (dołeczkami) żywicznymi
grubość	0,2—0,4	0,2—0,3	0,4—1,2
szerokość	0,2—0,5	0,3—0,5	0,7—1,6
długość	0,7—1,2	0,9—1,2	1,5—2,5

	Rumian polny	Rumian psi	Rumian austriacki
Zapach	brak	odrażający	brak
Liście	bardziej płaskie od liści rumianku		
Dno kwiatowe	pełne	pełne	pełne
Kwiaty brzeżne języczkowate (białe)	odstające	wieczorem opuszczone w dół	odstające
Plewinka	łódeczkowata, z końcem takiej samej długości lub dłuższym od kwiatu rurkowatego	szczeciniasta, krótsza od kwiatu rurkowatego	lancetowata, górą postrzępiona
Owoc	klinowaty, podłużnie żeberkowany, z wąskimi międzypolami; szarobiały do żółtobrunatnego, matowy	przysadzisty, klinowaty, z 10 guzkowatymi, podłużnymi żeberkami; żółty do brunatnawego	kanciasty, słabo podłużnie żeberkowany, o ostrych kantach na grubszym końcu; żółtobrunatny i gładki
grubość	0,5—2,0	0,6—1,1	0,5—0,85
szerokość	0,7—2,1	0,8—1,3	1,0—1,5
długość	1,6—2,7	1,4—2,0	1,9—2,7

TABLICA 28

(TABLICA 29/1)

Chaber bławatek

— *Centaurea cyanus* L.
Rodzina: Złożone — *Compositae*

Opis. Łodyga rzadko ulistniona, gałęzista, osiągająca wysokość od 60 do 80 cm; liście równo-wąsko-lancetowate, całobrzegie, dolne — ząbkowane; listki okrywy koszyczka ciemno obrzeżone, strzępiaste, piłkowane; duże, lejkowate kwiaty brzeżne z 5—9 ząbkami, charakterystycznie ażurowoniebieskie (czasami czerwonawe albo niebieskawobiałe); kwiaty środkowe o wiele mniejsze i 5-ząbkowe.

Owoce z puchem kielichowym na uciętym szczycie, wskutek czego mają kształt pędzelkowaty; w czasie młocki, a szczególnie bukowania (nasion koniczyn) puszek całkowicie lub częściowo obciera się; sam owoc podługowaty, w zarysie lekko wygięty, na dole strony brzusznej z listewką długości 1 mm i owalnym wgłębieniem; barwa żółtawobiała do niebieskawoszarej, z delikatnymi jasnymi prążkami; połyskujące, lekko owłosione.

Okres kwitnienia: od maja do października.

Występowanie i znaczenie. Dwuletni, rzadziej jednoroczny chwast; występuje przede wszystkim w zbożach ozimych, pojawia się także w zbożach jarych i w roślinach okopowych; szczególnych wymagań siedliskowych nie wykazuje, chociaż wilgotne pola lepiej mu odpowiadają, gdyż tam jego niełupki dłużej utrzymują siłę kiełkowania. W Niemczech występuje ostatnio w coraz mniejszych ilościach.

Nasion chabru nie można oddzielić (a jeśli udaje się, to tylko w niedostatecznym stopniu) od materiału siewnego następujących gatunków: życic, kostrzewy łąkowej, rajgrasu wyniosłego, kupkówki, lucerny; także oddzielenie od nasion stokłosy bezostnej, stokłosy żytniej, wyczyńca łąkowego, kostrzewy czerwonej i owczej oraz inkarnatki jest czasem utrudnione.

Zwalczanie. W wypadku stosowania, czystego materiału siewnego i dobrze przegniłego obornika, przy podorywaniu ściernisk i po zdrenowaniu mokrych miejsc chaber występuje w coraz mniejszych ilościach lub całkowicie zanika. W zbożach można go skutecznie zwalczać za pomocą herbicydów typu regulatorów wzrostu. We wczesnej fazie rozwojowej (do rozwinięcia się 5 liścia właściwego) jest bardzo wrażliwy na działanie mieszanki azotniaku z kainitem (1 : 6, około 6 q/ha); sam azotniak, jak też sam kainit niszczą go tylko w fazie kiełkowania.

(TABLICA 29/2)

Złocień polny

— *Chrysanthemum segetum* L.
Rodzina: Złożone — *Compositae*

Opis. Łodyga mało gałęzista, rzadko ulistniona, wysokości od 40 do 60 cm; liście nagie, niepodzielne, ząbkowane do prawie pierzasto wcinannych, górne — u nasady sercowate, opasające łodygę, błyszczące żółte kwiatostany o szerokich żółtych kwiatach języczkowatych, dzwonkowato rozszerzających się i takich samych żółtych kwiatach rurkowatych; kwiatów rurkowatych jest, jak u wszystkich złożonych (*Compositae*), znacznie więcej; w jednym koszyczku dojrzewa około 10 kwiatów języczkowatych i około 200 kwiatów rurkowatych.

Owoce brzeżne i środkowe jaskrawo różnią się między sobą; brzeżne — niezgrabne, przysadziste, z 8—10 zaokrąglonymi, podłużnymi żeberkami, oskrzydlone, w przekroju poprzecznym trój- lub czterokanciaste, górą i dołem tępo ucięte; środkowe — walcowate, z 10 zaokrąglonymi, podłużnymi żeberkami, na obydwu końcach tępo ucięte, bez skrzydełek, w górnej części krótkie czapkowate; barwa obydwu rodzajów owoców żółta do jasnobrunatnej; matowe.

Okres kwitnienia: od czerwca do października.

Występowanie i znaczenie. Ta jednoroczna roślina do niedawna była jednym z najpospolitszych i najbardziej uciążliwych chwastów polnych. Dzięki wprowadzeniu nowoczesnych metod czyszczenia nasion i polepszeniu uprawy gleby złocień polny występuje rzadziej, a w niektórych rejonach nie ma go nawet wcale; rozmnaża się wyłącznie przez nasiona, których jedna roślina produkuje przeciętnie około 2000 sztuk.

Wymagania glebowe złocienia polnego nie są zbyt duże; występuje on na glebach wszystkich typów, przy czym szczególnie odpowiadają mu siedliska nadmiernie uwilgotnione i czasowo mokre. Na próchnicznych i na torfowych glebach piaszczystych miejscami jest on i dzisiaj jeszcze chwastem uciążliwym i trudnym do zwalczenia, występującym przede wszystkim w zbożach zarówno jarych, jak i ozimych oraz w roślinach okopowych i na ścierniskach.

Przy obecnym stanie techniki czyszczenia nasion maszynowe oddzielanie jego owoców od materiałów siewnych różnych gatunków aż do seradeli nie sprawia żadnych trudności. Do zupełnego odczyszczenia ich z nasion lucerny i inkarnatki potrzebne są maszyny elektromagnetyczne; maszynowe oddzielenie jego dużych owoców brzeżnych od nasion seradeli jest niemożliwe.

Zwalczanie. Zabiegiem najważniejszym jest stosowanie starannie odczyszczonych materiałów siewnych. Odpowiednio wczesne podorywki nie dopuszczają do owocowania złocienia polnego i poza tym łącznie z wczesnymi orkami jesiennymi przyczyniają się do kiełkowania dużych ilości jego nasion w jesieni, wyrosłe z nich rośliny wymarzają w ciągu zimy.

Chemiczne zwalczanie tego chwastu jest bardzo trudne. Na różne herbicydy typu regulatorów wzrostu złocień polny (okazuje się) jest odporny. Za pomocą środków parzących (DNOC), a także azotniaku i kainitu można go zwalczać tylko w fazie kiełkowania, później i na te herbicydy jest niewrażliwy.

TABLICA 29

1. **Chaber bławatek** — pęd, *1a* — młoda roślina w stadium rozetki, *1b* — kwiatostan, *1c* — owocostan, *1d* — owoc
2. **Złocień polny** — pęd, *2a* — młoda roślina w stadium rozetki, *2b* — owoc środkowy, *2c* — owoc brzeżny

Cechy rozpoznawcze

	Chaber bławatek		Złocień polny
Łodyga	wysokości 60—80 cm, gałęzista, rzadko ulistniona		wysokości 40—60 cm, nieznacznie gałęzista, rzadko ulistniona
Liście	równowąskie lub równo-wąskolancetowate, całobrzegie, dolne ząbkowane		nagie, niepodzielne, ząbkowane do pierzasto wcinanych, górne nasady wpół obejmujące łodygę
Kwiaty brzeżne	ażurowoniebieskie, rzadko czerwonawe lub białe, duże, lejkowate, z 5—9 działkami na obrzeżu		języczkowate, błyszczące, żółte
Kwiaty środkowe	fioletowe, małe, o dzwonkowato rozszerzonych rurkach, z 5 działkami na obrzeżu		żółte, małe, o dzwonkowato rozszerzonych rurkach, z 5 działkami na obrzeżu
Owoce	z puchem kielichowym (pędzelkowate), podługowate, na jednym boku nieco wygięte, na stronie brzusznej u dołu z listewką długości 1 mm i owalnym wgłębieniem; słomiastozłotawe do niebieskawoszarych, z delikatnymi jasnymi prążkami; połyskujące, szczeciniasto owłosione		brzeżne — niezgrabne, trój- lub czterokanciaste, lekko spłaszczone, oskrzydlone, z 8—10 podłużnymi żeberkami; środkowe — walcowate, często nieco zgięte, z 10 podłużnymi żeberkami, bez skrzydełek; obydwa końce ucięte, górą krótkie, czapkowate
	z puchem	bez puchu	
grubość	0,8—1,5	0,8—1,4	0,8—1,75
szerokość	1,5—2,5	1,3—2,1	1,0—3,25
długość	4,5—6,7	3,0—4,0	2,2—3,3

1
1a
1b
1c
1d
2
2a
2b
2c

Łoczyga pospolita

— *Lapsana communis* L.
Rodzina: Złożone — *Compositae*

Opis. Łodyga najczęściej silnie gałęzista, osiągająca wysokość do 130 cm, liście odziomkowe łopatkowate lub lirowate; dolne liście łodygowe głębokozatokowe, z nierównomiernymi ząbkami; cała roślina mniej lub bardziej owłosiona, zwłaszcza łodyga i gałązki; kwiatostany względnie małe, bladożółte, bardzo liczne. Listki okrywy koszyczka (8), przez niebotaników błędnie nazywane działkami kielicha, są nagie, nieco dłuższe od dojrzałych owoców i ściśle do nich przylegające; zabezpieczają nasiona przed wypadaniem. Kwiaty języczkowate i rurkowate, bladożółte, niezbyt liczne, skupione w koszyczku.

Owoce (niełupki) klinowate, nieco wygięte, w zarysie podobne do przecinków; delikatnie podłużnie żeberkowane i na tępym szczycie zakończone wałeczkowatym kółeczkiem bez puchu kielichowego; barwy słomkowożółtej do brunatnawej.

Okres kwitnienia: od lipca do września.

Występowanie. Tę jednoroczną lub dwuletnią roślinę bardzo często można znaleźć przy ogrodzeniach i parkanach oraz w luźnych zaroślach; jako chwast polny występuje przeważnie na ciężkich i średniociężkich glebach, gdzie okazuje się obojętna na stopień wynawożenia i kwasowości gleby, jednakże wydaje się, że nieco wilgotne stanowiska lepiej jej odpowiadają. Występowanie większych ilości łoczygi pospolitej w zbożach ozimych lub jarych zależy od tego, czy przeważa kiełkowanie jesienne czy też wiosenne. Zazwyczaj nie brakuje jej również w roślinach okopowych.

Znaczenie. Łoczyga pospolita rzadko występuje masowo, wskutek czego nie powoduje większych szkód, chociaż ma właściwości typowego chwastu polnego.

Maszynowe oddzielanie niełupek łoczygi pospolitej sprawia trudności przy czyszczeniu materiałów siewnych lucerny, mietlicy białawej, wiechliny łąkowej, wiechliny błotnej i zwyczajnej oraz grzebienicy.

Zwalczanie. Wraz z roślinami uprawnymi sprząta się również łoczygę pospolitą razem z jej dojrzałymi nasionami. Dlatego ważne jest stosowanie czystych materiałów siewnych i zapobieganie wtórnemu dostawaniu się na pola zdolnych do kiełkowania nasion łoczygi wraz z odpadami poomłotowymi lub w oborniku. Po odwodnieniu zbyt mokrych pól, a przede wszystkim po poprawieniu sprawności gleby łoczyga szybko ginie. W zbożach można ją zwalczać za pomocą herbicydów typu regulatorów wzrostu, chociaż na podstawie wyników nielicznych doświadczeń nie można jej zaliczyć do chwastów wrażliwych na działanie tych środków.

(TABLICA 30/2)

Pępawa zielona

— *Crepis capillaris* (L.) Wallr. (*C. virens* Vill.)
Rodzina: Złożone — *Compositae*

Opis. Pępawa zielona zmienia silnie swój pokrój zależnie od warunków siedliskowych; na lepszych glebach łodyga jej rozgałęzia się dosyć silnie i ma liście siedzące, o strzałkowatej nasadzie, a na ubogich stanowiskach nie rozgałęzia się i jest bezlistna; także wysokość jej waha się w granicach 15—90 cm; liście przyziemne zatokowo ząbkowane lub piłkowane; zewnętrzne listki okrywy koszyczka przylegające, wewnętrzne — w przeciwieństwie do bardzo podobnych gatunków tego samego rodzaju — nieowłosione. Kwiaty języczkowate są mniej więcej dwukrotnie dłuższe od listków okrywy koszyczka, a owoce (niełupki) z puchem kielichowym są mniej więcej takiej samej długości jak listki okrywy koszyczka. Owoce z wianuszkiem białych, miękkich włosków (puch kielichowy), łatwo odpadających (dlatego w czasie młócki odpadają całkowicie) mają kształt słupkowaty, długości 2—3 mm; są lekko wygięte, zwężające się trochę ku obydwu końcom, z 10 gładkimi, podłużnymi żeberkami; barwa żółtobrunatna do szarobrunatnej.

Okres kwitnienia: od czerwca do października.

Występowanie, znaczenie i zwalczanie. Ta jednoroczna lub dwuletnia roślina lekkich gleb występuje na brzegach pól, przy drogach i jako chwast polny prawie we wszystkich roślinach uprawnych, jednakże nigdy masowo. Dlatego nigdzie nie jest uważana za chwast uciążliwy.

Występowanie jej w plantacjach nasiennych wiechlin — łąkowej, błotnej i zwyczajnej, mietlicy białawej, konietlicy łąkowej i grzebienicy pospolitej należy przy kwalifikacji traktować surowo, ponieważ maszynowe oddzielanie jej niełupek od materiałów siewnych wymienionych gatunków nie udaje się, bądź jest bardzo trudne i połączone z dużymi stratami.

Jeżeli jej owocowanie jest ograniczane wcześnie wykonywanymi podorywkami, a brzegi pól są wykaszane w odpowiednim czasie oraz do wysiewu stosuje się czysty materiał siewny, wówczas znika ona prawie całkowicie nawet z gleb lekkich.

TABLICA 30

1. **Łoczyga pospolita** — pęd, *1a* — kwiatostan, *1b* — owocostan, *1c* — owoce
2. **Pępawa zielona** — pęd, *2a* — kwiatostan, *2b* — owocostan, *1c* — owoce

Cechy rozpoznawcze

	Łoczyga pospolita	Pępawa zielona
Łodyga	silnie gałęzista, wielokwiatowa, wysokości do 130 cm, owłosiona	pojedyncza lub rozgałęziająca się, naga, wysokości 15—90 cm
Liście odziomkowe	łopatkowate albo lirowate	zatokowo lub piłkowato ząbkowane
Liście łodygowe	dolne — głęboko zatokowe do lirowatoklapowatych; górne — jajowate, podługowate lub lancetowate, nierównomiernie ząbkowane	siedzące, u podstawy strzałkowate
Kwiatostany	małe, niepozorne, bladożółte	większe, połyskujące, żółte
Okrywa koszyczka	oprócz zewnętrznych listków okrywy koszyczka 8 listków wewnętrznych, nagich, przylegających, szczelnie przykrywających owoce	oprócz zewnętrznych owłosionych listków okrywy koszyczka, wewnętrzne listki nagie, takiej samej długości jak owoce z puchem
Owoce	jajowatoklinowate, przecinkowato wygięte, na szczycie tępe, zakończone wałeczkowatym kółeczkiem, gęsto podłużnie żeberkowane; barwa słomkowożółta do brunatnej	słupkowate, na końcach zwężające się, zwykle nieco wygięte, z 10 gładkimi, podłużnymi żeberkami; barwa żółtobrunatna do szarobrunatnej
grubość	0,3—0,75	0,3—0,6
szerokość	0,6—1,6	0,5—0,8
długość	2,9—4,3	2,2—3,0

1
1a
1b
1c
2
2a
2b
2c
Ut

(TABLICA 31)

Goryczel żmijowcowy

— *Picris echioides* L. (*Helminthia echioides* Gaertn.)
Rodzina: Złożone — *Compositae*

Opis. Łodygi wyprostowane lub podnoszące się, okryte szorstkimi zadzierzysto-haczykowatymi szczecinkami; długości od 30 do 120 cm; z licznymi kwiatostanami; liście okazałe, sztywne, z kolącymi szczecinkami; 5 dużych sercowatych, szczeciniasto owłosionych i luźno odstających zewnętrznych listków okrywy koszyczka nadaje kwiatostanom charakterystyczny wygląd; wewnętrzne listki okrywy koszyczka ściśle przylegające, wystające ponad złocistożółte kwiaty.

W jednym kwiatostanie rozwijają się 2 rodzaje owoców (nasion) z bardzo łatwo odpadającymi wieńcami włosków; zewnętrzne owoce — lekko wygięte, słabo poprzecznie prążkowane, meszkowato owłosione (widoczne przy większym powiększeniu), białawożółte; wewnętrzne owoce — proste, złocistożółte do ciemnobrunatnych, poprzecznie pomarszczone, mniejsze i liczniejsze niż owoce zewnętrzne.

Okres kwitnienia: od czerwca do września.

Występowanie i znaczenie. Goryczel żmijowcowy jest rośliną jednoroczną zadomowioną w południowej Europie, gdzie jest uciążliwym chwastem lucerny i koniczyny łąkowej. Często jego owoce stanowią większość nasion chwastów znajdujących się w materiałach siewnych wymienionych gatunków, a pochodzących z południowej Europy. Od wielu dziesiątków lat spotykany jest w lewobrzeżnych rejonach Renu, a niedawno masowe jego występowanie zauważono na Węgrzech i w Austrii. Tymczasem badania wykazały, że spotyka się go tylko w zasiewach lucerny i koniczyny, obsianych nasionami pochodzącymi z południowej Europy. W środkowej Europie tylko w nielicznych wypadkach owoce jego dojrzewają do czasu sprzętu nasiennej koniczyny łąkowej i lucerny. Istnieje natomiast poważne niebezpieczeństwo, że ten wyjątkowo niebezpieczny chwast może się zaklimatyzować w warunkach środkowej Europy, gdyż już teraz, jeżeli nie zakłóca się jego rozwoju, zdolny jest w rejonie Lipska do bardzo obfitego owocowania aż do jesieni.

Jako chwast jest bardzo niebezpieczny z powodu dużej agresywności oraz zadzierzystych, kłujących szczecinek; przez bydło jest omijany.

Jego owoce bardzo trudno jest usunąć z materiałów siewnych koniczyny łąkowej i lucerny. Najlepsze rezultaty osiąga się na maszynach elektromagnetycznych z zastosowaniem suchego proszku; przy zastosowaniu metody mokrej oddzielają się tylko owoce zewnętrzne, a liczne owoce wewnętrzne dają się oddzielać tylko od materiałów siewnych koniczyny łąkowej (nigdy zaś lucerny).

TABLICA 31

a. Goryczel żmijowcowy — pęd, *b* — kawałek łodygi z liśćmi, *c* — kwiastostan z listkami okrywy koszyczka, *d* — owocostan z listkami okrywy koszyczka, *e* — owoc środkowy, *f* — owoc brzeżny

c
d
e
f
a
b

(TABLICA 32/1)

Gatunki kanianki

— *Cuscuta* sp.
Rodzina: Kaniankowate — *Cuscutaceae*

Opis. Wszystkie gatunki kanianki są pasożytami; nie mają chlorofilu i dlatego są niezdolne do asymilowania; nie mają także korzeni do pobierania wody i pokarmów; mogą więc tylko liczyć na pożywienie rośliny żywicielskiej.

Skoro tylko nasiona kanianki skiełkują, pęd jej wykonuje skręcające ruchy w kierunku rośliny żywicielskiej; owija się ściśle wokół niej i rośnie ku górze; na skrętach wypuszcza ssawki wpijające się w roślinę żywicielską, za pomocą których czerpie gotowe asymilaty dla swego wzrostu, przez co roślina żywicielska znacznie osłabia się lub zamiera.

Jedna roślina kanianki, której łodyga silnie się rozgałęzia, może większe powierzchnie zasiewów pokryć swoim gęstym „oprzędem" i doprowadzić niemal do całkowitego ich zniszczenia. Miejsca opanowane przez kaniankę podobne są do starego, pozbawionego życia wypaleniska, otoczonego rozciągającymi się dookoła pajęczynowatymi pasmami kanianki.

Łodygi wszystkich gatunków kanianek nitkowate, skręcające się, bezlistne i pozbawione chlorofilu. Kwiaty osadzone w kulistawych pęczkach na łodydze.

W Niemczech występuje 5 gatunków kanianki będących niebezpiecznymi pasożytami roślin uprawnych:

1) kanianka macierzankowa (k. koniczynowa) — *Cuscuta epithymum* (L.), Murr. subsp. *trifolii* Hegi, *C. trifolii* Bab. — pasożytująca na koniczynach — łąkowej i białoróżowej, lucernie, komonicy zwyczajnej i przelocie, jak również na rozmaitych trawach (np. tymotce) i chwastach; rzadko atakująca koniczynę białą i inkarnatkę; kwitnąca od czerwca do sierpnia; różniąca się od innych gatunków kanianki czerwonawym zabarwieniem łodygi, różowoczerwonymi, bezszypułkowymi kwiatami, o 5-ząbkowych, odchylonych do tyłu kielichach, takiej długości jak rurka korony;

2) kanianka wonna (*Cuscuta suaveolens* Ser., *C. racemosa* Mart.) — pasożytująca na koniczynie łąkowej i lucernie, jak również na rozmaitych chwastach; spotykana tylko w klimacie ciepłym; w Niemczech występująca rzadko; kwitnąca: od lipca do sierpnia; cechy rozpoznawcze: łodyga żółtawa, kwiaty szypułkowe, korona kwiatu biała, dzwonkowata z 5 ząbkami, na szczycie rogowato zgiętymi do środka;

3) kanianka polna (*Cuscuta arvensis* Beyrich, *C. campestris* Yunker) — atakująca wszystkie gatunki koniczyn, lucernę siewną, lucernę nerkowatą (chmielową) i paprykę; potrzebująca do swego rozwoju specjalnie ciepłego klimatu i rozwijająca się szczególnie niebezpiecznie w Europie południowej, na Węgrzech, w Meksyku, USA i innych krajach; do Niemiec zawleczona z materiałem nasiennym; rzadko wytwarzająca nasiona;

4) kanianka lnowa (*Cuscuta epilinum* Weihe) — pasożytująca na lnie (*Linum usitatissimum*), a także na towarzyszących mu chwastach, jak życica lnowa i lnicznik siewny (lnianka siewna); kwitnąca od czerwca do sierpnia; cechy rozpoznawcze: łodyga zielonkawożółta, kwiaty prawie kuliste, białawe, krótkoszypułkowe;

5) kanianka pospolita (*Cuscuta europaea* L.) — atakująca chmiel, konopie, pokrzywy, wierzby i inne gatunki; kwitnąca od czerwca do sierpnia; cechy rozpoznawcze: łodyga zielonkawożółta, w starszym okresie często nieco czerwona, kwiaty bezszypułkowe, z czerwonawą, cylindrycznodzwonkowatą koroną o 4 ząbkach wygiętych do środka.

Określanie gatunku kanianki dla produkcji nasion traw najczęściej nie ma znaczenia. W handlu nasionami wszystkie gatunki kanianki występujące w materiałach siewnych dzieli się zazwyczaj na 2 grupy zależnie od przechodzenia nasion przez sita o okrągłych oczkach średnicy 1,25 mm. Wszystkie nasiona, które przejdą przez sito, zaliczane są do nasion kanianki drobnonasiennej, pozostałe zaś na sicie — do nasion grubonasiennej. Ten podział jest całkowicie umowny i do pewnego stopnia tylko usprawiedliwiony, gdyż na podstawie pojedynczych nasion nie można z całą pewnością określić gatunku.

Zwalczanie. Należy surowo przestrzegać, aby używane materiały siewne były wolne od kanianki. Nasiona jej można bez reszty oddzielać na maszynach elektromagnetycznych od materiałów siewnych wszystkich motylkowych roślin pastewnych i z nasion lnu, z wyjątkiem jedynie tymotki.

Ze względu na to, że kanianka jest chwastem niebezpiecznym, musi być gruntownie zwalczana na polach, gdzie tylko zostanie zauważona. Dopóki nie wytworzy jeszcze nasion, wystarcza niskie wykoszenie jej i gruntowne spryskanie gniazd 1-procentowym krezolem (Raphatoxem) albo 15-procentowym wodnym roztworem melanterytu ($FeSO_4 \cdot 7H_2O$). Skuteczne może być także wykoszenie i głębokie zakopanie połączone z natychmiastowym obsiewem przekopanych miejsc szybko rosnącymi roślinami (gorczycą, rzepakiem jarym), jednoroczną lub dwuletnią odmianą życicy wielokwiatowej).

Kiedy kanianka w pełni zakwitnie, należy wykosić ją kosą i wszystko spalić na miejscu, aby nie dopuścić do rozwleczenia nasion. Należy przy tym postępować następująco: kosić pokos zawsze do wewnątrz gniazda, wykaszając wszystko na przestrzeni około 1 m poza granicami gniazda kanianki, przynieść suchej słomy i po rozłożeniu jej na wykoszonym miejscu, na niej ułożyć zgrabki i podpalić. Dzięki temu zostaną zniszczone wszystkie nasiona i uniknie się rozwleczenia ich przez ludzi lub zwierzęta.

Według **Wehsarga** nasiona kanianki zachowują w czynnej glebie siłę kiełkowania tylko przez krótki okres, dlatego trzeba wymagać bezwzględnego ich niszczenia. Zdaniem tego autora miejsce występowania kanianki wystarczy spryskać roztworem melanterytu lub przykryć warstwą plew jęczmiennych.

(TABLICA 32/2)

Zagorzałek późny

— *Odontites rubra* Gilib. (*O. serotina* (Lam.) Rchb., *Euphrasia odontites* L.)
Rodzina: Trędownikowate — *Scrophulariaceae*

Opis. Łodyga sztywna, wysokości 15—40 cm, niewyraźnie czterokanciasta, zwykle od samej podstawy silnie gałęzista i, jak cała roślina, przylegająco owłosiona; wszystkie liście lancetowate, żyłkowane, siedzące, o brzegach piłkowano ząbkowanych; przysadki upodobniają się do liści i prawie zawsze są dłuższe od kwiatów; kwiaty skupione jednostronnie w gronach, na szczycie początkowo zwisające; kielich najczęściej czerwonawo prążkowany, silnie owłosiony, o ostrych ząbkach; korona brudnoróżowa, najczęściej w gardzieli ciemniejsza; pręcikowie prawie takiej długości jak warga górna kwiatu.

N a s i o n a płaskojajowate, grubości 0,4—0,8 mm, szerokości 0,6—1,0 mm, z 12—15 poprzecznie prążkowanymi podłużnymi żeberkami; żeberko brzegowe najczęściej szersze; powierzchnia chropowata, matowa; żeberka białe, a bruzdki znajdujące się między nimi brunatne do czerwonobrunatnych.

Nasiona zagorzałka późnego na pierwszy rzut oka podobne są do nasion tymotki. Należy przy tym nadmienić, że w pierwszych latach powojennych nasiona jego, pochodzące z odsiewu zbóż, sprzedawano w gospodarstwach jako nasiona tymotki.

Okres kwitnienia: od maja do czerwca i od sierpnia do października.

Występowanie, znaczenie i zwalczanie. Zagorzałek późny, jednoroczny lub dwuletni półpasożyt, spotykany jest na ciężkich wapiennych glebach stanowisk mokrych; występuje w zbożach ozimych, na nie podoranych ścierniskach, również na ubogich w składniki pokarmowe łąkach i rzadko na plantacjach nasiennych traw. Jeżeli stanowisko mu odpowiada, to występuje prawie zawsze na brzegach pól, skąd nasiona jego stale przedostają się na pola.

Nie jest on traktowany jako szczególnie niebezpieczny chwast pól uprawnych (chociaż jest półpasożytem, gdyż asymiluje sam i pobiera składniki mineralne z rośliny żywiciela), ponieważ jego zwalczanie jest stosunkowo łatwe. Używanie czystego materiału siewnego i dobrze przefermentowanego obornika, jak również niedopuszczanie do rozwlekania jego nasion po polach powoduje całkowite jego zniszczenie. Tylko od materiału siewnego tymotki oddzielanie jego nasion sprawia pewne trudności; z nasion zaś wszystkich pozostałych gatunków udaje się ono całkowicie. W zbożach można go niszczyć herbicydami typu regulatorów wzrostu.

(TABLICA 32/3)

Pszeniec różowy

— *Melampyrum arvense* L.

Rodzina: Trędownikowate — *Scrophulariaceae*

Opis. Łodyga wyprostowana, tępo-czterokanciasta, wysokości od 20 do 45 cm, mniej lub bardziej rozgałęziona; tylko najniższe gałązki ulistnione, górne z kwiatostanami kłosokształtnymi; wszystkie boczne gałązki pędu głównego sterczące; liście, z wyjątkiem pierwszego, siedzące, lancetowate, na szczycie całobrzegie, tępo zakończone; dolne — całobrzegie, górne — z pojedynczym, wąskim, prawie szczeciniastym ząbkiem u nasady; przysadki z długimi, szczeciniastymi ząbkami, purpurowoczerwone, na stronie dolnej czarno punktowane; kielich szeroki, owłosiony, z długimi szczeciniastymi ząbkami; korona o długiej rurce, wystająca z kielicha, złocistożółta i mączysto owłosiona; cała roślina mniej lub bardziej owłosiona.

Pszeniec różowy można zdecydowanie odróżnić od innych gatunków tego samego rodzaju po czerwonych liściach przysadkowych.

N a s i e n i e występuje w podwójnie przegrodzonych torebkach (2 nasiona — w przegrodzie, 4 — w torebce); ma kształt słupkowaty; długości 4—6 mm i szerokości 2—2,5 mm; często wskutek wydłużonych wgłębień — kanciaste, na jednym końcu owalne, na drugim tępo ucięte, z gąbczastą naroślą, która często odpada; powierzchnia żółta (u starszych nasion ciemna), matowa i dosyć gładka.

Chleb z mąki zawierającej domieszkę zmielonych nasion pszeńca różowego ma fioletowe zabarwienie, jakby mąka lub ciasto były zabarwione ołówkiem kopiowym.

Okres kwitnienia: od czerwca do września.

Występowanie i znaczenie. Ten jednoroczny lub dwuletni półpasożyt był niegdyś groźnym chwastem zbóż na gliniastych i ilastych glebach wapiennych. Obecnie występuje jeszcze w znaczniejszych ilościach tylko na glebach wapnowanych, zwłaszcza gdy czyszczenie nasion i uprawa gleby nie są starannie wykonywane. Źródłem ciągłego zachwaszczania na tych glebach są także miedze, gdzie pszeniec różowy pasożytuje na trawach i skąd nasiona jego przez mrówki i wodę są przenoszone na sąsiednie pola.

W produkcji nasiennej ten uciążliwy chwast ma niewielkie znaczenie, ponieważ jego nasiona oddzielają się na nowoczesnych maszynach czyszczących od każdego materiału siewnego; na przestarzałych zaś maszynach czyszczących, z niedostateczną regulacją prądu powietrza i złą pracą tryjera, mogą zachodzić pewne trudności w odczyszczaniu jego nasion od ziarna zbóż.

Zwalczanie. Najważniejszym zabiegiem ochronnym przed zachwaszczeniem pszeńcem różowym jest niedopuszczenie do rozprzestrzeniania się jego nasion na polach poprzez materiały siewne i obornik. Miedze powinny być wykaszane przed dojrzeniem jego nasion. Na obszarach wydzielonych z przewagą roślin zbożowych wczesne wykaszanie brzegów pól ma duże znaczenie.

W glebach czynnych jego nasiona są mniej odporne; natomiast wilgotne miejsca na polach są nim silnie zachwaszczone. Podorywanie ściernisk, spulchniając glebę, przyczynia się jednocześnie do niszczenia znajdujących się w niej nasion pszeńca.

TABLICA 32

1. **Kanianka lnowa,** *1a* — ssawki kanianki z częścią łodygi kaniankowej, *1b* — kłębek kwiatów kanianki lnowej, *1c* — nasiona kanianki koniczynowej, *1d* — nasiona kanianki wonnej, *1e* — nasiona kanianki lnowej
2. **Zagorzałek późny,** *2a* — kwiaty, *2b* — nasiona
3. **Pszeniec różowy,** *3a* — kwiat, *3b* — torebka nasienna, *3c* — nasiona

Cechy porównawcze kanianek

	Kanianka koniczynowa	Kanianka wonna
Roślina żywicielka	koniczyny, rozmaite chwasty i trawy	lucerna, koniczyna łąkowa i rozmaite chwasty
Barwa łodygi	czerwonawa	żółtawa
Kwiaty	różowoczerwone, siedzące lub na bardzo krótkich szypułkach	w pęczkach i bezszypułkowe
Kielich	5-działkowy, dzwonkowaty, mniej więcej równy połowie długości korony	dzwonkowaty, rozdwojony, krótszy od połowy długości korony
Korona	z 5 ząbkami odchylonymi do tyłu, prawie takiej długości jak rurka korony	biała, dzwonkowata, z 5 ząbkami, na szczycie rogowato zagięta do środka
Nasiona	kuliste do jajowatych, jedno- lub dwustronnie spłaszczone, szare do szarobrunatnych, nieregularne, delikatnie wysklepione, matowe	jajowate do kulistych; najczęściej jedno- lub dwustronnie wklęsłe; znaczek często wystający; brunatne, lekko szorstkie, matowe

	Kanianka lnowa	Kanianka pospolita
Roślina żywicielka	len	chmiel, konopie, pokrzywa, wierzby
Barwa łodygi	zielonkawożółta	żółta
Kwiaty	na krótkich szypułkach, w pęczkach	bezszypułkowe, w pęczkach
Kielich	zielonkawobiaławy, dzwonkowaty, z 5 szeroko zaokrąglonymi ząbkami	kubkowatodzwonkowaty, z 4 ząbkami
Korona	żółtawobiała, kulistodzwonkowata, z 5 szerokimi zaostrzonymi ząbkami	czerwonawa, cylindrycznodzwonkowata, z 4 ząbkami jednakowej długości, skręconymi do środka
Nasiona	nieregularne, kuliste, z tępymi kantami, czasem jamkowato zagłębione; często występują nasiona podwójnie złączone (parami); żółte do jasnobrunatnych, pomarszczone, matowe	nieregularne, owalne do kulistych, w jednym lub w kilku miejscach wgłębione; powierzchnia szarobrunatna do czarnobrunatnej; szorstkie matowe
grubość	0,6—1,2	0,7 —1,0
szerokość	1,0—1,3	0,85—1,0
długość	1,2—1,6	1,0 —1,3

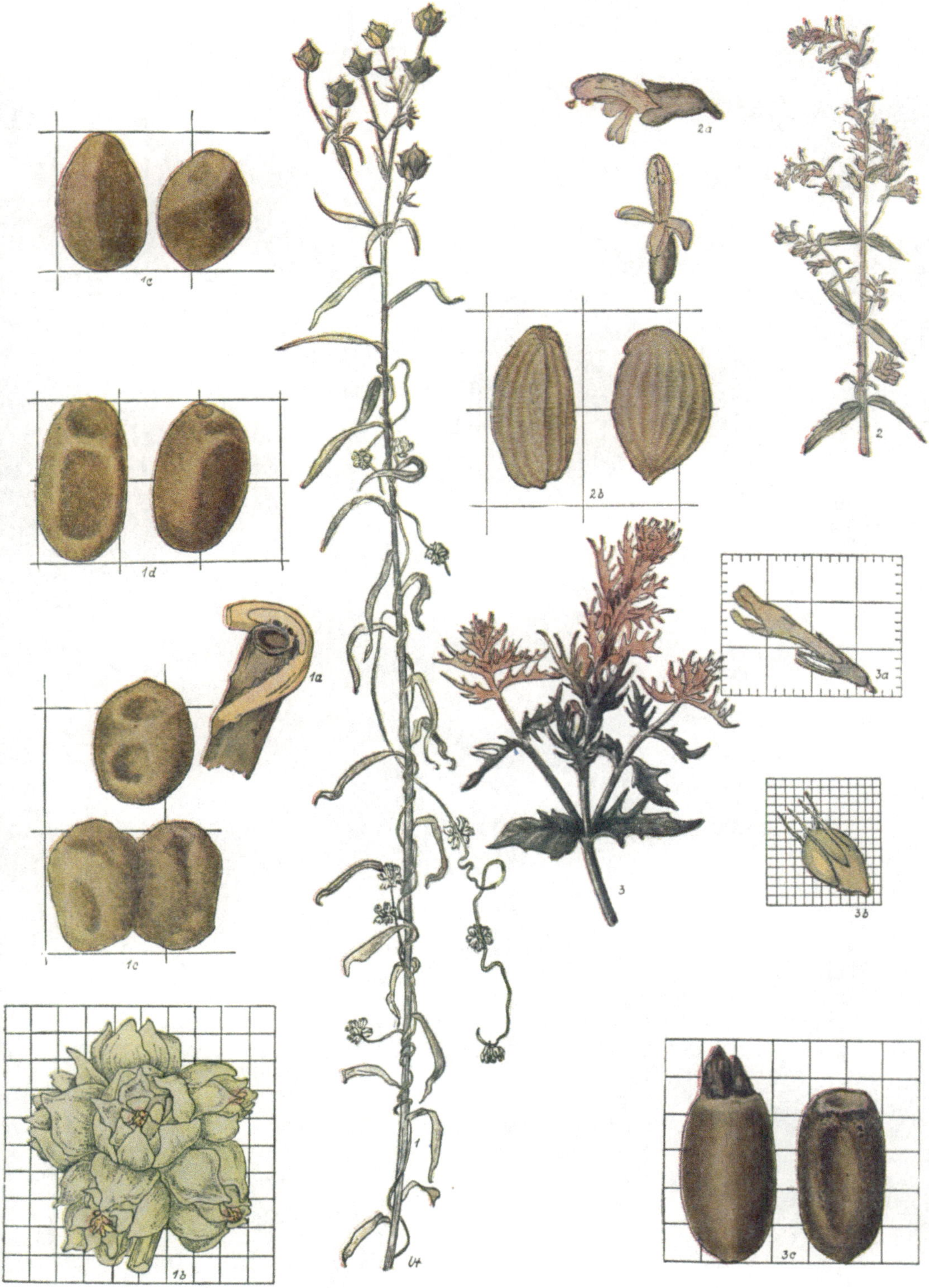
2a
2
2b
1d
1a
3a
3
3b
1c
1b
1
3c

(TABLICA 33/1)

Marchew zwyczajna

— *Daucus carota* L.

Rodzina: Baldaszkowate — *Umbelliferae*

Opis. Roślina o korzeniu wrzecionowatym, wypuszczająca w 2 roku sztywno owłosioną, bruzdkowaną, gałęzistą łodygę, osiągającą wysokość od 30 do 75 cm; liście dwu- bądź trzykrotnie pierzaste, szorstko owłosione; odcinki liści powtórnie pierzastodzielne; kwiatostanem — baldach złożony, w czasie kwitnienia płaski, rozszerzony, a w okresie owocowania kulisto stulony; środkowy kwiat każdego baldachu najczęściej ciemnoczerwony, wszystkie inne białe. Szczególnie charakterystyczną cechą gatunkową są pokrywy baldachów, składające się z licznych wąskich listków pierzastodzielnych, prawie takiej samej długości jak baldach; każdy baldaszek ma pokrywki składające się z wielu listków, mniej więcej takiej długości jak baldaszki.

Odróżnienie nasion (bot. rozłupek) odmian uprawnych marchwi zwyczajnej jest prawie niemożliwe, gdyż w materiale nasiennym są one na ogół wytarte; mają kształt owalny, na stronie grzbietowej wypukłe, z 7 żeberkami, z których 4 pokryte są miękkimi, łatwo odłamującymi się szczecinkami, na pozostałych zaś 3 (ułożonych na przemian z poprzednimi żeberkami) występują krótkie i nieliczne haczyki; strona brzuszna płaska lub lekko wklęsła, z środkową linią i dwoma bocznymi żeberkami.

Okres kwitnienia: od czerwca do jesieni.

Występowanie, znaczenie i zwalczanie. Marchew zwyczajna jako dwuletni chwast jest rozpowszechniona na brzegach pól, na miedzach, przydrożach i suchych łąkach; wydaje się więc, że odpowiadają jej stanowiska suche. Na polach występuje przeważnie w zasiewach lucerny i koniczyny, po zaoraniu tych roślin można ją niekiedy znaleźć w zbożach.

Marchew zwyczajna jako chwast polny nie ma znaczenia, względnie łatwo ją zniszczyć na polach, dzięki czemu nigdy nie występuje masowo. W roślinach pastewnych jednakże może być uciążliwa. Dlatego należy pilnować czystości plantacji nasiennych polowych roślin pastewnych, szczególnie należy dbać o to, by jednocześnie z roślinami nasiennymi nie wykaszać roślinności z brzegów pól.

Całkowite oddzielenie nasion marchwi zwyczajnej od materiałów nasiennych koniczyny łąkowej, lucerny nerkowatej (chmielowej) i lucerny siewnej najczęściej się nie udaje, także czyszczenie elektromagnetyczne daje nieszczególne wyniki.

Przy uprawie marchwi jadalnej lub pastewnej na nasiona istnieje niebezpieczeństwo przekrzyżowań z dziką marchwią, dlatego tę ostatnią trzeba bezwzględnie wyrywać z obrzeży pól.

Zabiegi zwalczające polegają na stosowaniu czystych materiałów siewnych i zapobieganiu przed rozwlekaniem na pola nasion dzikiej marchwi przez ludzi i zwierzęta. Odpowiednio wczesne wykaszanie obrzeży pól i dróg zabezpiecza przed przenoszeniem jej nasion. Dostatecznie wczesne podorywanie ściernisk nie dopuszcza do jej pojawiania się na polach.

(TABLICA 33/2)

Kminek zwyczajny
— *Carum carvi* L.
Rodzina: Baldaszkowate — *Umbelliferae*

Opis. Łodyga pusta (dęta), kanciasta, najczęściej w górnej części gałęzista, rzadko ulistniona, naga, wysokości od 30 do 90 cm; liście podwójnie pierzaste; odcinki liści pierzastodzielne, z licznymi ząbkami; baldach pozbawiony pokrywy, brak również pokrywek u baldaszków; kwiaty białe.

Nasiona (bot. rozłupki) słupkowate i kabłąkowato wygięte, na stronie grzbietowej z 5 wąskimi, jasnymi, podłużnymi żeberkami; na stronie złączenia (uczepu, rys. 2*b*) — bezfałdowe, z podłużną wąską obszywką; powierzchnia między żeberkami szarobrunatna do ciemnobrunatnej; świeże nasiona mają aromatyczny zapach i specyficzny smak.

Okres kwitnienia: od maja do czerwca (dojrzewanie lipiec — sierpień).

Występowanie, znaczenie i zwalczanie. Ta dwuletnia roślina rośnie na brzegach pól i przydrożach oraz na łąkach i pastwiskach, na polach ornych występuje rzadko. Nasiona kminku wyjątkowo spotyka się w materiałach siewnych innych roślin i nigdy w większych ilościach. Fakt ten należy tłumaczyć tym, że kminek zwyczajny jest bardzo rzadkim chwastem plantacji nasiennych, a poza tym jego nasiona dają się łatwo oddzielać od nasion wszystkich prawie gatunków uprawnych.

Kminek zwyczajny, chociaż wcześnie drewnieje, na trwałych użytkach zielonych zaliczany jest do wartościowych ziół, przy czym nigdy nie rozmnaża się tak silnie, aby musiał być traktowany jako chwast.

Przy normalnym gospodarowaniu specjalne środki do zwalczania nie są potrzebne.

(TABLICA 33/3)

Trybula leśna

— *Anthriscus silvestris* (L.) Hoffm.
Rodzina: Baldaszkowate — *Umbelliferae*

Opis. Łodyga wyrastająca z wrzecionowatego korzenia, prosta, dęta, żłobkowana, wstecznie owłosiona, w górnej części naga, najczęściej rozgałęziająca się, osiągająca wysokość 75—125 cm; liście dwukrotnie lub trzykrotnie pierzastodzielne, na stronie górnej nagie, na dolnej zaś — z owłosionymi nerwami: listki pierzastodzielne, o ząbkach zaostrzonych; baldach o 6—15 szypułach; pokrywy brak lub składa się tylko z 1—2 listków; pokrywki najczęściej 5-listkowe, małe, odgięte ku dołowi; kielich ledwo widoczny; korona biała.

Nasienie (bot. rozłupka) długości od 5 do 8 mm, słupkowate, zwężające się do samego dzióbka; brzegi po stronie złączenia (uczepu, rys. 3*b*) rynienkowato wgłębione; barwy szarooliwkowej do czarnej; gładkie.

Okres kwitnienia: od kwietnia do lipca.

Występowanie, znaczenie i zwalczanie. Trybula leśna, wieloletnia roślina baldaszkowata, nie jest chwastem polnym; występuje przy żywopłotach, w zaroślach i w sadach, na brzegach dróg i rowów, a także na łąkach; lubi gleby próchniczne, zasobne w azot i potas i w takich warunkach potrafi na łąkach wytwarzać jednogatunkowe zespoły wypierając inne rośliny pastewne. W czasie sprzętu siana trybula leśna łatwo się wykrusza i dlatego, mimo średniej wartości pastewnej, na użytkach zielonych musi być uważana za chwast zabierający dużo miejsca innym roślinom, dlatego trzeba przeciwdziałać jej rozprzestrzenianiu się z materiałami siewnymi roślin pastewnych. Przyczyną obecności nasion trybuli leśnej w materiałach siewnych innych roślin pastewnych jest przeważnie wykaszanie brzegów pól dopiero przy okazji koszenia roślin nasiennych, wskutek czego nasiona trybuli dostają się do zbieranej masy. Od materiałów siewnych traw o większych nasionach oddzielanie nasion trybuli leśnej udaje się tylko częściowo.

Zwalczanie trybuli na polach uprawnych jest zbędne, a na trwałych użytkach zielonych zmienne nawożenie i użytkowanie kośno-pastwiskowe daje najlepsze wyniki. Na herbicydy typu regulatorów wzrostu jest dosyć odporna.

TABLICA 33

1. **Marchew zwyczajna** — kwitnący i owocujący baldach, *1a* — liść, *1b* — rozłupka wytarta i nie wytarta
2. **Kminek zwyczajny** — kwitnący i owocujący pęd, *2a* — liść, *2b* — owoc, *2c* — rozłupki (nasiona)
3. **Trybula leśna**, *3a* — liść, *3b* — rozłupki (nasiona) widziane od strony grzbietowej i pachwinowej

Cechy rozpoznawcze

	Marchew zwyczajna		Kminek zwyczajny	Trybula leśna
Łodyga	bruzdkowana, rozgałęziona, szorstko owłosiona, wysokości 30 do 75 cm		dęta, kanciasta, najczęściej tylko w górnej części gałęzista, naga, wysokości 30—90 cm	dęta, pofałdowana, gałęzista, tylko na dole owłosiona, wysokości 75—125 cm
Liście	dwu- lub trzykrotnie pierzaste, szorstko owłosione		podwójnie pierzaste	dwu- lub trzykrotnie pierzaste na stronie górnej nagie, na stronie dolnej — na nerwach owłosione
Listki	pierzastodzielne, nieznacznie ząbkowane		pierzastodzielne, licznie ząbkowane	pierzasto wcinane, licznie głęboko ząbkowane, o ząbkach zaostrzonych
Baldachy	środkowy kwiat ciemnoczerwony, pozostałe białe; po okwitnieniu kulisto skupione		wszystkie kwiaty białe; po okwitnieniu baldachy luźne	wszystkie kwiaty białe; po okwitnieniu baldachy luźne
Pokrywy baldachów	liczne, pierzastodzielne, wąskie, prawie takiej długości jak baldachy		brak	brak, lub tylko o 1—2 listkach
Pokrywki baldaszków	wielolistkowe, mniej więcej takiej długości jak baldaszki		brak	najczęściej 5-listkowe, odgięte ku dołowi
Rozłupki (nasiona)	jajowato spłaszczone, na stronie grzbietowej wypukłe, z 4 podłużnymi kolczastymi żeberkami i 3 mniej wyraźnymi żeberkami między nimi żeberka pokryte drobnymi szczecinkami; na płaskiej stronie brzusznej 2 żeberka główne		słupkowate, najczęściej kabłąkowato wygięte, na stronie grzbietowej z 5 wąskimi, jasnymi, podłużnymi żeberkami, na stronie złącza — bezfałdowe, z podłużną wąską obszywką; brunatne do ciemnobrunatnych, o charakterystycznym aromatycznym zapachu	podłużnie słupkowate, zwężające się do samego dzióbka; brzegi po stronie złącza rynienkowato wgłębione; szarooliwkowe do czarnych
	bez szczecin	ze szczecinami		
grubość	0,5—1,2	0,9—2,5	0,4—1,4	0,8—1,4
szerokość	1,2—1,75	1,7—4,0	1,3—3,0	0,9—1,9
długość	2,8—4,7	3,3—4,9	2,9—5,5	4.9—7,0

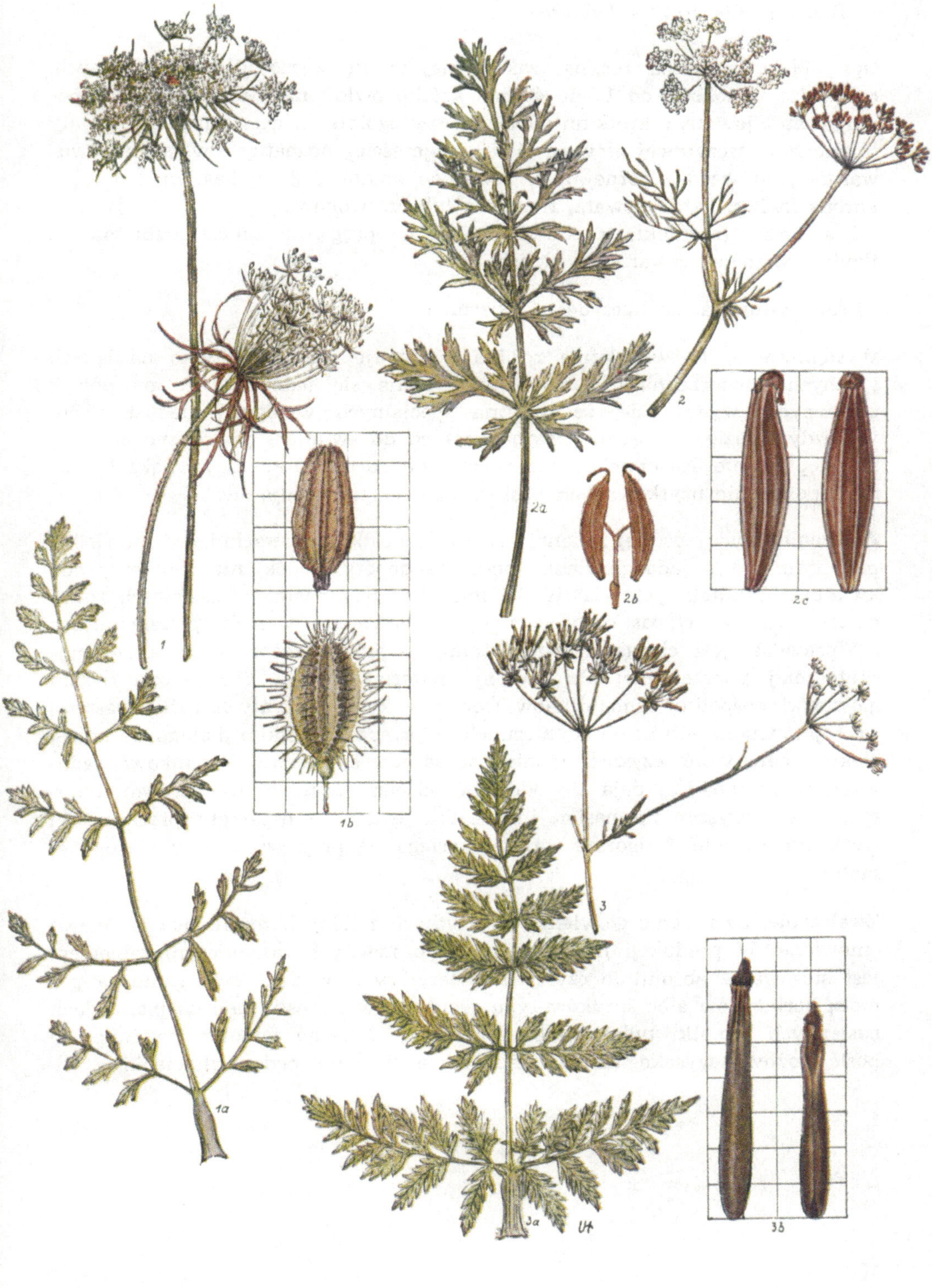
1
1a
1b
2
2a
2b
2c
3
3a
3b

(TABLICA 34/1)

Głowienka pospolita

— *Prunella vulgaris* L.
Rodzina: Wargowe — *Labiatae*

Opis. Mała delikatna roślina, zakorzeniająca się z rozłogów nadziemnych, o łodydze wysokości od 15 do 40 cm, krótko owłosiona; liście ogonkowe, podługowatojajowate, z krótkimi włoskami, szczególnie na nerwach liścia; kwiaty skupione w szczytowej główce; kielich najczęściej brunatny, owłosiony, dwuwargowy, o wardze górnej z 3, i wardze dolnej z 2 szydlastymi ząbkami; korona kwiatu gardzielowata, fioletowa lub czerwonawa.

N a s i o n a (rozłupki) trójkanciaste, z białą pręgą na kancie grzbietowym, tkwiące w jednej czwartej w kielichu.

Okres kwitnienia: od lipca do października.

Występowanie. Ta wieloletnia roślina występuje zazwyczaj tylko na łąkach i innych powierzchniach zadarnionych, trafia się jednak także na polach uprawnych; wydaje się, że nie ma specjalnych wymagań siedliskowych; w każdym razie ma średnie wymagania co do światła i jest dosyć odporna na udeptywanie. Na obficie nawożonych i nie za często koszonych łąkach oraz na odpowiednio użytkowanych pastwiskach nie utrzymuje się.

Znaczenie. Wydajność jej zielonej masy z jednostki powierzchni jest niewielka, poza tym bydło zjada głowienkę pospolitą dopóty, dopóki nie wytworzy ona kwiatów. Wskutek tych właściwości musi być traktowana w zasiewach roślin pastewnych jako chwast, chociaż nigdy nie występuje w niebezpiecznej ilości.

Wprawdzie jest chwastem wieloletnim, to jednak rozprzestrzenia się najskuteczniej poprzez nie odczyszczony materiał siewny. Oddzielanie nasion głowienki pospolitej z materiałów siewnych koniczynowatych roślin pastewnych jest trudne lub udaje się niezupełnie, przede wszystkim dlatego, że nawet elektromagnetyczne czyszczenie nie bardzo jest skuteczne. Stosunkowo zadowalająco nasiona jej dają się oddzielić od nasion koniczyny łąkowej, natomiast przy czyszczeniu nasion inkarnatki, seradeli i esparcety problem ten wcale nie istnieje. Najgorsze rezultaty osiąga się przy czyszczeniu nasion tymotki.

Zwalczanie. Zwalczanie głowienki na użytkach zielonych zostało już częściowo omówione. W produkcji nasiennej roślin pastewnych zasadniczym zabiegiem jest stosowanie absolutnie czystych materiałów siewnych. Zwalczanie za pomocą herbicydów albo środków typu regulatorów wzrostu daje na plantacjach nasiennych tymotki tylko znikome rezultaty. Dlatego tymotkę powinno się kosić możliwie wysoko, tak aby wraz z nią nie kosić pędów głowienki.

Fiołek trójbarwny

— *Viola tricolor* L.
Rodzina: Fiołkowate — *Violaceae*

Opis. Łodyga silnie gałęzista, podnosząca się lub ± rozesłana, kanciasta, gładka, wysokości od 10 do 30 cm; liście ogonkowe, jajowate do podługowatych, karbowane; przylistki (po obu stronach nasady liścia) liściaste, lirowato wcinane; kwiaty długoszypułkowe; działki kielicha lancetowate, dosyć długie, z charakterystyczną ostrogą skierowaną do tyłu; wielkość i barwa płatków korony bardzo zmienne u każdego podgatunku; korona żółta, fioletowa lub wielobarwna.

Nasiona podługowatojajowate, z białym wyrostkiem u podstawy w miejscu uczepu, żółte do jasnobrunatnych, gładkie i błyszczące.

Rolniczo ważne podgatunki fiołka rozpoznaje się przede wszystkim po wielkości i zabarwieniu płatków korony:

a) fiołek polny (*Viola tricolor* subsp. *arvensis* [Murr.] Gaud.) ma płatki korony krótsze od kielicha, żółto-białe, niekiedy górne płatki jasnofioletowe;
b) fiołek trójbarwny (*Viola tricolor* subsp. *eutricolor* Syme) — płatki korony duże, dłuższe od kielicha, jednobarwne fioletowe lub wielobarwne.

Okres kwitnienia: od kwietnia do października.

Występowanie. Wielkokwiatowy podgatunek fiołka trójbarwnego — pojawia się przede wszystkim na jałowych glebach piaszczystych; na lepszych glebach uważany jest za wskaźnik braku składników pokarmowych lub niedoboru wapnia w glebie; najczęściej spotyka się go na nie podoranych ścierniskach zbóż ozimych.

Drobnokwiatowy podgatunek fiołka polnego — występuje przeważnie w zespołach chwastów lepszych gleb; nie wykazuje jakichkolwiek wymagań w stosunku do kwasowości i troficzności gleby; spotykany jest w zbożach, w roślinach pastewnych i okopowych.

Obydwa podgatunki występują jako jednoroczne lub dwuletnie, bardzo rzadko jako wieloletnie i obydwa, ze względu na zawartość saponiny, mają właściwości lecznicze, dlatego zbiera się ich kwitnące pędy.

Znaczenie. W warunkach wysokiej kultury gleby fiołek trójbarwny nigdy nie występuje w niebezpiecznych ilościach; na nie podoranych ścierniskach kwitnie, owocuje i rozsiewa się bez przerwy do późnej jesieni. Chociaż można go znaleźć również w gęstych łanach koniczyny, to jednak jego agresywność nie jest duża. W jakim stopniu jego obecność wpływa na plon paszy należy jeszcze wyjaśnić w doświadczeniach.

Rozprzestrzenianie się fiołka trójbarwnego może być znacznie ograniczone przez staranne oczyszczanie materiałów nasiennych. Oddzielanie jego nasion od materiałów siewnych koniczyn i tymotki nie zawsze całkowicie się udaje, zwłaszcza że nawet elektromagnetyczne czyszczenie nie daje porządnych wyników.

Dalszy ciąg na str. 200

TABLICA 21

1. **Głowienka pospolita** — *1a* — pojedynczy kwiat, *1b* — kielich z dojrzałą rozłupnią, *1c* — rozłupka (nasienie)
2. **Fiołek trójbarwny** — pęd, *2a* — pojedynczy kwiat (odmiany drobnokwiatowej), *2b* — pojedynczy kwiat (odmiany wielkokwiatowej), *2c* — nasienie

Cechy rozpoznawcze

	Głowienka pospolita	Fiołek trójbarwny
Łodyga	krótko owłosiona, wysokości 15 do 40 cm, wypuszczająca z kątów liści zakorzeniające się pędy	silnie rozgałęziająca się, kanciasta, gładka, wysokości 10—30 cm
Liście	długoogonkowe, podługowatojajowate, z krótkimi włoskami na ogonkach i nerwach	ogonkowe, jajowate do podługowatych, karbowane; przylistki dłoniaste, lirowate lub pierzasto wcinane
Kwiaty	skupione w szczytowej główce	długoszypułkowe, pojedyncze
Kielich	dwuwargowy; warga górna z 3 i dolna z 2 ząbkami; owłosiony	o 5 działkach kielicha stosunkowo długich, lancetowatych, z płaskimi uszkowatymi wyrostkami skierowanymi do tyłu
Płatki korony	gardzielowato zrośnięte, fioletowe lub czerwonawe	u odmiany drobnokwiatowej — małe, żółtawe, białe; u odmiany wielkokwiatowej — duże; fioletowe lub wielobarwne
Nasiona	w zarysie podługowatojajowate, owalnotrójkanciaste, spiczaste; miejsce uczepu do dna kwiatowego białe; żółtobrunatne, z jaśniejszą pręgą na kancie grzbietowym, gładkie, błyszczące	podługowatojajowate, u podstawy w miejscu uczepu — z jasnymi, trochę pomarszczonymi, mięsistymi wyrostkami; żółte do jasnobrunatnych, gładkie, błyszczące
grubość	0,4—0,8	0,6—0,9
szerokość	0,8—1,3	0,8—1,2
długość	1,5—2,0	1,4—1,8

Dokończenie ze str. 199

Zwalczanie. Fiołek trójbarwny jest dosyć wrażliwy na herbicydy typu regulatorów wzrostu. W fazie kiełkowania fiołka dobrze działa także azotniak i kainit, w późniejszych zaś fazach rozwoju lepiej działa kainit. W roślinach okopowych można łatwo zniszczyć fiołek przez bronowanie, włókowanie i motyczenie. Najważniejszym zabiegiem jest jednak podorywanie ściernisk, nie dopuszczające do owocowania fiołka.

1a
2c
2a
2b
1b
1c
2
U4

(TABLICA 35/1)

Poziewnik polny

— *Galeopsis ladanum* L.
Rodzina: Wargowe — *Labiatae*

Opis. Łodyga wyprostowana, miękko owłosiona (włoski zwrócone w dół), pod węzłami nie zgrubiała, wysokości 10—45 cm; liście lancetowate, szerokości od 6 do 16 mm, z każdej strony z 3—7 odległymi ząbkami; kielich kwiatu gruczołowato owłosiony, luźno odstający, z 5 ząbkami krótszymi mniej więcej o połowę od rurki kielicha; korona kwiatu purpurowoczerwona; górna warga zwykle trochę ząbkowana, dolna warga z żółto-czerwono-purpurowymi płatkami i charakterystycznymi dla rodzaju poziewnika wyraźnymi wypukłościami oraz przylegającymi płatkami bocznymi.

Rozłupki (nasiona), jak u większości poziewników, jajowate, na stronie grzbietowej wypukłe, a na stronie brzusznej wysklepione, po bokach ostrokanciaste, w przekroju poprzecznym kształtu wycinka koła; różnią się od innych gatunków brunatną barwą i żółtawobiałymi brodawkami oraz wielkością.

Okres kwitnienia: od lipca do października.

Występowanie i znaczenie. Ten jednoroczny lub dwuletni chwast polny występuje najczęściej na średnich i lekkich glebach, jest szeroko rozpowszechniony, pod względem wymagań glebowych wydaje się obojętny, nie spotyka się go jednak na polach okresowo podmokłych lub silnie przesuszanych. W północnej nizinnej części Niemiec występuje dosyć rzadko; masowo również nieczęsto się pojawia. W produkcji nasiennej nie odgrywa żadnej roli, ponieważ zbyt późno dojrzewa, ażeby stać się niebezpiecznym chwastem dla drobnonasiennych roślin motylkowatych.

Staranna uprawa roli w zasadzie wystarcza do jego zniszczenia. Szczególne znaczenie ma podorywanie ściernisk. Wrażliwość na różne herbicydy nie została dotychczas zbadana, ponieważ nie było żadnych powodów ku temu, ażeby zająć się tym chwastem w tego rodzaju doświadczeniach.

(TABLICA 35/2)

Poziewnik piaskowy

— *Galeopsis segetum* Necker (*G. dubia* Leers, *G. ochroleuca* Lam.)
Rodzina: Wargowe — *Labiatae*

Opis. Łodyga wyprostowana, silnie gałęzista, pod węzłami nie zgrubiała, miękko owłosiona (włoski zwrócone w dół), wysokości 15—50 cm; liście podłużne jajowate, wyraźnie ogonkowe, piłkowane i owłosione; kielich kwiatowy silnie owłosiony; korona kwiatu żółtawobiała, rzadziej czerwonawa, 3—4 razy dłuższa od kielicha; górna warga często lekko ząbkowana, dolna warga delikatnie karbowana, z wyraźną żółtą łatką przy gardzieli.

Rozłupki (nasiona) jajowate, na stronie grzbietowej słabo wypukłe, na stronie brzusznej aż do środka silnie wygrzbiecone, na bokach ostrokanciaste, w przekroju poprzecznym zbliżone do wycinka koła; barwa szarobrunatna z ciemnymi centkami; szorstkie.

Okres kwitnienia: od lipca do sierpnia.

Występowanie i znaczenie. Ten jednoroczny chwast często występuje na poboczach dróg, rumowiskach, w kamieniołomach i zaroślach; na polach spotkać go można tylko na najlżejszych glebach piaszczystych, a także na przytorfowych. Jest rozpowszechniony w rejonach atlantyckich, natomiast dalej na wschód spotkać go można rzadko, a także na Zachodzie raczej nie występuje masowo. Przy starannej uprawie roli poziewnik piaskowy nie rozprzestrzenia się; ważnym zabiegiem przy jego zwalczaniu jest podorywanie ściernisk.

(TABLICA 35/3)

Poziewnik szorstki

— *Galeopsis tetrahit* L.
Rodzina: Wargowe — *Labiatae*

Opis. Łodygi najczęściej silnie rozgałęzione, pod węzłami zgrubiałe, szczególnie tamże szczeciniasto owłosione, wysokości od 20 do 60 cm; liście owłosione, jajowate i ogonkowe; kielich z 5 długimi, szydlastymi ząbkami; korona kwiatu brudno- lub jasnoczerwona do białawej, rzadziej fioletowa albo żółtawa, najczęściej z żółtym bądź czerwonokarminowym nakrapianiem na wardze dolnej; środkowa łatka wargi dolnej prawie prostokątnie ucięta, płaska, zwykle drobno ząbkowana; łatki boczne i wydrążone wypukłości wyraźne; rurka korony takiej samej długości jak ząbki kielicha.

Rozłupki (nasiona) szerokojajowate, z bardziej wypukłą stroną grzbietową i aż do środka daszkowato wysklepioną stroną brzuszną, na bokach ostrokanciaste; w przekroju poprzecznym podobne — jak u wszystkich gatunków *Galeopsis* — do wycinka koła; barwy szarożółtej do ciemnobrunatnej, z nieregularnymi jasnymi plamkami; szorskie, matowe.

Okres kwitnienia: od lipca do sierpnia.

Występowanie. Ten jednoroczny chwast spotyka się często przy zaroślach, ogrodzeniach i drogach; jako chwast polny jest szeroko rozpowszechniony; jego zasięg na północy sięga poza granice uprawy zbóż; pojawia się we wszystkich roślinach uprawnych, szczególnie często w zbożach i lnie, przede wszystkim w okolicach podgórskich [np. Sudetach]. W stosunku do kwasowości gleby, jej sprawności i wilgotności zachowuje się dosyć obojętnie, jednak silnie może się rozpowszechniać tylko na polach umiarkowanie lub co najmniej dobrze zaopatrzonych w azot.

Znaczenie. Poziewnik szorstki jest bardzo niebezpiecznym chwastem polnym, zwłaszcza w zbożach i lnie. Przy masowym występowaniu nie tylko bardzo znacznie obniża plon, ale utrudnia także sprzęt i jest bardzo nieprzyjemny w dotyku z powodu swoich ostrych owocostanów. W ostatnich latach w wielu rejonach silnie się rozpowszechnił.

Zwalczanie. Bardzo skutecznie działa wczesnowiosenne bronowanie, ponieważ poziewnik szorstki jest rośliną kiełkującą zdecydowanie na wiosnę i niemal na powierzchni ziemi. Jego rozłupki (nasiona) są zdolne do kiełkowania dopiero po przemrożeniu, ale mogą kiełkować tylko wtedy, gdy grubość przykrywającej je warstwy gleby nie przewyższa 5 cm. Chociaż poziewnik zakorzenia się płytko, to jednak bronowaniem można go zniszczyć tylko w fazie kiełkowania.

Duże znaczenie ma stosowanie czystych materiałów siewnych. Od materiałów siewnych roślin zbożowych jego rozłupki dają się bez reszty oddzielić, natomiast od nasion lnu i konopi oddzielanie jest trudne. Dlatego materiały siewne tych dwóch roślin uprawnych muszą być zupełnie wolne od domieszek nasion poziewnika szorstkiego.

Chemiczne zwalczanie jest dosyć trudne. Doświadczenia **Schröppela** wyka-

Dalszy ciąg na str. 206

Czyściec błotny

— *Stachys palustris* L.
Rodzina: Wargowe — *Labiatae*

Opis. Łodygi kanciaste, pojedyncze lub rozgałęziające się, osiągające wysokość 120 cm i najczęściej na kantach odstająco owłosione; liście lancetowate, miękko owłosione, bezogonkowe, osadzone na łodydze mniej lub bardziej ją opasując; dolne liście mniej wyraźnie ogonkowe; kwiaty osadzone po 6—24 w nibyokółkach; kielich rurkowaty do dzwonkowatego, najczęściej z wyraźnymi nerwami, często nieco fioletowo nabiegłymi i słabo owłosionymi; końce ząbków kielicha odstające i zaostrzone. Korona kwiatu brudnofioletowa; warga dolna korony mniej więcej dwa razy dłuższa od wargi górnej, z ciemniejszą szkarłatną gardzielą; łatki boczne wyraźne.

Charakterystyczną cechą gatunkową są maczugowato zgrubiałe podziemne „bulwiaste rozłogi" (Troll, 1937), beczkowato grubiejące między węzłami, zwłaszcza jesienią.

Rozłupki (nasiona) jajowate, na stronie grzbietowej wypukłe, a na brzusznej w $^3/_4$ wyraźnie wygrzbiecone, o bokach owalnych; jasnobrunatne do czarnych, delikatnie siteczkowane, dosyć gładkie.

Okres kwitnienia: lipiec — sierpień.

Występowanie, znaczenie i zwalczanie. Ten wieloletni chwast pojawia się często nad brzegami wód i na mokrych łąkach, a jako chwast polny przede wszystkim na okresowo podmokłych, źle przewietrzanych polach; wydaje się, że odpowiadają mu raczej gleby słabokwaśne do obojętnych. Rozmnaża się przez nasiona albo przez podziemne bulwiaste rozłogi (dlatego roślina ta bywa nazywana także świńskim burakiem). W czasie uprawy roli zgrubiałe bulwiaste rozłogi pękają i pojedyncze ich kawałki zostają rozwleczone po polu. Z rozmnóżki pączkowej każda bulwa pochodzenia pędowego wczesną wiosną może wydać nową roślinę. Chociaż czyściec błotny jest uważany za roślinę wskaźnikową okresowo nadmiernie wilgotnych powierzchni, to jednak okresowe susze wytrzymuje lepiej niż większość roślin uprawnych.

Jako zdecydowany chwast przy masowym występowaniu, które rzadko się zdarza, może być bardzo niebezpieczny. Trwałe jego zniszczenie można uzyskać przez odwodnienie zbyt mokrych pól; stosunkowo dobrze niszczą go herbicydy (2,4-D lub MCPA). Na polach zachwaszczonych czyśćcem błotnym nie powinno się uprawiać tymotki, koniczyn ani innych roślin koniczynowatych na nasiona.

Dokończenie ze str. 205

zały, że DNOC (0,75-procentowy roztwór Raphotoxu) działa jeszcze najlepiej, ale nawet tym środkiem około 10% roślin nie zostanie zniszczonych. Według **Rademachera** i **Flocka** najlepsze wyniki daje stosowanie kainitu (8 q/ha) i mieszanki kainitu z azotniakiem (w stosunku 6 : 1 i w ilości 5,25 q/ha) w fazie do 5 liścia.

Czyściec roczny

— *Stachys annua* L.
Rodzina: Wargowe — *Labiatae*

Opis. Najczęściej rozgałęziająca się, krótko owłosiona łodyga, osiągająca wysokość od 10 do 40 cm; górne liście podługowato eliptyczne, siedzące na łodydze, dolne — zaokrąglone lub łopatkowate i wyraźnie ogonkowe; krótkoszypułkowe kwiaty ustawione po 3—7 w nibyokółkach; kielich dzwonkowaty, słabo unerwiony, silnie owłosiony, o ząbkach trochę krótszych od rurki; korona kwiatu żółtawobiała, o rurce nieco dłuższej od końców kielicha; warga górna płaska, z brzegami wygiętymi, dolna — nieco dłuższa, z 3 owalnymi, często trochę karbowanymi łatkami.

Rozłupki (nasiona) szerokojajowate do prawie okrągłych; na stronie grzbietowej silnie wypukłe; boki w dolnej połowie ostrokanciaste i na stronie brzusznej niewyraźnie wysklepione; barwa ciemnoszara do czarnej, najczęściej brunatna; szorstkie.

Okres kwitnienia: od lipca do października.

Występowanie, znaczenie i zwalczanie. Ten jednoroczny, rzadziej dwuletni chwast najczęściej występuje na płytkich glebach węglanowych w niższych położeniach górskich; przeważnie tylko sporadycznie rośnie na glebach uprawnych i w winnicach, a w wielu rejonach wcale nie występuje. Chociaż jest absolutnym chwastem, to jednak jest rzadko niebezpieczny; zakwita i owocuje na nie podoranych ścierniskach; przy starannej uprawie polowej nie spotyka się go nawet na glebach gliniastych zasobnych w wapń.

Szczególne znaczenie ma podorywanie ściernisk, nie dopuszczające do jego owocowania. W doświadczeniach ze zwalczaniem chwastów dotychczas nie był badany, wskutek czego nie można podać żadnych wskazówek dotyczących działania różnych herbicydów.

Jego rozłupki tylko częściowo dają się oddzielić od materiału siewnego koniczyn.

(TABLICA 35/6)

Czyściec polny

— *Stachys arvensis* L.
Rodzina: Wargowe — *Labiatae*

Opis. Łodyga łukowata, gałęzista, odstająco owłosiona, pokładająca lub podnosząca się, osiągająca wysokość od 10 do 30 cm; liście ogonkowe, sercowato-jajowate, tępo karbowane i po obydwu stronach nieznacznie owłosione; kwiaty po 2—6 w nibyokółkach; kielich dzwonkowaty, unerwiony, odstająco owłosiony; korona kwiatu różowa, o rurce krótszej lub o 3 mm dłuższej od kielicha wraz z ząbkami.

Rozłupki (nasiona) szerokojajowate, zaostrzone, na stronie grzbietowej wypukłe; strona brzuszna do połowy wyraźnie wysklepiona; barwa szara do brązowobrunatnej; z ciemnymi brodawkami albo nieregularnie wzniesionymi, ciemnymi łatkami; powierzchnia szorstka.

Okres kwitnienia: od maja do października.

Występowanie, znaczenie i zwalczanie. Ten jednoroczny lub dwuletni chwast rośnie przeważnie na wilgotnych piaszczystych lub piaszczysto-gliniastych glebach; występuje tylko miejscami i bardzo rzadko masowo; rozprzestrzeniać się może tylko na glebach o niskim pH.

Jego rozłupki nie dają się w zupełności oddzielić od materiałów siewnych koniczyn. Zachwaszczone przez czyściec polny pola raczej nie nadają się pod uprawę koniczyny na paszę, a zwłaszcza koniczyny nasiennej.

Skutecznie można go zwalczać przez traktowanie zbóż herbicydami 2,4-D lub MCPA.

TABLICA 35

1. **Poziewnik polny,** *1a* — odcinek łodygi, *1b* — kwiat, *1c* — rozłupki (nasiona)

2. **Poziewnik piaskowy,** *2a* — kwiaty, *2b* — rozłupka (nasienie)

3. **Poziewnik szorstki,** *3a* — odcinek pędu, *3b* — kwiaty, *3c* — rozłupka (nasienie)

4. **Czyściec błotny,** *4a* — odcinek pędu, *4b* — rozłóg bulwiasty, *4c* — kwiaty, *4d* — rozłupka (nasienie)

5. **Czyściec roczny,** *5a* — odcinek pędu, *5b* — kwiaty, *5c* — rozłupka (nasienie)

6. **Czyściec polny,** *6a* — kwiaty, *6b* — rozłupka (nasienie)

Cechy rozpoznawcze i porównawcze

	Poziewnik polny	Poziewnik piaskowy	Poziewnik szorstki	Czyściec błotny	Czyściec roczny	Czyściec polny
Cechy rodzajowe	środkowa klapa dolnej wargi korony u nasady z 2 stożkowatymi wypukłościami; w pozostałej części kwiaty mają mniej wyraźne wargi — górną i dolną, z przylegającymi łatkami bocznymi, podobnie jak u czyśćca			kwiaty z wyraźnymi wargami górną i dolną; dolna warga (bez wypukłego ząbka), z 2 wyraźnymi, najczęściej tępymi łatkami; kielich dzwonkowaty, z 5 ząbkami prawie jednakowej długości i 5 albo 10 podłużnymi nerwami; liście zawsze niepodzielone		
Łodyga	miękko owłosiona, pod węzłami niezgrubiała; wysokości 10—45 cm	miękko owłosiona, pod węzłami niezgrubiała; wysokości 15—50 cm	pod węzłami zgrubiała i zwykle tamże szczeciniasto owłosiona; wysokości 30—70 cm	wyprostowana, pojedyncza lub mało rozgałęziona, na kantach silnie, odstająco owłosiona; wysokości 30—120 cm	wyprostowana, silnie rozgałęziająca się (często nawet dwukrotnie), naga lub krótko owłosiona; wysokości 10—40 cm	podnosząca lub pokładająca się; pokryta odstającymi, szorstkimi włoskami; wysokości 10—50 cm
Liście	krótkoogonkowe lub siedzące, eliptyczne, grubo ząbkowane (z każdej strony po 4—8 ząbków); miękko owłosione	ogonkowe, jajowate do lancetowatych, tępo ząbkowane, jedwabisto owłosione	ogonkowe, jajowate, o brzegach z 5—10 karbowanymi ząbkami; po obu stronach miękko owłosione	siedzące lub wpół obejmujące łodygę; dolne — krótkoogonkowe, podługowato-lancetowate, długości 3—12 cm, delikatnie karbowane lub piłkowane	górne — podługowate, eliptyczne, siedzące; dolne — długoogonkowe, jajowate do łopatkowatych, nieznacznie karbowane do całobrzegich	sercowatojajowate, ogonkowe, tępo karbowane, po obu stronach nieznacznie owłosione
Kielich	dzwonkowaty, luźny, o rurce kwiatowej wystającej nad kielich, gruczołowato owłosiony; ząbki prawie o połowę krótsze od rurki kielicha	dzwonkowaty, o krótkich ząbkach; pokryty odstającymi włoskami gruczołowymi	dzwonkowaty, zwykle szczeciniasto owłosiony, o 5 długich, szydlastych ząbkach	rurkowatodzwonkowaty, słabo unerwiony, często nieco fioletowo nabiegły, najczęściej słabo owłosiony; ząbki szydlaste, długości 7—10 mm	dzwonkowaty, słabo unerwiony, silnie owłosiony; ząbki nieco krótsze od rurki	dzwonkowaty, z wypukłymi nerwami, odstająco owłosiony; ząbki takiej długości jak rurka

	Poziewnik polny	Poziewnik piaskowy	Poziewnik szorstki	Czyściec błotny	Czyściec roczny	Czyściec polny
Korona kwiatu	jasnopurpurowa, z żółtymi, szkarłatnymi plamkami na dolnej wardze; mniej więcej dwukrotnie dłuższa od kielicha	żółtawobiała, bardzo długa (2,5—3.0 cm), prawie cztery razy dłuższa od kielicha	duża, o zmiennej barwie, najczęściej tylko nieznacznie przewyższająca ząbki kielicha, najwyżej dwukrotnie dłuższa; barwy białawej, fioletowej, brudno-karminowo-czerwonej lub żółtej; dolna warga na gardzieli często nakrapiana	brudnofioletowa, mniej więcej dwukrotnie dłuższa od kielicha; dolna warga dwukrotnie dłuższa od wargi górnej, pochylona do dołu, z ciemnofioletowym deseniem na jasnym tle	żółtawobiała, nieco dłuższa od kielicha; wargi górna i dolna (a także i boczne) często nieznacznie karbowane	różowa, krótsza lub najwyżej o 3 mm dłuższa od kielicha; rurka korony długości 3—4 mm
Rozłupka (nasienie)	jajowata, na stronie grzbietowej wypukła, o bokach ostrokanciastych, na stronie brzusznej daszkowato wysklepiona, w przekroju poprzecznym prawie identyczna			jajowata, na stronie grzbietowej wypukła, mniej więcej w $^{3}/_{4}$ wyraźnie wysklepiona, o kantach tępych	szerokojajowata prawie do kulistej; strona grzbietowa silnie wypukła, o bokach w dolnej połowie ostrokanciastych; strona brzuszna niezbyt wyraźnie wysklepiona	szerokojajowata, zaostrzona; strona grzbietowa wypukła, na stronie brzusznej połowy wyraźnie wysklepiona
Barwa	brunatna; brodawki żółtawobiałe	brunatna; łatki szarobiałe lub szarobrunatne; centki ciemne	żółta do brunatnej; różnokształtne łatki jasne	jasnobrunatna do czarnej, delikatnie siateczkowana, prawie gładka	ciemnoczarna do czarnej, najczęściej brunatna, chropowata	srebrzystoszara do ciemnobrązowej, matowa; nieregularne łatki lub gruczołowate brodawki ciemniejące
grubość	0,8—1,2	0,9—1,4	1,1—1,9	0,8—1,4	0,75—1,3	0,8—1,2
szerokość	1,5—2,3	1,1—1,9	1,6—3,0	1,1—1,7	1,1 —1,8	1,1—1,6
długość	2,5—3,2	1,9—2,5	2,1—3,4	2,0—2.3	1,4 —2,0	1,3—1,8

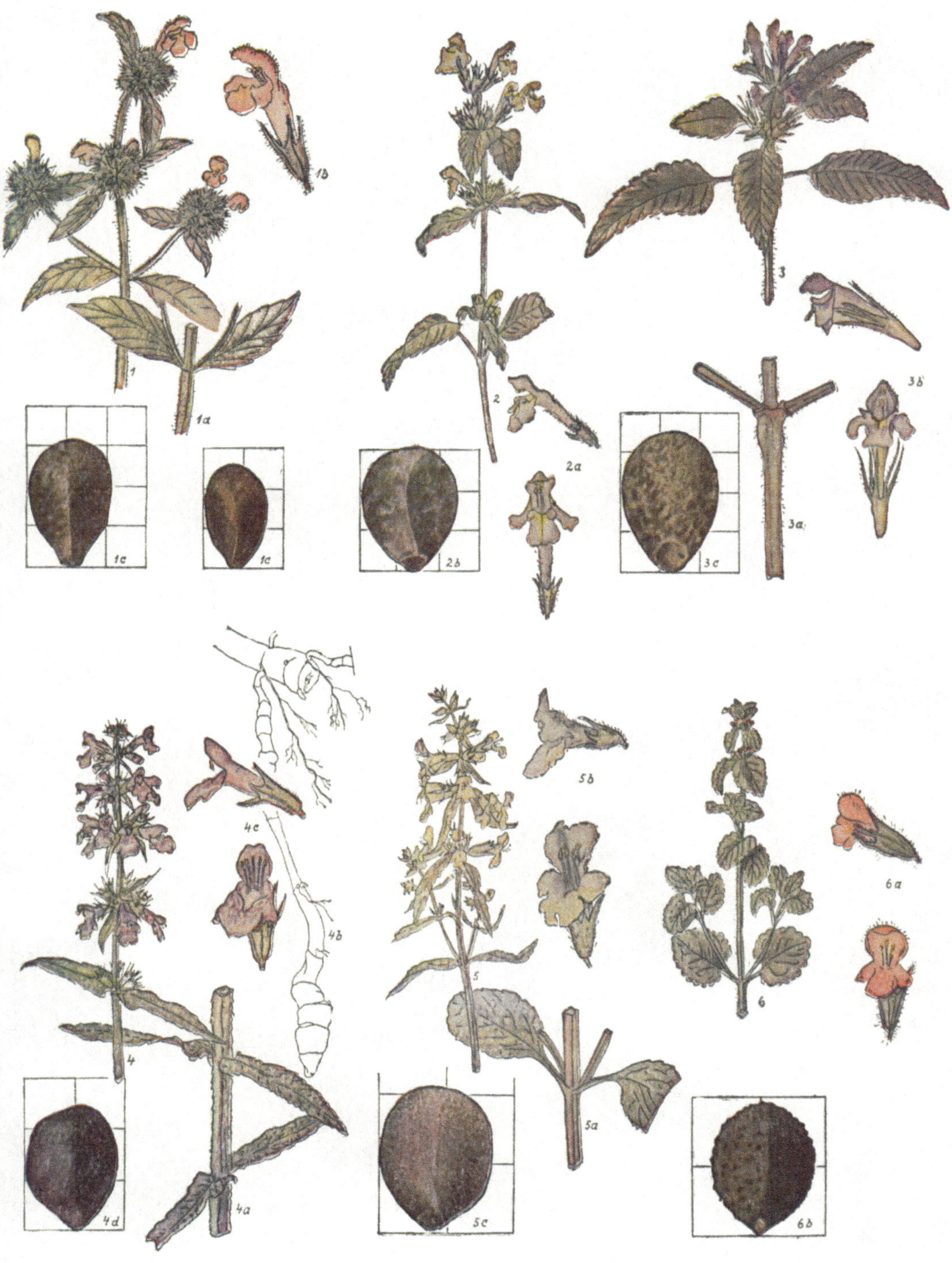
1
1a
1b
1c
1c
2
2a
2b
3
3a
3b
3c
4
4a
4b
4c
4d
5
5a
5b
5c
6
6a
6b

III. MŁÓCENIE ORAZ CZYSZCZENIE TRAW I MOTYLKOWATYCH[1]

Troska doświadczonych plantatorów roślin nasiennych najczęściej skierowana jest na uzyskanie dobrego stanu roślin nasiennych na polu. Zwracają oni też uwagę na zwiezienie plonów bez żadnych strat, a najrzadziej na samą młockę traw i roślin motylkowatych drobnonasiennych i na proces bukowania koniczyn, kiedy mogą powstawać niezwykle duże straty. Temu właśnie tematowi poświęcony jest niniejszy rozdział.

1. Straty przy młóceniu traw nasiennych

Przy młóceniu traw nasiennych istnieją trzy źródła strat:

a) niecałkowity omłot,

b) przedostawanie się części nasion do plew,

c) odplewianie ziarniaków.

Ziarniaki poszczególnych gatunków traw są mniej lub bardziej mocno osadzone w plewach, nawet poszczególne odmiany hodowlane jednego gatunku znacznie mogą różnić się między sobą pod tym względem.

Osadzenie ziarniaków zależy od stopnia łamliwości osadki kłoskowej. Trzonek, na którym jest osadzony ziarniak plewiony, może być bardziej lub mniej łamliwy. Zbiór i zwózka gatunków o luźnym osadzeniu ziarniaków wymagają bardzo dużej staranności, ponieważ w wypadku przeoczenia właściwego terminu koszenia lub w wypadku nieumiejętnego przestawiania w czasie suszenia, jak również w razie zwożenia na wozach nie wyłożonych płachtami żniwnymi straty powstałe wskutek osypywania się nasion mogą być poważne. Aby im zapobiec, wyhodowano odmiany niektórych łatwo osypujących się gatunków, odznaczające się mocniejszym osadzeniem ziarniaków. Producent nasion traw wita z zadowoleniem takie wyniki pracy hodowców, ponieważ oszczędzają mu one wielu kłopotów. Na ogół jednak zapomina się, że silne osadzenie ziarniaków powoduje konieczność bardziej ostrego młócenia, przy czym można łatwo uszkodzić nasiona lub też nie wszystkie wymłócić.

Sprawdzanie stopnia wymłócenia traw jest trudniejsze niż zbóż, ponieważ nasiona traw są o wiele mniejsze i dlatego w sianie poomłotowym niełatwo je zobaczyć; ponadto niejednokrotnie trudno jest stwierdzić, czy w sianie są same puste plewy, czy też zawierają one ziarniaki. Najczęściej po omłocie pozostają na pędach tylko plewy, wówczas gdy oplewione ziarniaki lub całe

[1] Opublikowane w „Deutsche Landwirtschaft“ 8, 448—454, 1957.

kłoski odpadają. Dokładność omłotu sprawdza się w ten sposób, że kilka kłosów lub wiech, które przeszły przez młocarnię, wyciera się w rękach i po zdmuchnięciu plew sprawdza się pozostałe na ręce nasiona.

Szczególnie mocno osadzone ziarniaki ma wiechlina łąkowa. Dlatego młóci się je przeważnie dwukrotnie, stosując ostrą młockę, przy czym uszkadzania ziarniaków można się nie obawiać. Przy młóceniu tego gatunku powstają niekiedy straty wskutek sczepiania się wełnistych włosków oplewionych ziarniaków i spadania ich razem ze słomą.

Zdarza się to wtedy, gdy za szybko podaje się na maszynę lub gdy urządzenie wytrząsające źle pracuje.

O wiele większe straty niż wskutek niezupełnego wymłacania powstają z powodu tego, że stosunkowo lekkie nasiona traw są wdmuchiwane do komory plewowej. Zawsze jednak lepiej do młócenia traw nastawić maszynę raczej na mniejszy niż na większy odsiew. Zwłaszcza początkujący plantatorzy traw nasiennych powinni przestrzegać tej zasady. Plewy pozostałe po omłocie można później oddzielić na wialni, pod staranną kontrolą lub ostatecznie odstawić surowy omłot. Dosyć trudno jest stwierdzić, czy w odsianych plewach znajdują się jeszcze całe oplewione ziarniaki. Dlatego powinno się tak ustawiać podmuch, żeby żadne ziarniaki oplewione, również i płonne (puste plewki) nie przedostały się do plew. Należy więc klapy wietrzne młocarni nastawić na minimalny odsiew lub — przy młóceniu gatunków o szczególnie lekkich nasionach (konietlica łąkowa, mietlica biaława, wiechlina łąkowa, wyczyniec łąkowy) — zupełnie zamknąć.

Czyszczenie na młocarni za pomocą przesiewu zupełnie nie ma znaczenia. Jeżeli na młocarni zostanie odsianych trochę zgonin, to należy uznać, że sita spełniły swoje zadanie. W żadnym wypadku materiał siewny nie powinien pozostawać na sitach. Dlatego też zawsze lepiej wybierać sita z większymi niż zbyt małymi okrągłymi otworami, a jako dolne można stosować nawet tzw. sito ślepe (z nie dziurkowanej blachy). Dotyczy to również młocki kombajnem w czasie koszenia i omłotu bezpośredniego z pokosów.

Przy omłocie traw nasiennych klepisko młocarni można ustawić zupełnie ciasno. Pewną ostrożność należy zachować jedynie przy młóceniu gatunków o luźno zwartych plewach.

Odplewianie ziarniaków traw

Wyjątkowo duże straty mogą powstawać wskutek odplewiania ziarniaków przy młocce traw o luźno zwartych plewach. Plewy ochraniają ziarniaki nie tylko przed mechanicznym uszkodzeniem, ale także w glebie przed opanowaniem przez grzyby i drobnoustroje glebowe, co doświadczalnie zostało stwierdzone. Na bibule i na wyjałowionym piasku kwarcowym odplewione ziarniaki traw kiełkują równie dobrze, jak oplewione, natomiast na różnych glebach, w warunkach naturalnych, ich zdolność kiełkowania znacznie się zmniejsza.

Ziarniaki połamane otrzymano przez przepołowianie nagich ziarniaków ostrożnie odplewionych w palcach; badaniu poddano tylko połówki z zarodkami.

Wyniki kiełkowania na podłożach 1 i 2 mniej lub bardziej wyjałowionych, wyraźnie odbiegają od wyników uzyskanych na wymienionych glebach.

Tabela 1

Kiełkowanie rajgrasu wyniosłego w różnych glebach przy temperaturze zmiennej i 60-procentowym nasyceniu pojemności wodnej

Odmiana: Motterwitzer (oryginał), rok zbioru **1954**, liczba powtórzeń 3

	Procent nasion skiełkowanych w kiełkowniku po 14 dniach									
	1	2	3	4	5	6	7	8	9	10
Oplewione	88,0	93,2	77,5	68,5	74,5	88,5	91,0	81,0	97,0	63,5
Odplewione										
ręcznie	89,8	84,2	52,5	26,5	62,5	79,5	76,0	78,5	61,0	41,5
maszynowo	72,0	75,0	16,5	6,5	16,5	31,5	37,0	32,5	26,5	4,0
Połamane	65,5	67,0	5,5	0,5	18,5	41,5	36,0	15,5	25,0	0,0

Jako podłoże zastosowane zostały:

1 — bibuła filtracyjna,
2 — wyjałowiony piasek kwarcowy,
3 — gleba piaszczysta z Dübener Heide,
4 — słabo próchniczny piasek z Müncheberg,
5 — piasek gliniasty z Taucha,
6 — glina piaszczysta z Grosspösna,
7 — glina piaszczysta z Gundorf,
8 — czarna ziemia z Elstertrebnitz,
9 — rędzina wytworzona z wapienia muszlowego z Ostramondra,
10 — torf niski z Paulinenaue

Sumując i odpowiednio przeliczając wyniki doświadczeń z kiełkowaniem na 8 pozostałych podłożach (od 3 do 10) otrzymamy następujące średnie wartości.

Ziarniaki	Siła kiełkowania po 14 dniach	Procent w stosunku do kiełkowania oplewionych=100
Oplewione	79,88	100,00
Odplewione ręcznie	59,69	74,72
Odplewione maszynowo	21,38	26,77
Przełamane	17,63	22,07
Przedział ufności przy P = 5%	10,40	13,02
Przedział ufności przy P = 1%	13,83	17,31
Przedział ufności przy P = 0,1%	17,99	22,52

Również i po zbadaniu w doświadczeniach innych odmian rajgrasu uzyskano prawie takie same wyniki. Jeżeli siłę kiełkowania oplewionych ziarniaków przyjmiemy za 100, to okaże się, że ziarniaki odplewione wykazują przeciętnie tylko 25% siły kiełkowania. Nie potrzeba tutaj podkreślić, że mniejszy procent kiełkowania we wszystkich rodzajach gleb zastosowanych jako podłoże był statystycznie udowodniony. Podobne wyniki uzyskano z kiełkowaniem tymotki. Zdolność kiełkowania oplewionych ziarniaków tymotki wynosiła na różnych glebach 20 do 35%, w stosunku do ziarniaków oplewionych, których siłę kiełkowania przyjęliśmy za 100.

Siła kiełkowania materiału siewnego traw, odplewionego maszynowo, może się obniżyć:

u rajgrasu wyniosłego do 75%,
u tymotki łąkowej do 70%.

Jeśli się zważy, że wymienione wyniki osiągnięto w optymalnej temperaturze kiełkowania i że odplewione nasiona traw mogą kiełkować w glebie jedynie w pierwszych dniach po wysiewie, ponieważ później fermentują lub pleśnieją, to ich zdolność kiełkowania w warunkach polowych jest znacznie niższa od podanej w tabeli 1.

Dotychczas przeprowadzono niewiele badań dotyczących ilości odplewionych w czasie młocki ziarniaków traw. Szczególnie łatwo odplewiają się ziarniaki: tymotki, rajgrasu wyniosłego, konietlicy łąkowej i mietlicy białawej. Ziarniaki innych gatunków traw są silniej otulone plewami, dzięki czemu rzadko dochodzi do znacznych strat z powodu odplewiania. Udział odplewionych nasion waha się, zależnie od sposobu młócenia, u tymotki od 2 do 85%, u rajgrasu wyniosłego — od 5 do 56%. Chodzi więc tu o straty mające już znaczenie dla gospodarki narodowej dostatecznie usprawiedliwiające prowadzenie badań nad przyczyną powstawania tych strat i sposobami ich uniknięcia.

Młócenie tymotki i rajgrasu wyniosłego

Pomijając konstrukcyjne właściwości młocarni, omłot zależy od dwóch głównych parametrów maszyny:

— od szybkości obrotów bębna i
— od ustawienia klepiska młocarni,

przy czym wilgotność materiału omłotowego ma także istotne znaczenie. Jeżeli młóci się rajgras wyniosły lub tymotkę przy normalnej szybkości obrotów

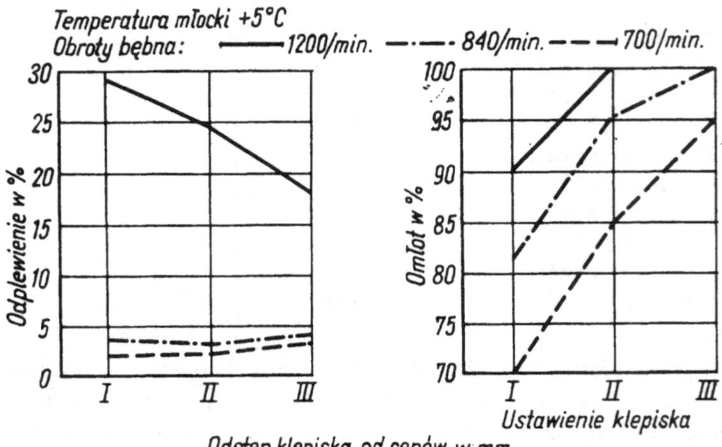

Odstęp klepiska od cepów w mm

		górą	dołem
Ustawienie klepiska	I	26	6
	II	24	4
	III	23	3

Wykres 1. Młócenie tymotki łąkowej na maszynie z cepami spiralnymi

bębna, podobnie jak zboża, to nieuniknione jest odplewienie znacznego procentu ziarniaków. Fischer (1935) wykazał na przykładzie licznych prób z młóceniem tymotki, że wskutek obniżania szybkości obrotów bębna z 25,7 na 13,1 m/sek przy młocce młocarnią zębową udział odplewionych nasion spadł z 25 do 2%. Własne doświadczenia autora potwierdziły te wyniki. Należy się jednak obawiać, że omłot nie będzie już tak czysty, jeżeli liczba obrotów bębna będzie zbyt niska. Warto dlatego wypróbować różne maszyny, aby stwierdzić, kiedy uzyskać można czysty omłot przy jednoczesnym minimalnym odplewianiu materiału siewnego.

Na wykresie 1 podane są wyniki uzyskane na młocarni ze spiralnymi cechami (Fa. Grumbach, Freiberg). Godny uwagi jest fakt, że przy wysokiej liczbie obrotów bębna, wynoszącej 1200 obr/min, procentowa zawartość odplewionych ziarniaków w miarę zmniejszania odstępu klepiska od bębna spada z 28 do 18%, a omłot wzrasta z 90 do 100%. Przy 840 obr/min nawet przy najwęższym ustawieniu klepiska młocarni nie odplewia się więcej niż 5%, przy czym omłot może być uznany za absolutnie czysty. Jeżeli jeszcze bardziej zmniejszy się szybkość obrotową bębna, to tylko 2 do 3% nasion zostanie odplewionych, ale omłot nie będzie zadowalający.

Próby na młocarni cepowej dały podobne wyniki (wykres 2). Tutaj ilość odplewionych ziarniaków waha się od 46 do 37%, jeżeli młóci się przy normalnej liczbie obrotów. Zmniejszając liczbę obrotów bębna mniej więcej o 1/4 i możliwie jak najbardziej dosuwając klepisko do bębna, uzyskujemy omłot zupełny i tylko około 6% odplewionych nasion.

Te wyniki w dużym stopniu pokrywają się z wynikami uzyskanymi przez

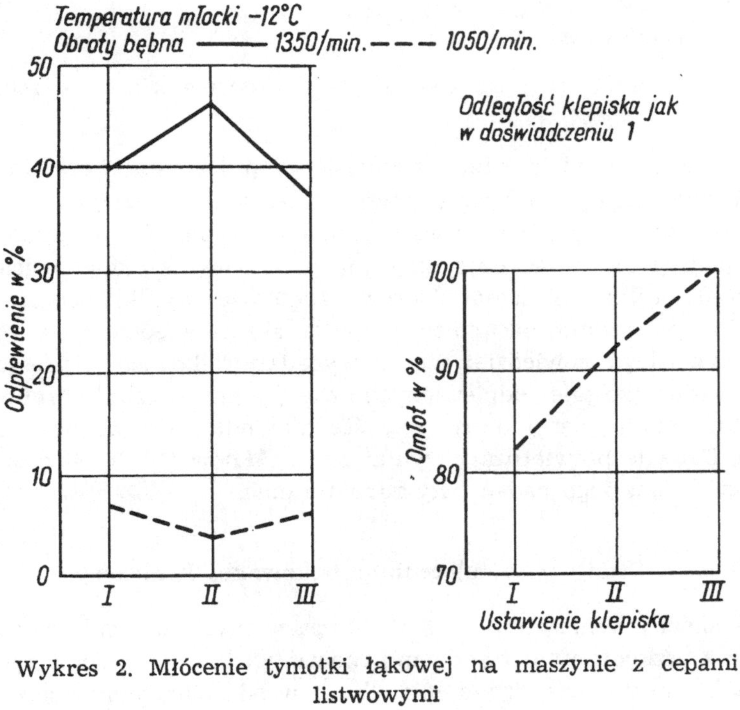

Wykres 2. Młócenie tymotki łąkowej na maszynie z cepami listwowymi

Fischera (1935), przy czym należy podkreślić, że omłot nie jest zadowalający, gdy liczba obrotów bębna młocarni zostanie zmniejszona więcej niż o 1/4 do 1/3 w stosunku do liczby stosowanej przy młóceniu zbóż. Uważam, że te wskazówki są dla praktyków bardziej zrozumiałe, niż podawanie wymaganego obniżenia szybkości obracania się bębna w m/sek. Również próby młócenia rajgrasu wyniosłego dały podobne wyniki. Przy normalnej liczbie obrotów bębna (1240 obr/min) w zależności od ustawienia klepiska odplewionych zostaje od 30 do 42% nasion, a w tym od 3,5 do 4,6% rozbitych (wykres 3).

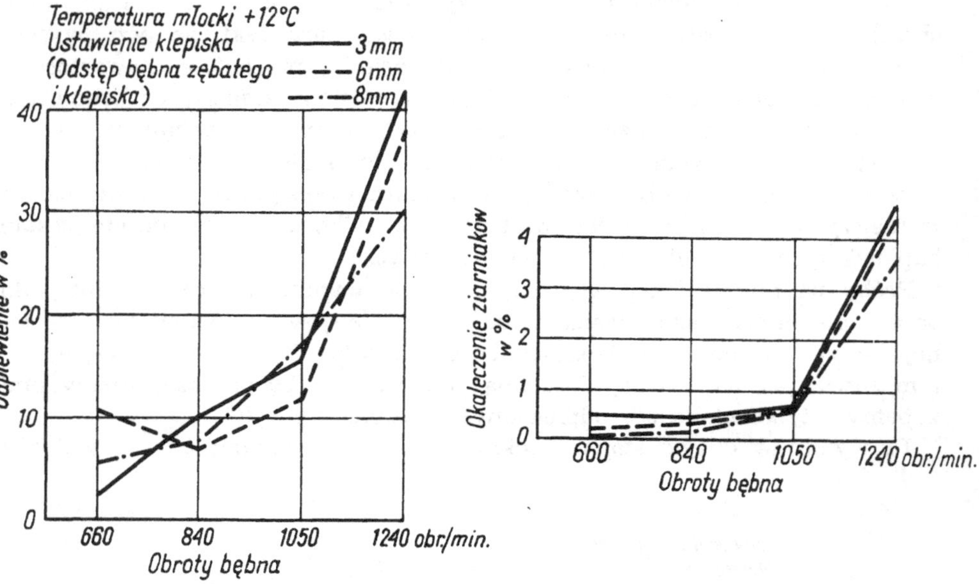

Wykres 3. Młócenie rajgrasu wyniosłego na maszynie z bębnem zębowym

Nie pomoże więc wiele silne odsunięcie klepiska przy normalnej liczbie obrotów bębna. Straty ponoszone przez odplewianie i rozbijanie ziarniaków dochodzą prawie do połowy wysokości plonu nasion. Jeżeli liczbę obrotów bębna zmniejszy się o 1/6, uzyskamy już lepsze wyniki, mianowicie rozbita zostaje wtedy tylko 1/8 część zbiorów. Najlepsze wyniki osiąga się przy 840 obr/min i po średnim odsunięciu klepiska. Można więc również o młóceniu rajgrasu wyniosłego powiedzieć, że w wypadku całkowicie czystego omłotu najmniej nasion zostaje odplewionych wtedy, gdy liczbę obrotów bębna zmniejszymy mniej więcej o 1/3, przy średniej odległości między klepiskiem a bębnem. Dane te potwierdzają wyniki badań **Maissa** (1957), chociaż cel i założenia metodyczne jego badań były zupełnie inne.

2. Straty przy młóceniu i bukowaniu koniczyny

Materiał siewny koniczynowatych roślin pastewnych zawiera często nasiona rozbite lub z uszkodzonymi zarodkami, chociaż większość uszkodzonych nasion oddzielana bywa w czasie czyszczenia. Także w odstawianych w surowym stanie materiałach siewnych trudno jest stwierdzić ogólną wysokość strat powstałych wskutek rozbicia nasion w czasie młocki. **Schindler** (1950) podaje, że „według dokładnych badań przy produkcji nasion inkarnatki powstają — wskutek ich uszkadzania — straty, wynoszące od 20 do 25% ogólnego zbioru". Dotychczas brak jest danych, które by wyjaśniły, na czym polega i przy jakim toku pracy następują uszkodzenia materiału siewnego w czasie młócenia i bukowania nasion. Ponieważ podczas młócenia i bukowania nie możemy sobie pozwolić na jakiekolwiek straty materiału siewnego, zwłaszcza roślin koniczynowatych, należałoby chociaż ogólnie zwracać uwagę na straty występujące na poszczególnych etapach procesu czyszczenia nasion.

Podczas młocki wszystkie strączki koniczyny powinny zostać oddzielone od łodygi, przy czym wytarcie nasion ze strąków nie jest konieczne. Pamiętając, że podczas młocki dużo nasion wylatuje ze strąków (z wyjątkiem nasion komonic — zwyczajnej i błotnej, gdyż wszystkie ich nasiona wypadają podczas omłotu z łatwo pękających strąków), trzeba na to zwracać szczególną uwagę. Nasiona inkarnatki są wyjątkowo kruche, wskutek czego łatwo są uszkadzane w młocarni.

Próby omłotu koniczyny łąkowej na różnych maszynach, przy różnym ich ustawieniu oraz w różnych temperaturach wykazały, że powinno się zwracać uwagę tylko na dokładne wymłacanie, ponieważ straty występujące wskutek rozbijania nasion nigdy, nawet przy silnym młóceniu, nie przekraczają 0,3%, ale wyników tych nie można odnosić do innych gatunków koniczyn. Jeżeli ustawi się młocarnię tak, że przy czystym omłocie wybije się ze strączków możliwie najmniej nasion, to można z całą pewnością przyjąć, że nasiona te nie zostały uszkodzone. Nasiona bowiem pozostające w strączkach, zwłaszcza chronione jeszcze przez wydłużone kielichy, co zdarza się u większości gatunków, nie mogą być uszkadzane wskutek zbyt ostrej młocki. Oczywiście, jeśli bęben za bardzo dosuniemy do klepiska, to nasiona mogą zostać roztarte. Zwłaszcza na starych młocarniach, kiedy listwy klepiska i bębna są w środku silnie zużyte, wskutek czego bęben i klepisko muszą być zupełnie ciasno ustawione, aby maszyna wymłacała w zadowalającym stopniu, wówczas może być więcej nasion uszkadzanych. W takich wypadkach łatwo można zauważyć, że część nasion stale wycierana jest ze strąków.

Skirde (1958) wykazał, że straty nasion koniczyny łąkowej wskutek nieczystych omłotów bywają szczególnie duże; po posiekaniu bowiem 100 kg wymłóconego siana koniczyny pochodzącego z 21 gospodarstw nasiennych stwierdził, że w badanym sianie pozostało jeszcze w stosunku do całej wymłóconej ilości od 10 do 30% nasion. Z dotychczasowych doświadczeń, które będą jeszcze powtarzane i rozszerzane, już teraz widać, że nie na każdej maszynie i nie przy każdej pogodzie można młócić koniczynę bez utraty jakiejś części nasion. Wydaje się słuszne, aby producent nasion koniczyny na podstawie próbnych omłotów już raz wymłóconej koniczyny mógł się przekonać o jakości swojej pracy. Niejednokrotnie bowiem pożądane jest powtórne omłócenie koniczyny. Również po zaopatrzeniu się w specjalne maszyny do młócenia koniczyny powinno się stosować te środki ostrożności, ponieważ w zasadzie maszyny te różnią się od zwykłych młocarni tylko tym, że mają wbudowane urządzenia wycierające. Czy omłot koniczyny na tych maszynach przebiega sprawniej i jest bardziej dokładny, nie zostało dotychczas udowodnione.

Sposobu nastawiania podmuchu i przesiewu również nie można pomijać. Przy młóceniu koniczyny podmuch należy silnie zmniejszyć, aby pełne strąki nie były wdmuchiwane do plew. Do tego również odnosi się to, co powiedzieliśmy przy omłocie traw. W czasie przesiewania na sitach wytarte nasiona powinny zostać możliwie dokładnie oddzielone od pełnych strączków, aby nie musiały przechodzić przez bukownik. W trakcie bowiem bukowania nie chronione klapami strączka nasiona są poddawane mocnym uderzeniom i częściowo zostają roztarte, jeszcze zanim przedostaną się przez dziurki kosza bukownika.

Wycieranie nasion koniczyn

Maszyn do omłotu koniczyn mamy niestety za mało, wskutek czego większość materiału siewnego koniczyn otrzymanego ze zwykłych młocarni musi być dodatkowo wycierana, aby wszystkie nasiona zostały wydobyte ze strączków. Doświadczenia wykazały, że w tych wypadkach dużo nasion bywa rozbijanych wskutek niewłaściwego nastawiania i obsługi bukownika. Jakie wyniki uzyskuje się przy użyciu maszyny do omłotu koniczyny, nie można było w trakcie badań wyjaśnić; prawdopodobnie i przy tym procesie mogą wystąpić podobne straty. Ponieważ materiał siewny koniczyny z reguły jest wycierany przez plantatora nasion, trzeba tutaj bliżej omówić wyniki dotychczasowych doświadczeń z bukowaniem. Pozwalają one na niedwuznaczne stwierdzenie przyczyny rozbijania nasion i dlatego są instruktywne.

Na proces wycierania nasion w bukowniku wpływają następujące czynniki:

a) rodzaj narzędzi młócących (płaskie listwy żelazne, cepy rurowe, szczotki),
b) odstęp między cepami a klepiskiem bukownika,
c) wielkość i gęstość rozstawienia oczek w klepisku bukownika,
d) szybkość obrotów bębna cepowego,
e) wilgotność i temperatura bukowanych nasion,
f) przepustowość bukownika.

Urządzenia cepowe stosowane przy bukowaniu koniczyn składają się z płaskich listew żelaznych; tylko lucerna nerkowata (chmielowa) i nostrzyk muszą

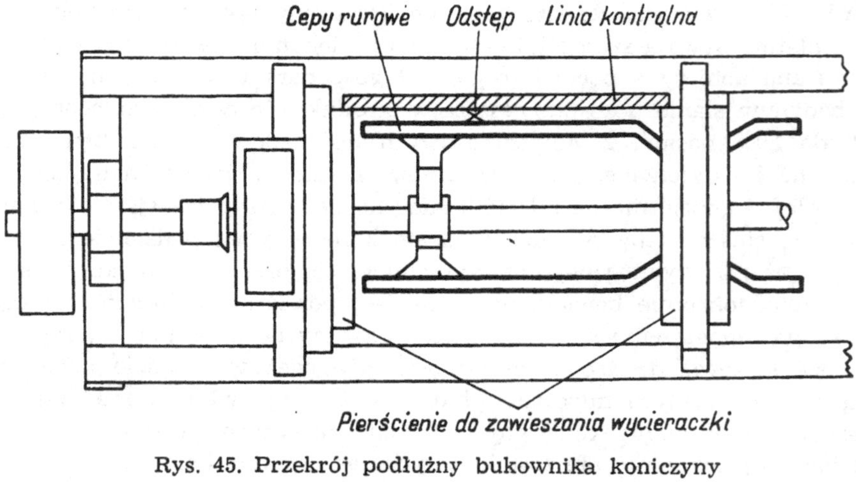

Rys. 45. Przekrój podłużny bukownika koniczyny

być wycierane cepami okrągłymi, ponieważ przy zastosowaniu płaskich cepów żelaznych nie można zapobiec dużym stratom powstającym z powodu rozbijania nasion. Cepami szczotkowymi młóci się tylko trawy. Urządzenia cepowe muszą mieć określoną wytrzymałość, ażeby podczas pracy nie wyginały się wskutek działania siły odśrodkowej. Niebezpieczeństwo takie istnieje zawsze przy stosowaniu cepów okrągłych. Ich wytrzymałość bez zniekształceń jest wystarczająco duża, jeżeli są wykonane z półcalowej rury grubościennej, o przekroju ścianki 2,75 mm. Sprawdzanie wytrzymałości cepów rurowych na wyginanie pokazane jest na rysunku 45. Cepy ustawia się w odległości 2 mm od środka cylindra i wprowadza się je w ruch na dużych obrotach (1100—1200 obr/min.). Jeżeli cepy wygną się, zaczną się ocierać o środek cylindra wyciernego. Świadczy to, że w czasie wycierania wiele nasion zostałoby okaleczonych, a wygięte cepy rurowe nie nadawałyby się więcej do użycia.

Odstęp cepów od klepiska-tarki bukownika, jak również ustawienie klepiska, zależą od wielkości wycieranych nasion roślin koniczynowatych. Im większe będą nasiona, tym większy musi być odstęp między cepami bębna a klepiskiem, klepisko zaś musi mieć oczka mniej zagęszczone.

W opisanym doświadczeniu siatki druciane, z których zostało zrobione klepisko bukownika, były następujące:

	Liczba oczek na 1 cal		Wielkość oczek w mm
	podłużnych	okrągłych	
Klepisko nr 1	8	16	0×0
Klepisko nr 3	7	8	1,9×2,2
Klepisko nr 5	5	6	2,3×3,3

Na obwodzie cylindra można jednocześnie zawieszać 2 klepiska: jedno od strony wlotowej, a drugie — od strony wylotowej.

Dla wytarcia lucerny nerkowatej i nostrzyka po stronie wlotowej będzie można zastosować blaszane klepisko nr 3; aczkolwiek przechodzenie wytartych nasion przez to klepisko będzie tak samo utrudnione jak przechodzenie przez klepisko nr 1, jednak klepisko nr 3 dzięki swej szorstkości będzie wykazywało lepsze działanie.

Wpływ innych czynników na przebieg procesu wycierania będzie dokładnie podany przy szczegółowym omawianiu doświadczenia, które przeprowadzono na bukowniku „Universal" firmy Gompper-Maschinengesellschaft.

Długość klepiska wynosiła 85 cm, przekrój cylindra klepiska 33 cm, a więc powierzchnia klepiska wynosiła około 0,88 m^2.

a. Bukowanie koniczyny łąkowej

Doświadczenia z bukowaniem koniczyny łąkowej zostały przeprowadzone w temperaturach od +5 do +8° oraz od +12 do +16°C. Straty przez okaleczenie nasion wahały się w granicach 0,5—10%. Najbardziej wzrastają straty wówczas, gdy liczba obrotów bębna bukownika jest zbyt wysoka. Przy normalnym bukowaniu liczba obrotów bębna nie powinna przekraczać 700 obr/min., co odpowiada szybkości obrotowej cepów 11,4 m/sek. Bardzo istotne znaczenie ma również odstęp klepiska od listew bębna cepowego. W tym wypadku stwierdzono, że odstęp 7 mm, zalecany zwykle w praktyce, jest optymalny. Jeśli się zastosuje bukownik z dwoma klepiskami, będzie można zarówno od strony wlotowej, jak i wylotowej klepiska założyć średnie tarki (nr 3). Nie wykluczony jest i inny układ: od strony wlotowej założyć można z gęstej siatki klepisko nr 1, a od strony wylotowej — klepisko ze średniej siatki nr 3. Na podstawie przeprowadzonych 60 doświadczeń można ogólnie stwierdzić, że obfite napełnienie bukownika potrzebuje wprawdzie dużych sił napędowych, ale obniża stopień kaleczenia nasion; zjawisko to obserwowano i w odniesieniu do innych gatunków koniczyn.

Jako urządzeń wycierających używać można tylko płaskie cepy żelazne, cepy zaś rurowe nie trą w sposób zadowalający. Na koniec należy zwrócić uwagę na to, że przymrozki nie są absolutnym warunkiem dla dobrego wytarcia koniczyny łąkowej. Można bowiem również z dobrym skutkiem bukować w dodatnich temperaturach, pod warunkiem, że materiał omłotowy jest dobrze wysuszony.

b. Bukowanie koniczyny krwistoczerwonej (inkarnatki)

Przy wycieraniu inkarnatki powstają znacznie większe straty w rozbijaniu nasion aniżeli przy wycieraniu koniczyny łąkowej (czerwonej). Przyczyny należy szukać w tym, że nasiona koniczyny krwistoczerwonej są większe i bardziej łamliwe. Nie mniej jednak straty powodowane na tej drodze nie przekraczają 14% ogólnego plonu nasion.

Podczas nielicznych badań przeprowadzonych z bukowaniem inkarnatki okazało się również, że należy zwracać uwagę na bardziej obfite i nieprzerwane napełnianie bukownika podczas pracy bębna, ponieważ wraz ze wzrastającą wydajnością na godzinę maleje procent nasion okaleczonych. Przedstawiona

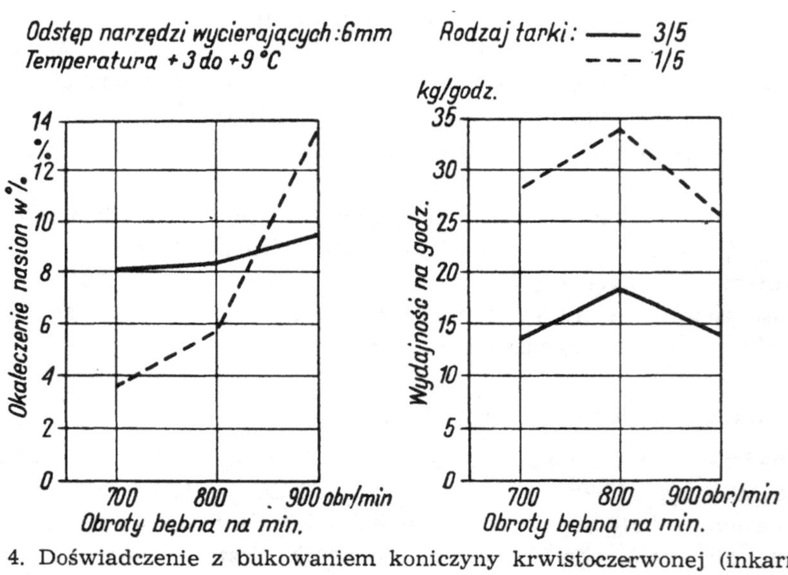

Wykres 4. Doświadczenie z bukowaniem koniczyny krwistoczerwonej (inkarnatki) *a*

na wykresie zależność między procentem okaleczonych nasion koniczyny krwistoczerwonej a obciążeniem bukownika omłotem jest bardzo wyraźna, podobnie jak i u koniczyny łąkowej.

Jako najbardziej odpowiednią szybkość obrotową bębna można polecać 700—800 obr/min. Odległość klepiska od cepów przy omłocie roślin koniczynowatych o większych nasionach powinna wynosić od 8 do 10 mm. Nadzwy-

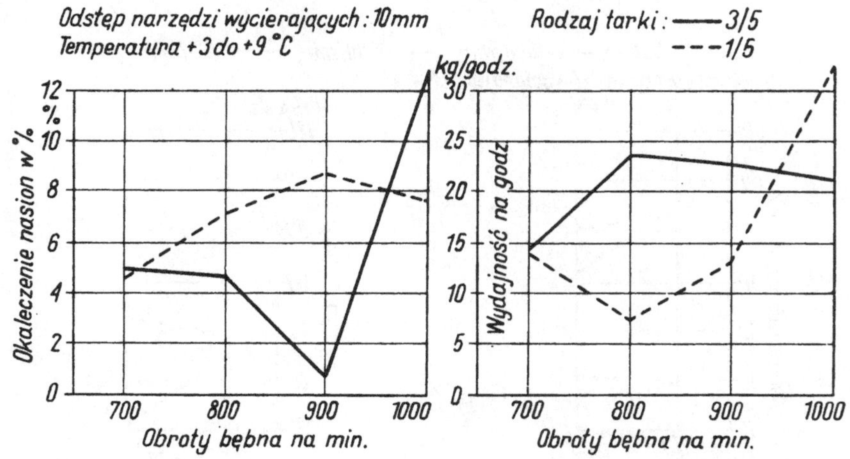

Wykres 5. Doświadczenie z bukowaniem koniczyny krwistoczerwonej (inkarnatki) b

czaj ważny jest przy bukowaniu tych nasion dobór klepiska. Po stronie wylotowej należy założyć klepisko z siatki drucianej o dużych oczkach (nr 5). Jeśli popełni się błąd i pracuje na klepisku nr 3 umieszczonym po stronie wylotowej, to okaleczenie wzrasta i może dochodzić nawet do 40—80%, ponieważ tylko najmniejsze nasiona przedostają się przez gęstą siatkę drucianą nr 3. Czy klepisko nr 1 ma większe zalety od klepiska z siatki o większych oczkach nr 3 ustawionego po stronie wlotowej, tego w badaniach jeszcze wyraźnie nie stwierdzono.

c. Bukowanie lucerny nerkowatej (chmielowej)

Omłot jednonasiennych strąków lucerny nerkowatej i nostrzyka różni się zasadniczo od omłotu pozostałych gatunków koniczyn. Stosunkowo mały kielich kwiatowy tych dwóch gatunków roślin dosyć ciasno przylegający do strąka daje nasionom stosunkowo małą osłonę. Dlatego więc w czasie omłotu i wycierania kielich ten odpada, wówczas gdy u innych gatunków stanowi skuteczną osłonę. To jest też powodem, że lucerna nerkowata i nostrzyk nie mogą być wycierane na bukowniku ze zwykłymi cepami żelaznymi. W wypadku zastosowania cepów żelaznych, nieuniknienie powstaną bardzo wysokie straty przez okaleczenie nasion, jak to zostało graficznie przedstawione na wykresie **6 i 7.**

Doświadczenie wskazuje, że przy 800 obr/min. uzyskujemy niedostateczną wydajność (8—30 kg/godz.). W praktyce takiej liczby obrotów nie można stosować. Przy stosowaniu płaskich cepów żelaznych nawet w wypadku optymalnego nastawienia maszyny straty ponoszone wskutek rozbijania nasion wynoszą 25—48%.

Do wycierania lucerny nerkowatej i nostrzyka przemysł produkuje specjalne cepy z półcalowych rur grubościennych (o ściankach grubości 2,75 mm i przekroju zewnętrznym 21,25 mm). Jeżeli cepy te zostaną wykonane ze zbyt słabej i cienkiej rury albo uprzednio nienagannie pracujące cepy zużyją się tak dalece, że zaczną się odkształcać w czasie pracy, to spowodują one — przy

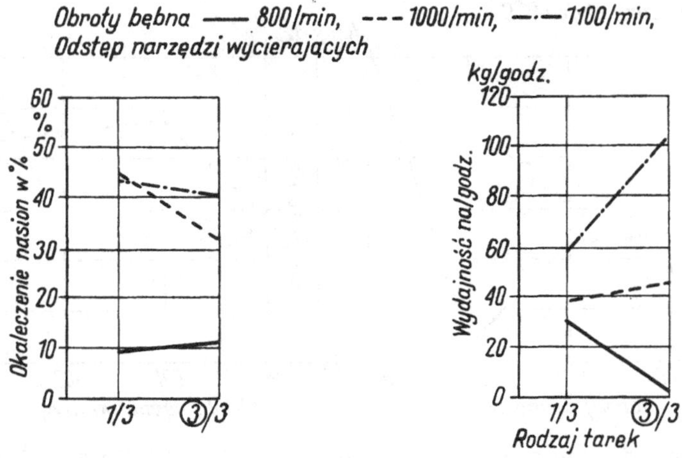

Wykres 6. Bukowanie lucerny nerkowatej *a* (z płaskimi cepami żelaznymi)

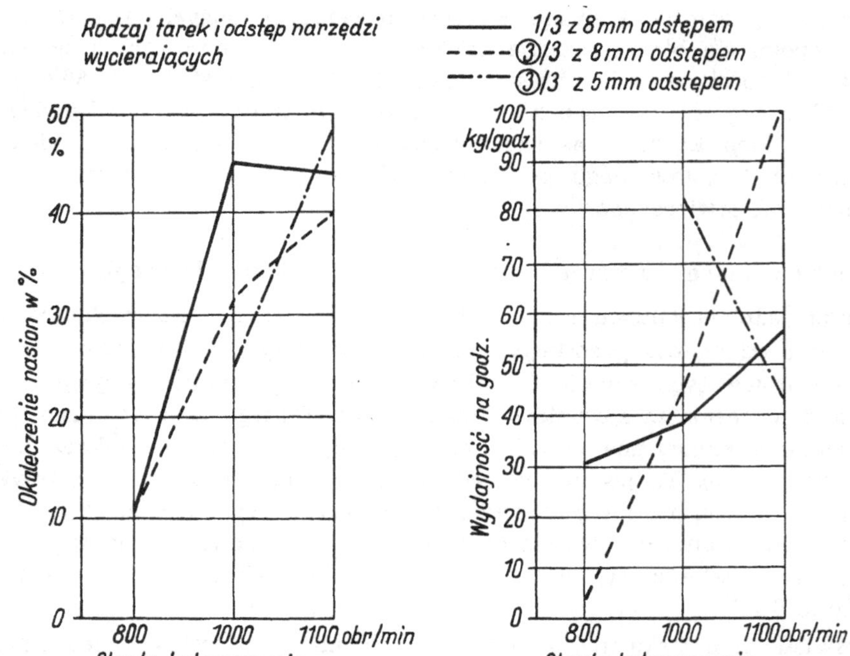

Wykres 7. Bukowanie lucerny nerkowatej *b* (z płaskimi cepami żelaznymi)

optymalnej liczbie obrotów i dostatecznym napełnianiu bukownika — okaleczenie wahające się od 23 do 42% ogólnego plonu nasion (wykres 8). Jeśli zaś wytrzymałość cepów rurowych na odkształcanie jest dostateczna, to nawet przy wadliwym ustawieniu bukownika okaleczeniu ulegnie — na podstawie przeprowadzonych doświadczeń — nie więcej niż 1,5% nasion. Doświadczenia te wykazały, że lucernę nerkowatą należy wycierać przy dużej szybkości obrotu bębna (1100 obr/min.) i przy średniej odległości klepiska (6—8 mm). Przy takim ustawieniu bukownika straty spowodowane przez

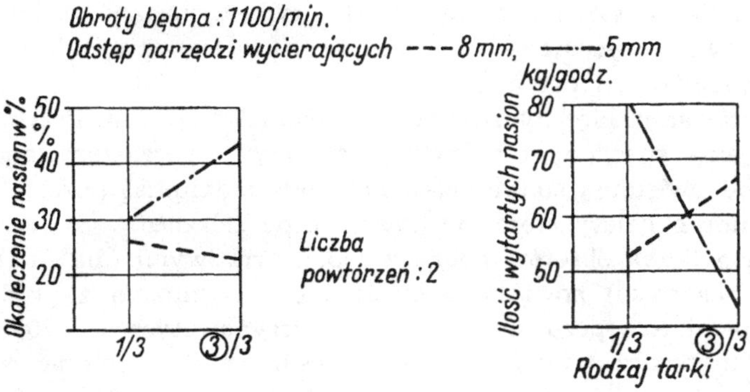

Wykres 8. Bukowanie lucerny nerkowatej c (cepy zza słabej rury — niewłaściwe wyginanie)

okaleczenie nasion nie powinny być wyższe niż 4%. Czy blaszane klepisko nr 3 założone po stronie wlotowej przewyższa pod tym względem klepisko nr 1, tego badania wyraźnie nie wykazały. Można jednak było stwierdzić w różnych warunkach prób, że przy zmniejszającej się wydajności na godzinę ilość okaleczonych nasion wzrastała, i odwrotnie.

Na podstawie przeprowadzonych własnych doświadczeń z młocką i bukowaniem nasion można by dotychczasowe wiadomości ująć w następujące punkty:

1. U gatunków mających luźne zwarcie plew (tymotka, rajgras wyniosły, mietlica biaława) powstają — obok strat spowodowanych nieczystym omłotem i wydmuchiwaniem nasion traw do plew przez zbyt silny podmuch powietrza — straty przez odplewianie ziarniaków.
2. Odplewione ziarniaki kiełkują w ziemi tylko w niewielkiej części; w stosunku do nasion oplewionych obniżenie siły ich kiełkowania wynosi przeciętnie:

u rajgrasu wyniosłego	75%,
u tymotki łąkowej	70%.

3. Jeżeli młóci się rajgras wyniosły i tymotkę przy tej samej liczbie obrotów bębna, co i zboże, to znaczna część materiału siewnego (20—80%) zostaje odplewiona.
4. Jeżeli obniży się liczbę obrotów bębna w granicach od $^1/_4$ do $^1/_3$, jak przy omłocie grochu, i ustawi się klepisko w średniej (do ciasnej) odległości od bębna, to przy czystym omłocie odplewia się tylko od 2 do 6% nasion.

5. Przy omłocie koniczyny nie można było stwierdzić znacznego uszkodzenia nasion; straty wskutek nieczystego omłotu mogą wynosić 10—30%; odległość bębna należy regulować tak, aby przy czystym omłocie jak najmniej nasion wybijać ze strąków.
6. Już raz wybitych nasion nie należy ponownie przepuszczać przez bukownik.
7. Wszystkie gatunki koniczyn powinno się wycierać przy obfitym i nieprzerywanym dopływie nasion do bukownika, ponieważ wraz ze wzrostem wydajności omłotu na godzinę ilość okaleczonych nasion spada, a w miarę obniżania się — wzrasta; ażeby sprostać tym wymaganiom, bukownik powinien zawsze być napędzany silnym motorem (przy doświadczeniach używano silnika o mocy 5—8 KM).
8. Przy wycieraniu lucerny nerkowatej (chmielowej) i nostrzyka, jeśli nie dysponujemy specjalnym bukownikiem, mogą być zastosowane cepy rurowe o odpowiedniej statyczności. Przy wycieraniu zaś pozostałych gatunków koniczyn należy stosować płaskie cepy żelazne.
9. Optymalna liczba obrotów bębna z cepami rurowymi (dla lucerny nerkowatej i nostrzyka) powinna wynosić 1100 obr/min., a z płaskimi żelaznymi cepami (dla pozostałych roślin koniczynowatych) — 700 obr/min.
10. Dla nasion poszczególnych gatunków roślin należy dobierać odpowiednie klepiska bukownika i ustawiać je w optymalnej odległości od części wycierającej bębna.
11. Optymalne ustawienie bukownika o średnicy klepiska wynoszącej około 33 cm dla poszczególnych gatunków roślin koniczynowatych podaje załączona tabela.

Optymalne ustawienie bukownika

Gatunek	Liczba obrotów bębna na minutę	Odstęp klepiska w mm	Rodzaj klepiska wlot/wylot	Rodzaj cepów
Koniczyna łąkowa	700	7	3 lub 1/3	
Koniczyna biała	700	6	1 lub 3/3	
Koniczyna biało-różowa	700	6	1 lub 3/3	
Koniczyna krwisto-czerwona	700	8—10	3/5	płaskie
Lucerna siewna	700	7	3/5	
Lucerna nerkowata	1100	6—7	1 lub 3/3	
Nostrzyk	1100	6—7	1 lub 3/3	rurowe

Zastosowując się w praktyce do tych kilku wskazówek, można uniknąć zbędnego okaleczenia nasion. Natomiast przy wadliwym ustawieniu klepiska lub przy zastosowaniu niewłaściwych cepów połowa, a niekiedy nawet większa część plonu materiału siewnego może ulec zniszczeniu z powodu okaleczenia nasion. Tych strat z reguły się nie zauważa, ponieważ na ogół starte nasiona zostają wydmuchiwane razem z plewami.

IV. KLUCZ DO OZNACZANIA WAŻNIEJSZYCH NASION TRAW I MOTYLKOWATYCH

Zastosowana forma ujmowania niżej przedstawionych wiadomości z zakresu nasionoznawstwa jest rzadko spotykana nawet w kręgu specjalistów. Często się zdarza, że początkujący dyplomowani rolnicy mają trudności w odróżnianiu nasion życicy trwałej od nasion kostrzewy łąkowej, a instruktorzy nasiennictwa często nie potrafią z całą pewnością odróżnić nasion poszczególnych gatunków roślin pastewnych. Korzystając z podanych niżej zestawień cech rozpoznawczych roślin pastewnych można w ciągu kilku godzin nauczyć się rozpoznawać każdy gatunek bez żadnych trudności. Oczywiście, że zgodnie ze sformułowaniem **Stählina** (1957), nasionoznawstwo jest „nauką szczególną, gdyż przy braku ciągłego ćwiczenia wnet popada się w niepewność i ostatecznie w nieuctwo". Jeśli jednak sporządzi się dla siebie małą kolekcję nasion i od czasu do czasu będzie się ją oglądało — w celu utrwalenia ich wyglądu w pamięci — posługując się jednocześnie kluczem do ich rozpoznania, to będzie można określać gatunek nasion z coraz większą pewnością.

Umiejętność rozpoznawania nasion naszych roślin uprawnych potrzebna jest wszak nie tylko do egzaminu, gdyż w praktyce każdy rolnik niejednokrotnie będzie musiał materiał siewny oceniać i identyfikować. Może się to zdarzyć w wypadkach, gdy zostaną zagubione etykiety z poprzednich lat resztek materiałów siewnych, których bez oznaczenia nie można używać do siewu, lub gdy chodzi o uniknięcie pomyłki przy zakupie nasion. Znajomość więc nasion chroni przed stratami. Byłoby dużym błędem sądzić, że tylko ten fachowiec powinien umieć rozpoznawać nasiona roślin pastewnych, który zestawia rozmaite mieszanki nasion. Do tego potrzebne są jeszcze i inne wiadomości, ponieważ oprócz celu użytkowego danej mieszanki muszą być uwzględnione także wszystkie czynniki siedliska, w którym dana mieszanka ma być wysiana.

Załączony poniżej klucz, w dużej mierze oparty na podziale **Hübnera** (1955), powinien wszystkim, którzy mają do czynienia z materiałem siewnym roślin pastewnych, ułatwić rozpoznawanie nasion traw i motylkowatych.

1. Nasiona traw

Do oznaczania nasion traw konieczny jest stały schemat, ponieważ wszystkie nasiona traw dają się podzielić na niewiele grup. Najważniejszą podstawę podziału stanowi długość ziarniaka oplewionego (bez ości). Na podstawie tej cechy z całą pewnością można odróżnić nasiona dłuższe (>3 mm) i krótsze (<3 mm) niż 3 mm. Ponadto nasiona dzieli się według przekroju poprzecznego. Przekrój poprzeczny walcowatych nasion traw jest zbliżony do koła; półkoliste nasiona traw mają wysklepioną plewkę dolną i płaską lub rynienkowatą plewkę górną, a ich przekrój poprzeczny jest półkolisty lub sierpowaty; przekrój poprzeczny trójkanciastych ziarniaków jest zbliżony do trójkąta; nasiona zaś traw dwustronnie spłaszczone są w przekroju poprzecznym eliptyczne.

Na podstawie tych cech nasiona traw można podzielić na następujące grupy.

I. Ziarniaki oplewione >3 mm

a) walcowate:
rajgras wyniosły, konietlica łąkowa, gatunki *Phalaris,* grzebienica łąkowa, tomka wonna i śmiałek pogięty;

b) półkoliste (leżące przeważnie na stronie grzbietowej lub brzusznej): gatunki *Lolium* (osadki płaskie i graniaste), *Festuca* (osadki okrągłe) i *Bromus* (osadki odstające i z ukośnym płaskim zakończeniem);

c) ostre trójkanciaste (ziarniak nigdy nie leży na stronie grzbietowej, ponieważ plewka dolna jest wygrzbiecona): kupkówka pospolita;

d) dwustronnie płaskie (zawsze zamknięte w plewach): gatunki *Alopecurus* i *Holcus.*

II. Ziarniaki oplewione <3 mm

a) walcowate do jajowatych: tymotka, gatunki mietlicy, miotła zbożowa i śmiałek darniowy;

b) półokrągłe: brak;

c) ostre trójkanciaste (plewka dolna wygrzbiecona, dlatego ziarniak nigdy nie leży na stronie grzbietowej): gatunki wiechlin.

Wymienione cechy rozpoznawcze, kształt i wielkość ziarniaka oplewionego, stanowią podstawę wydzielenia podanych grup. Do rozróżniania gatunków w obrębie grup służą następujące cechy rozpoznawcze.

1. Kształt osadki:
   a) kanciasta (gatunki *Lolium*),
   b) okrągła z kulisto zgrubiałym końcem (*Glyceria*),
   c) okrągła z płaskim zakończeniem,
   d) zakończenie skośne,
   e) miseczkowate zakończenie.
2. Plewka dolna:
   a) wyraźnie unerwiona,
   b) prawie gładka,
   c) górą błonkowato obrzeżona (*Festuca pratensis*),
   d) znacznie wystająca ponad plewkę górną (*Poa*),
   e) nieznacznie wystająca ponad plewkę górną (*Bromus inermis*).
3. Plewka górna:
   a) ząbkowany brzeg górnej plewki (u życicy wielokwiatowej — gęsto, u życicy trwałej — luźno),
   b) wyraźnie bruzdkowana (u *Bromus inermis*).

4. Ość:
   a) podstawowa (u *Deschampsia*),
   b) grzbietowa (u rajgrasu wyniosłego i konietlicy łąkowej),
   c) szczytowa,
   d) kolankowato zgięta i skręcona (u rajgrasu wyniosłego i konietlicy łąkowej),
   e) prosta (u gatunków *Bromus* i życicy wielokwiatowej),
   f) wężykowata (u śmiałka),
   g) haczykowata (u *Holcus lanatus*).
5. Barwa i połysk ziarniaka oplewionego: rzadko używane jako cechy rozpoznawcze.

2. Nasiona roślin motylkowatych

Najważniejszymi cechami rozpoznawczymi i porównawczymi roślin koniczynowatych są wielkość, kształt i barwa.

Małe nasiona mają koniczyny — biała i białoróżowa oraz komonica zwyczajna. Koniczyna krwistoczerwona (inkarnatka) ma duże nasiona, wszystkie zaś pozostałe gatunki roślin koniczynowatych tworzą nasiona średniej wielkości. Oczywiście różnice w wielkościach nasion tych roślin nie są tak znaczne, jak między nasionami innych roślin polowych.

Barwa nasion roślin motylkowatych jest wyjątkowo typowa. Nasienie jest albo jednobarwne, albo dwubarwne. U nasion dwubarwnych ciemna barwa występuje stale na szerszej części nasienia. Nasiona koniczyny łąkowej (czerwonej) po stronie szerszej są fioletowe, a na pozostałej powierzchni — żółtawe; mogą być także całe żółte lub całe fioletowe. Materiał siewny zawierający nasiona fioletowe (całkowicie lub częściowo) jest zawsze materiałem siewnym koniczyny łąkowej. Różnice w wielkości i kształcie nasion koniczyn — białej i białoróżowej są bardzo nieznaczne, natomiast różnice w zabarwieniu są jaskrawe: koniczyna biała ma nasiona żółte, a koniczyna białoróżowa — oliwkowozielone. Dwubarwne są również nasiona przelotu i lucerny nerkowatej; na szerszej stronie są zielonkawe, u podstawy — żółte.

Barwa nasion wszystkich gatunków roślin motylkowatych zmienia się wraz z ich wiekiem. Przy niewielkiej nawet wprawie można od razu rozpoznać na podstawie barwy, czy dany materiał siewny pochodzi z ostatniego zbioru czy z lat poprzednich. Wszystkie nasiona roślin motylkowatych w miarę upływu lat ciemnieją i tracą połysk. Często zupełnie świeży materiał siewny roślin motylkowatych zawiera brunatnawe, pomarszczone i źle wykształcone nasiona, chociaż w czasie czyszczenia większa część takich nasion przechodzi do odpadów. Tylko niewielka część źle wykształconych nasion jest zdolna do kiełkowania. Materiał siewny pochodzenia południowego zazwyczaj nie zawiera tego rodzaju nasion lub tylko małe ich ilości. Dotychczas sądzono, że powodem brunatnienia nasion było zbieranie i suszenie ich w okresie niepełnej dojrzałości. **Sirde** (1958) tymczasem wykazał, że u koniczyny łąkowej są to nasiona, które w okresie sprzętu znajdowały się w fazie najdalej posuniętej dojrzałości, lecz z powodu złej pogody w czasie sprzętu zbrunatniały i pomarszczyły się. Uważa on, że tylko dojrzałe nasiona przy odpowiedniej wilgotności pęcznieją i w pewnym stopniu zaczynają kiełkować, w wyniku czego brunatnieją i marszczą się, wówczas gdy mniej dojrzałe nasiona uszkodzeniom takim nie ulegają.

Dalsze badania powinny wyjaśnić, czy przez przyspieszenie zbioru koniczyny i dosuszanie (np. pod dachem) będzie można zmniejszyć straty, które w naszych warunkach klimatycznych mogą dochodzić do wyjątkowo dużych rozmiarów.

Przy ocenie nasion koniczyny łąkowej często kierujemy się ich barwą. Materiał siewny zawierający znaczną ilość nasion fioletowych jest oceniany wyżej. Stwierdzono, że rośliny pochodzące z fioletowych nasion są nieco bardziej okazałe niż pochodzące z żółtych. Fioletowe zabarwienie nasion koniczyny łąkowej wydaje się być zależne od przebiegu pogody w okresie ich dojrzewania. Dlatego też materiał siewny pochodzenia południowoeuropejskiego na ogół zawiera więcej fioletowych nasion niż materiał pochodzenia niemieckiego. Uderzająco dużą ilość fioletowych i dwubarwnych nasion zawierał materiał siewny koniczyny łąkowej wyprodukowany w Niemczech w okresie wegetacyjnym 1959, co było następstwem niezwykle ciepłej i suchej pogody w okresie od kwitnienia aż do dojrzałości koniczyny. W każdym wypadku przy ocenie wartości materiału siewnego koniczyny łąkowej należy brać pod uwagę ilość nasion fioletowych.

Kształt nasion roślin motylkowatych jest określony przez długość, szerokość i położenie korzonka zarodkowego. Jeżeli korzonek przylega do liścieni, jak np. u inkarnatki, komonicy zwyczajnej i błotnej, to nasienie jest kuliste lub jajowate. Korzonek zarodkowy może wyraźnie odstawać od liścieni wskutek istnienia bruzdki lub wgłębienia albo z powodu braku takiego wyżłobienia może być ledwo widoczny. Korzonek dorównujący długością liścieniom i dzięki szerokiej bruzdce wyraźnie od nich oddzielony powoduje sercowaty kształt nasienia (koniczyna biała i białoróżowa). Koniec korzonka nasion lucerny nerkowatej jest noskowato na zewnątrz wygięty, czego nie można zaobserwować u nasion żadnego innego gatunku spośród roślin koniczynowatych.

Cechy porównawcze i rozpoznawcze nasion najważniejszych gatunków roślin motylkowatych są zestawione w tabeli 2.

Ia) Ziarniaki walcowate, plewka dolna dłuższa niż 3 mm (>3 mm)

Tabela 2

Gatunek	Kształt	Osadka	Ość	Plewka dolna	Pozostałe cechy ziarniaka oplewionego
1. Rajgras wyniosły *Arrhenatherum elatius*	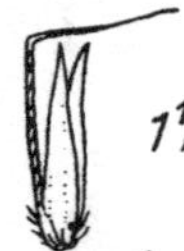 1½ x	brak	grzbietowa, długa, kolankowato zgięta i skręcona	długości 8—10 mm	prawie zawsze dwukwiatkowy; dolny męski kwiatek bezpłodny; u podstawy kłoska kosmyki włosków
2. Konietlica łąkowa *Trisetum flavescens*	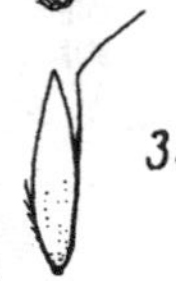 3x	wachlarzykowata, odstająco owłosiona	grzbietowa, zgięta i skręcona	2 plewki ościste i błonkowato obrzeżone, długości 4—5 mm	wełnisto owłosione męskie, bardzo drobne, barwy białawożółtej
3. Śmiałek pogięty *Deschampsia flexuosa*	 3x	nieznacznie owłosiona	wyrasta z nasady plewki dolnej, czasem falisto pogięta	długości 4—5 mm	ziarniaki brunatnawożółte, z białym owłosieniem u nasady (podobieństwo do ziarniaka konietlicy łąkowej)
4. Tomka wonna *Anthoxanthum odoratum*	 3x	brak	grzbietowa na plewach jedna zgięta i skręcona, druga prosta	ziarniak oplewiony bezostny, długości 1,7—2 mm; brunatna, błyszcząca	plewy (właściwie dotyczy to dolnych plewek kwiatków bezpłodnych) prawie zawsze występują; brunatne i jeżasto owłosione, obydwie plewy ościste!
5. Grzebienica pospolita *Cynosurus cristatus*	 3x	bardzo krótka, zakończona talerzykowatym zgrubieniem	brak	długości ~ 4 mm; przechodzi w krótką ość	plewy grube, czerwonawożółte, często skrzywione
6. Mozga trzcinowata *Phalaris arundinacea*	 3x	brak	brak	długości ~ 3,5 mm	2 wąskie plewy, silnie błyszczące, ciemno-srebrzysto-szare; ziarniak oplewiony nieco jednostronnie spłaszczony
7. Mozga kanaryjska *Phalaris canariensis*	 3x	brak	brak	długości ~ 5—6 mm	plewy długości 2—2,5 mm; ziarniak oplewiony jednostronnie spłaszczony, silnie błyszczący, żółtawy

Ib) Ziarniaki półokrągłe, plewka dolna dłuższa niż 3 mm (>3 mm)

Gatunek	Kształt	Osadka	Ość	Plewka dolna	Pozostałe cechy rozpoznawcze ziarniaka oplewionego
1. Życica trwała *Lolium perenne*	 2x	krótka, przysadzista, w przekroju poprzecznym czterokątna	zawsze bezostna	długości 5—7,5 mm, w górnej części 5 nerwów	plewka górna tej samej długości co dolna [płytko wgłębiona], obrzeżona nieregularnymi ząbkami
2. Życica wielokwiatowa **Lolium multiflorum**	 2x	jak życicy trwałej	prawie zawsze oścista	długości 5—7 mm	brzegi plewki górnej z bardziej regularnymi ząbkami (widoczne pod mikroskopem i lampą kwarcową!)
3. Życica roczna **Lolium temulentum**	 2x	jak życicy trwałej	zawsze oścista, długości ~ 12 mm	4,5—6 mm	krótki i gruby, trujący z powodu rozwijającej się grzybni
4. Życica lnowa *Lolium remotum*	 2x	krótka i cienka, czterokanciasta	najczęściej bezostna	4—5 mm	krótki i przysadzisty (nie łatwy do odróżnienia od ziarniaka oplewionego życicy rocznej)
5. Kostrzewa łąkowa **Festuca pratensis**	 2x	okrągła, na końcu talerzykowato rozszerzająca się	bezostna	6—7 mm	duże podobieństwo do ziarniaka oplewionego życicy trwałej; odróżniać można po kształcie osadki
6. Kostrzewa czerwona **Festuca rubra**	 2x	okrągła	krótka, wystająca z końca plewki dolnej	~ 5 mm	wysklepienie plewki górnej od góry do połowy długości ząbkowane; podobieństwo do ziarniaka kostrzewy owczej; ziarniak smukły [wąskolancetowaty], wysklepienie plewki górnej tylko od góry na $^1/_3$ długości ząbkowane (inne cechy jak u ziarniaka kostrzewy czerwonej)
7. Kostrzewa owcza **Festuca ovina**		okrągła	krótka, wystająca z końca plewki dolnej	~ 5 mm	

Gatunek	Kształt	Osadka	Ość	Plewka dolna	Pozostałe cechy ziarniaka oplewionego
8. Stokłosa bezostna *Bromus inermis*	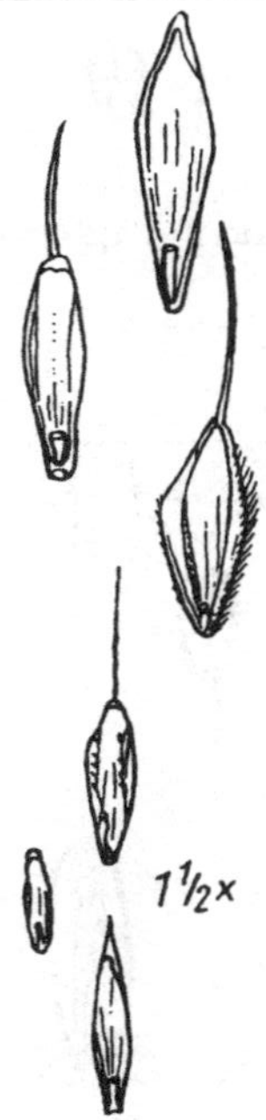 2x	długości ~ 3 mm, zakończona płaskim i skośnym zgrubieniem	bezostna lub tylko spiczasto zakończona	10—13 mm, wyraźnie unerwiona	cechy typowe ziarniaka oplewionego: owalny, wydłużony i płaski
9. Stokłosa żytnia *Bromus secalinus*		silnie zgięta, gruba, skośnie zakończona	krótka, wyrastająca poniżej wierzchołka plewki dolnej	7—11 mm	ziarniaki form uprawnych duże (nasienie traw)
10. Stokłosa miękka *Bromus mollis*	2x	bardzo krótka (1 mm), maczugowato zgrubiała	długości 4—6 mm	długości 8—9 mm, zakończona 2 ząbkami	bardzo szeroki (3 mm), rombowy
11. Stokłosa polna *Bromus arvensis*		długości 1—2 mm, ku górze grubiejąca, naga	długości ~ 8 mm, wyrasta nieco poniżej wierzchołka plewki dolnej	~ 8 mm	ziarniak oplewiony silnie zwinięty, eliptycznie lancetowaty, barwy często lekkofioletowej
12. Manna jadalna *Glyceria fluitans*	1½x	długa, z główkowatym zgrubieniem	brak	długości 5—6 mm, z 5—9 równoległymi nerwami	klinowaty
13. Perz właściwy *Agropyron repens*		zmiennej długości	częściowo ościsty (1,5 mm), częściowo bezostny	9—11 mm	plewka górna przeważnie krótsza od dolnej; wysklepienie plewki górnej silnie szczeciniasto owłosione

Ic) Trójkanciaste ziarniaki >3 mm

Gatunek	Kształt	Osadka	Ość	Plewka dolna	Pozostałe cechy ziarniaka oplewionego
1. Kupkówka pospolita *Dactylis glomerata*	 2x	krótka, cylindryczna i lejkowato rozszerzona		silnie wygrzbiecona, prawie trójkanciasta, górą przechodząca w krótką ość	długości 6—7 mm, charakterystycznie skrzywiony

Id) Ziarniaki dwustronnie spłaszczone >3 mm

Gatunek	Kształt	Osadka	Ość	Plewka dolna	Pozostałe cechy ziarniaka oplewionego
1. Wyczyniec łąkowy *Alopecurus pratensis*	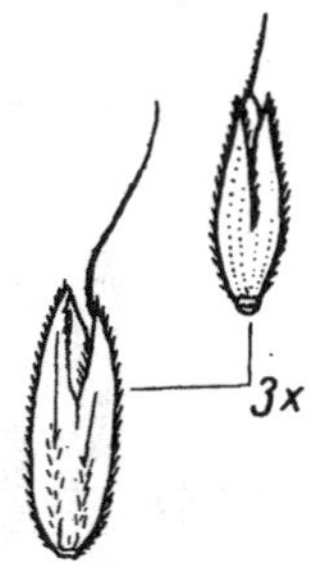 3x	—	lekko wygięta, wyrasta po stronie grzbietowej plewki dolnej, blisko jej podstawy	ziarniak zupełnie zawinięty; plewki górnej brak	plewy zawsze istnieją; kłoski jednokwiatkowe, plewy na krawędziach kosmato orzęsione, długości 5—5,5 mm
2. Wyczyniec polny *Alopecurus myosuroides*		—	ość łukowato wygięta, wyrasta z plewki dolnej, z jej część dolnej	jak u wyczyńca łąkowego	długości 6—7 mm, twardszy i grubszy od ziarniaka wyczyńca łąkowego, słabiej owłosiony; plewy do połowy długości zrośnięte
3. Wyczyniec kolankowaty *Alopecurus geniculatus*	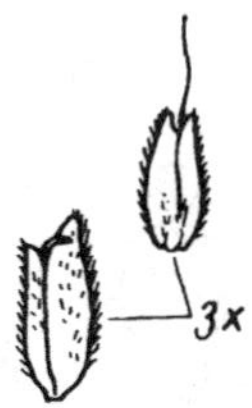 3x	—	długości ~ 5—6 mm, osadzona u podstawy	jak u wyczyńca łąkowego	długości 2,5—3,5 mm, owłosiony; plewy zrośnięte tylko u nasady
4. Kłosówka wełnista *Holcus lanatus*		—	ość hakowato zgięta na górnym męskim kwiatku, ledwo wysunięta z plew		długości 4 mm, owłosiony; brzegi plew orzęsione, przy nasadzie gładkie

IIa) Walcowate do jajowatych <3 mm

Gatunek	Kształt	Osadka	Ość	Plewka dolna	Pozostałe cechy ziarniaka oplewionego
1. Tymotka łąkowa *Phleum pratense*	 3x	—	—	—	długości 1,5—2,0 mm, jajowaty, srebrzystoszary; plewy błoniaste, okrągłojajowate
2. Mietlica biaława *Agrostis alba*	 3x	—	—	bardzo delikatna, przeświecająca	bardzo drobny (najdrobniejsze nasienie traw), długości 1,5—8 mm

Gatunek	Kształt	Osadka	Ość	Plewka dolna	Pozostałe cechy ziarniaka oplewionego
3. Miotła zbożowa *Apera spica-venti*	 3x	ciemna, cienka	ość szczytowa długości 10—15 mm	długości 2—2,5 mm	delikatny, mały z długą ością, u nasady plewki 2 pęczki włosków
4. Śmiałek darniowy *Deschampsia caespitosa*	 3x	długa, owłosiona	nasadowa długości 2,5—3,5 mm	u podstawy owłosiona	długości 2—2,5 mm, delikatny, białawo-srebrzysto-szarawy (mylony z ziarniakiem konietlicy łąkowej)

IIc) Ziarniaki trójkanciaste >3 mm (wszystkie bezostne)

Gatunek	Kształt	Plewka dolna	Plewka górna	Osadka	Pozostałe cechy ziarniaka oplewionego
1. Wiechlina łąkowa *Poa pratensis*	 3x	na końcu niebłonkowata	najczęściej głęboko bruzdowana; wierzchołek zakryty; znacznie wysklepiona, z długimi ząbkami	często krótka, gruba	boki słabo wypukłe; w przekroju poprzecznym trójkątny; zawsze leży na boku
2. Wiechlina błotna *Poa palustris (P. fertilis, P. serotina)*	 3x	górą wąsko, błoniasto obrzeżona; wierzchołek z żółtą plamką	płaska; wierzchołek wystający; grzbiet z gęstymi, wąskimi, długimi ząbkami	dość długa, naga i lśniąca	boki silnie wysklepione, co powoduje, że ziarniaki leżą przeważnie na boku
3. Wiechlina zwyczajna *Poa trivialis*	 3x	na wierzchołku niebłoniasta	najczęściej głęboko bruzdkowana; wierzchołek zakryty; grzbiet bardzo krótki i gęsto ząbkowany	długa, cienka, z miseczkowatym płaskim zakończeniem	boki prawie płaskie, ostrograniaste; najczęściej leżący na boku

Gatunek	Kształt	Plewka dolna	Plewka górna	Osadka	Pozostałe cechy ziarniaka oplewionego
4. Wiechlina roczna *Poa annua*	 3x	na wierzchołku szeroko, błoniasto obrzeżona	wierzchołek silnie zwinięty; wystający grzbiet z długimi, miękkimi włoskami	naga	boki prawie płaskie, ostro-trój-kanciaste; najczęściej leżący na boku
5. Wiechlina gajowa *Poa nemoralis*	 3x	na wierzchołku wąsko, błoniasto obrzeżona	płaska, wierzchołek wystający; górą — grzbiet z krótkimi, dołem — z długimi i gęstymi ząbkami	kosmato owłosiona	boki silnie wysklepione, niezbyt wyraźnie trójkanciaste; najczęściej leżący na boku

2. Nasiona roślin motylkowatych

Gatunek	Kształt	Barwa	Wielkość w mm	Długość korzonka zarodkowego *	Zróżnicowanie korzonka **	Charakterystyczne cechy nasienia
1. Koniczyna łąkowa *Trifolium pratense*	 8x	żółta, fioletowa lub żółta i fioletowa	dł. 1,6—2,5, szer. 1,2—20	$^1/_2$	wyraźne	dwubarwne; korzonek zarodkowy wystaje pod kątem 30—45°
2. Koniczyna biała *Trifolium repens*	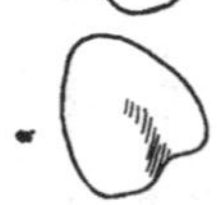 8x	jasnożółta	dł. 1,1—1,5 szer. 0,8—1,5	$^4/_5$—$^5/_5$	wyraźne	małe, żółte; kształt zbliżony do sercowatego
3. Koniczyna białoróżowa *Trifolium hybridum*	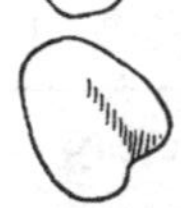 8x	oliwkowozielona	dł. 1,0—1,5, szer. 0,9—1,5	$^4/_5$—$^5/_5$	wyraźne	małe, oliwkowozielone; kształt zbliżony do sercowatego

Gatunek	Kształt	Barwa	Wielkość w mm	Długość korzonka zarodkowego *	Zróżnicowanie korzonka **	Charakterystyczne cechy nasienia
4. Koniczyna krwistoczerwona (inkarnatka) *Trifolium incarnatum*	 8×	żółta do czerwonawożółtej	dł. 1,8—2,9 szer. 1,3—2,4	$^1/_2$—$^2/_3$	niewyraźne	wskutek ścisłego przylegania korzonka zarodkowego do liścieni nasienie ma kształt jajowaty; największe z nasion wszystkich koniczyn
5. Lucerna siewna i mieszańcowa *Medicago sativa i M. media*	 8×	żółta	dł. 1,8—2,7 szer. 1,0—2,2	$^1/_2$	często dwustronnie spłaszczony	kształtu fasolowatego, często skrzywione, zniekształcone lub zdeformowane (strąk spiralnie skręcony)
6. Lucerna nerkowata *Medicago lupulina*	 8×	żółta z lekko zielonkawym nalotem	dł. 1,4—2,1 szer. 1,0—1,9	$^1/_2$—$^2/_3$	niewyraźne	koniec korzonka zarodkowego na zewnątrz wygięty (radełkowatonoskowatego kształtu)
7. Nostrzyk biały *Melilotus albus*	 8×	zielonkawa, żółta, matowa	dł. 1,8—2,7, szer. 1,2—2,0	$^2/_3$—$^3/_4$ przylegający, cienki	wyraźne	kształtu jajowatego
8. Przelot zwyczajny *Anthyllis vulneraria*	 8×	w $^2/_3$ żółta, **wierzchołek do połowy korzonka zielonkawy** ($\sim {}^1/_3$)	dł. 2,1—2,6 szer. 1,2—1,9	$^1/_3$—$^1/_2$ lekko odstający	mało widoczne	charakterystyczne zielone zabarwienie w górnej części do połowy korzonka zarodkowego (różnica między nasieniem lucerny nerkowatej: wierzchołek nasienia nie ma kształtu noskowatego!)

Gatunek	Kształt	Barwa	Wielkość w mm	Długość korzonka zarodkowego *	Zróżnicowanie korzonka **	Charakterystyczne cechy nasienia
9. Komonica zwyczajna *Lotus corniculatus*	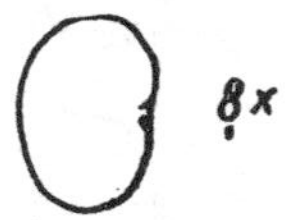	brunatna	dł. 1,3—1,9 szer. 0,9—1,7	1/2 ściśle przylegający	ledwo widoczne	prawie kuliste, większe niż u komonicy błotnej
10. Komonica błotna *Lotus uliginosus*		zielonkawa do jasnobrunatnej	dł. 1,0—1,4 szer. 0,7—1,3	1/2 ściśle przylegający	ledwo widoczne	prawie kuliste, drobne!
11. Seradela *Ornithopus sativus*		żółta lub brunatnożółta	człon strąka: dł. 2,5—3,5 szer. 1,7—3,5 nasiona: dł. 2,0 szer. 1,7	1/2 ściśle przylegający	ledwo widoczne	człon strąka ma kształt baryłkowaty; powierzchnia siatkowato żyłkowana; znaczek na nasieniu z czarną obwódką
12. Sparceta siewna *Onobrychis sativa*	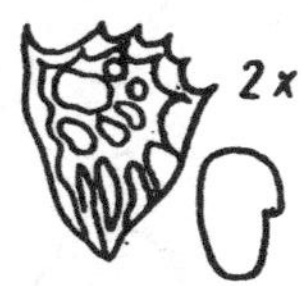	jasnobrunatna	strąk: dł. 6,8—8,2 szer. 4,5—7,0 nasienie: dł. 4,5 szer. 3,0	1/2 silnie wygięty i ściśle przylegający	mało widoczne	strąk charakterystycznie ząbkowany! nasienie kształtu fasolowatego

*) długość korzonka zarodkowego w stosunku do liścieni

**) zróżnicowanie korzonka: czy wyraźnie odstaje od liścieni czy nie

V. SZKODLIWE DOMIESZKI CHWASTÓW I INNYCH ROŚLIN UPRAWNYCH NA PLANTACJACH NASIENNYCH TRAW I ROŚLIN MOTYLKOWATYCH

Podane niżej zestawienie w niektórych wypadkach odbiega od obowiązujących od 1 sierpnia 1956 r. (w NRD — *przyp. tłum.*) „zasad kwalifikacji materiałów siewnych roślin rolniczych i ogrodniczych", ponieważ w zestawieniu naszym zostały uwzględnione wyniki ostatnich badań dotyczących czyszczenia nasion. Znaczenie cyfrowych oznaczeń użytych we wszystkich trzech tabelach:

1 = domieszka nie dająca się w zupełności oddzielić przez staranne zasadnicze czyszczenie;

2 = domieszka trudna do oddzielenia (możliwe przeważnie tylko przy czyszczeniu specjalnym, połączonym ze stratami materiału siewnego!);

3 = domieszka wcale nie dająca się oddzielić lub bardzo trudno oddzielająca się od materiału siewnego; przy czym czyszczenie połączone jest z dużymi stratami.

I = domieszki dające się bez reszty oddzielić na maszynach elektromagnetycznych,

II = domieszki dające się oddzielić w przeważających ilościach (60—95%) na maszynach elektromagnetycznych,

III = domieszki dające się mniej więcej w połowie (30—60%) oddzielić elektromagnetycznie,

IV = domieszki wcale nie dające się usunąć lub tylko w nieznacznej ilości dające się oddzielić na maszynach elektromagnetycznych.

a. Na plantacjach nasiennych roślin motylkowatych pastewnych i tymotki

Gatunki zanieczyszczające	Odczyszczanie elektromagnetyczne z materiału siewnego roślin koniczynowatych	Koniczyna krwistoczerwona (inkarnatka)	Koniczyna łąkowa	Lucerna siewna	Lucerna nerkowata (chmielowa)	Nostrzyk biały	Komonica zwyczajna	Przelot zwyczajny	Koniczyna biała	Koniczyna białoróżowa	Komonica błotna	Tymotka łąkowa[1]
1	2	3	4	5	6	7	8	9	10	11	12	13
a. Gatunki roślin pastewnych jako zanieczyszczenia obcouprawne												
Koniczyna łąkowa	IV	2		3	3	3	2	3	1	1	1	—I
Lucerna siewna	IV	2	3		3	3	1	3	—	—	—	—I
Lucerna nerkowata	IV	2	3	3		3	2	3	3	3	3	—I
Nostrzyk biały	IV	2	3	3	3		2	3	—	—	—	—I
Komonica rożkowa	IV	3	3	2	3	3		3	—	—	—	—I
Koniczyna krwistoczerwona (inkarnatka)	IV		2	2	2	2	3	2	—	—	—	—I
Koniczyna biała	IV	—	1	1	2	2	2	1		3	3	3I
Koniczyna białoróżowa	IV	—	1	1	2	2	2	1	3		3	3I
Komonica błotna	IV	—	1	—	2	2	2	—	2	2		2I
Tymotka łąkowa	I	—	—	—	1	—	1	1	3	3	3	
b. Chwasty z rodziny motylkowatych i niektóre rośliny z rodziny krzyżowych												
Nostrzyk żółty	IV	2	3	3	3	3	2	3	—	—	—	—I
Koniczyna drobnogłówkowa	IV	—	—	—	—	—	1	—	3	3	3	3I
Koniczyna różnoogonkowa	IV	—	—	—	—	—	—	—	3	3	3	3I
Koniczyna polna	IV	—	—	—	—	—	—	—	1	1	3	2I
Rzepak	IV	3	—	—	—	1	1	2	—	—	—	—I
Rzepik	IV	3	1	1	1	1	3	2	1	1	1	—I
Gorczyca jasna	IV	3	1	1	1	1	3	2	—	—	—	—I
Gorczyca polna (ognicha)	III	3	1	1	1	1	3	2	—	—	—	—I

1	2	3	4	5	6	7	8	9	10	11	12	13
c. Inne gatunki chwastów												
Krzywoszyj polny	I	1	—	—	—	—	—	—	—	—	—	—IV
Rolnica pospolita	I	2	3	3	3	3	2	3	—	—	—	—IV
Szczaw polny	IV	—	—	—	1	—	1	1	3	2	1	III
Szczaw kędzierzawy	IV	1	2	3	3	3	1	3	—	—	—	—
Szczaw tępolistny	IV	2	2	2	2	2	1	2	—	—	—	—I
Zagorzałek późny	I	—	—	—	—	—	—	—	—	—	—	—IV
Goryczel żmijowcowy	III	1	2	3	2	2	2	2	—	—	—	—
Głowienka pospolita	III	1	1	3	3	3	2	3	3	3	3	3 II
Pszonacznik wschodni	III	—	2	2	2	2	2	2	—	—	—	—
Ostrożeń polny	IV	—	1	2	1	2	—	1	—	—	—	
Komosa biała (lebioda)	IV	—	1	—	1	1	1(I)	1	3	3	II	1 IV
Jaskier rozłogowy	IV	—	1	1	—	—	—	1	—	—	—	—
Jaskier ostry	I	1	1	1	1	1	—	1	—	—	—	—
Chwastnica jednostronna	II-III	2	1	2	1	2	—	1	—	—	—	—
Włośnica sina	II	2	1	2	—	2	—	2	—	—	—	—
Włośnica zielona	III	2	1	2	2	2	—	2	—	—	—	—
Poziewnik szorstki	III	1	—	—	—	1	—	1	—	—	—	—
Rogownica polna	I	—	—	—	—	—	—	—	1	1	1	—IV
Rogownica pospolita	I	—	—	—	—	—	—	—	—	—	2	1 IV
Rumian polny	I	—	1	2	2	1	1	2	—	—	—	3 IV
Maruna bezwonna	I	—	1	2	1	1	—	—	—	—	—	2 IV
Czerwiec roczny	I	1	—	1	—	—	—	—	—	—	—	—IV
Rdest kolankowaty	IV	2	—	1	—	—	—	—	—	—	—	—I
Rdest plamisty	IV	2	—	2	2	2	—	1	—	—	—	—I
Rdest ptasi	II	1	2	2	2	2	—	2	—	—	—	1 III
Rdest powojowaty	III	3	1	1	—	1	—	2	—	—	—	—
Łoczyga pospolita	III	—	—	—	—	—	—	—	—	—	—	—
Chaber bławatek	IV	1	—	2	—	—	—	—	—	—	—	—
Pieprzyca polna	I	3	3	3	3	3	1	3	—	—	—	2 IV
Przytulia pospolita	I	—	2	1	2	2	3	1	3	3	3	1 IV
Przytulia czepna	I	3	—	—	—	—	—	—	—	—	—	—IV
Lepnica dwudzielna	III*)	—	1	—	1	1	1	1	3	3	3	1 II
Lepnica rozdęta	III*)	—	1	—	1	1	1	1	3	3	3	1 II
Bniec biały	IV*)	—	1	1	1	1	1	1	2	2	2	1 I
Łoboda rozłożysta	IV	1	3	2	3	3	1	1	1	1	1	1 I
Gwiazdnica trawiasta	I	—	—	—	—	—	—	—	3	3	3	—IV
Gwiazdnica pospolita	I	—	—	—	—	—	—	—	3	3	3	—IV
Marchew zwyczajna	II	1	—	1	—	—	—	—	—	—	—	—III
Żmijowiec zwyczajny	II	3	1	1	1	1	—	3	—	—	—	—III
Tobołki polne	I	1	1	3	3	3	2	2	2	2	2	—IV
Kanianka koniczynowa	I	—	1	1	1	1	1	1	2	2	2	3 IV
Kanianka grubonasienna	I	2	3	3	3	1	3	3	3	3	3	3 IV
Kanianka lnowa	I	3	3	3	3	3	3	3	3	3	3	1 IV
Sporek polny	II	—	1	1	1	1	1	1	3	3	3	1 III
Fiołek trójbarwny	III	—	—	1	2	—	1	1	3	3	3	3 II

1	2	3	4	5	6	7	8	9	10	11	12	13
Bodziszek porozcinany	III*	3	3	3	3	3	3	3	—	—	—	—II
Bodziszek kosmaty	II*	1	1	1	3	1	3	3	3	3	3	1 II
Bodziszek drobny	III*	—	1	2	3	1	1	1	3	3	3	2 II
Niezapominajka piaskowa	IV	—	—	—	1	—	—	—	2	2	3	1 I
Niezapominajka polna	IV	—	—	—	1	—	—	—	3	3	3	3 I
Rezeda żółta	III	1	1	1	2	2	3	1	3	3	3	1 II
Babka zwyczajna	I	—	—	—	—	—	—	—	1	1	2	**3** VI
Babka lancetowata	I	1	2	3	2	2	—	2	—	—	—	1 IV
Wyka czteronasienna	IV	3	2	1	1	2	1	2	—	—	—	— I
Wyka drobnokwiatowa	IV	3	—	—	—	—	1	1	—	—	—	— I
Czyściec roczny	IV	1	1	1	1	2	2	1	3	3	3	2 I/II

Uwaga:

W trakcie czyszczenia materiałów siewnych powierzchnie nasion niektórych gatunków chwastów zostają zmienione. Na przykład nasiona komosy białej (lebiody) po elektromagnetycznym czyszczeniu nasion roślin motylkowatych przeważnie stają się gładkie, wskutek czego nie mogą zostać od nich oddzielone. Przy czyszczeniu nasion tymotki nasiona komosy również sorbują na swej powierzchni, podobnie jak nasiona tymotki, pył stalowy i także nie dają się oddzielić od nasion tej ostatniej.

Przyczyny tego nieoczekiwanego zachowania się nasion komosy białej należy szukać w tym, że w czasie bukowania koniczyny plewy, a także resztki owocni komosy zostają oderwane, wskutek czego pozostają czarne nagie nasiona (tabl. 15, 1*b*). Materiał siewny tymotki, w przeciwieństwie do koniczyn, bywa — i powinien być — zawsze młócony przy zmniejszonych obrotach bębna młocarni, aby ziarniaki nie zostały odplewione. Przy tego rodzaju młocce nasiona komosy białej pozostają w okrywach koszyczków albo przynajmniej zachowują się zeschnięte okwiaty (tabl. 15, 1*c* i 1*d*), wskutek czego nasiona zachowują chropowatą powierzchnię i na maszynach elektromagnetycznych również nie dają się oddzielić od nasion tymotki. Nasiona komonicy zwyczajnej oraz komonicy błotnej już w czasie młócenia zostają wyłuskane ze strąków; dlatego bukowanie ich jest zbyteczne. Nasiona komosy białej znajdujące się w materiałach siewnych obu tych gatunków tak samo jak w materiale siewnym tymotki zachowują powierzchnie chropowate, dzięki czemu na maszynach elektromagnetycznych można je całkowicie oddzielać.

* Gwiazdka przy rzymskich cyfrach oznacza, że w wypadku używania proszku R 55, a więc przy czyszczeniu na sucho, nasiona danych roślin można oddzielić elektromagnetycznie.

[1] cyfra arabska w rubryce „tymotka łąkowa“ wskazuje na możliwość mechanicznego oczyszczania nasion tymotki, a cyfra rzymska — na możliwość elektromagnetycznego ich oczyszczania.

b. Na plantacjach nasiennych traw o większych nasionach

Gatunki zanieczyszczające	⊙ Życica wielokwiatowa	⊙ Życica wielokwiatowa	Życica trwała	Kostrzewa łąkowa	Rajgras wyniosły	Kupkówka pospolita	Stokłosa bezostna	Wyczyniec łąkowy	Mozga trzcinowata	Kostrzewa czerwona	Kostrzewa owcza	Stokłosa żytnia	Mozga kanaryjska	Konietlica łąkowa	Grzebienica pospolita
	1	2	3	4	5	6	7	8	9	10	11	12	13	14	15
a. Gatunki uprawne															
1. ⊙ Życica wielokwiatowa		3	3	3	3	3	3	3	1	3	3	—	—	1	—
2. ⊙ Życica wielokwiatowa	3		3	3	3	3	3	3	1	3	3	—	—	1	—
3. Życica trwała	3	3		3	3	3	2	3	2	3	3	—	—	1	—
4. Kostrzewa łąkowa	3	3	3		3	3	2	3	2	3	3	—	—	1	—
5. Rajgras wyniosły	1	1	1	1		1	2	2	—	1	—	1	—	1	—
6. Kupkówka pospolita	1	1	2	2	3	1	1	2	2	3	3	—	—	2	1
7. Stokłosa bezostna	2	2	1	1	2			2	—	1	1	—	—	1	—
8. Wyczyniec łąkowy	—	—	1	1	2	3	1		1	1	1	—	—	—	—
10. Kostrzewa czerwona	1	1	2	3	2	2	2	2	—		3	—	—	3	—
11. Kostrzewa owcza	1	1	2	3	2	2	2	2	—	3		—	—	3	—
12. Grzebienica pospolita	—	—	—	—	—	2	—	1	2	—	—	—	—	2	
b. Trawy gorszej i złej jakości															
Stokłosa miękka	2	2	2	2	3	2	3	2	—	—	—	1	—	1	—
Stokłosa polna	3	3	3	3	3	3	3	2	—	3	3	—	—	2	—
Stokłosa żytnia	2	2	2	2	2	1	2	1	—	1	1	—	—	—	—
Stokłosa płonna	2	2	2	2	2	1	3	1	—	2	2	1	—	—	—
Wyczyniec polny	3	3	3	3	3	3	3	3	1	3	3	1	1	1	—
Wyczyniec kolankowaty	—	—	—	—	1	2	1	3	2	1	1	—	—	3	2
Perz właściwy	3	3	3	3	3	2	3	1	—	2	2	—	—	1	—
Życica lnowa	—	—	—	—	—	—	—	—	—	—	—	2	3	—	—
Życica roczna	—	—	—	—	—	—	—	—	—	—	—	2	1	—	—
Kłosówka wełnista	—	—	—	—	1	1	—	2	2	—	—	—	—	3	—
Kłosówka miękka	—	—	—	—	—	—	—	1	—	—	—	—	—	3	—
Śmiałek pogięty i darniowy	—	—	—	—	1	2	—	3	3	—	—	—	—	3	1
Tomka oścista	—	—	—	—	1	2	—	3	1	—	—	—	—	3	3
c. Chwasty dwuliścienne															
Iglica pospolita	3	3	3	3	3	3	3	2	2	3	3	—	—	2	—
Chaber bławatek	3	3	3	3	3	3	1	1	—	1	1	1	1	—	—
Czerwiec roczny	—	—	—	—	—	1	—	1	—	—	—	—	2	—	—
Trybula leśna	3	3	3	3	3	2	1	1	—	1	1	1	1	—	—
Ostrożeń polny	—	—	—	—	—	1	—	1	2	—	—	—	1	—	2

c. Na plantacjach nasiennych traw o drobnych nasionach

Gatunki zachwaszczające	Wiechlina łąkowa	Wiechlina błotna	Wiechlina zwyczajna	Mietlica biaława
1	2	3	4	5
a. Gatunki uprawne				
1. Wiechlina łąkowa		3	3	3
2. Wiechlina błotna	3		3	3
3. Wiechlina zwyczajna	2*	2*		3
4. Mietlica biaława	2	3	3	
5. Tymotka łąkowa	2**	2**	2**	2
b. Trawy gorszej i złej jakości				
Wiechlina roczna	3	3	3	1
Miotła zbożowa	2	3	3	3
Wyczyniec kolankowaty	3	3	3	2
Śmiałek darniowy	3	3	3	2
Turzyca zajęcza	2	2	2	2
Kłosówka wełnista	2	2	2	—
Kłosówka miękka	3	3	3	2
Mietlica pospolita	2	2	2	3
c. Chwasty dwuliścienne				
Maruna bezwonna	3	3	2	1
Rumian polny	2	2	2	—
Rumian psi	3	3	3	—
Rumian austriacki	3	3	3	1
Złocień właściwy	3	2	2	1
Babka lancetowata	2	2	2	1
Pępawa zielona	3	3	3	2
Krwawnik pospolity	2	2	2	3

Uwaga:

* Ziarniaki wiechliny zwyczajnej łatwo się osypują. Wiechlinę łąkową i wiechlinę błotną można zostawiać na pniu aż do pełnej dojrzałości, a po skoszeniu suszyć na ziemi. W obydwu wypadkach tylko niewielkie ilości nasion wiechliny zwyczajnej zostaną zebrane z uprawianym gatunkiem, ponieważ jej oplewione ziarniaki wcześniej wypadają; należy się jednak liczyć z dużym zachwaszczeniem gleby tymi nasionami.

** Ziarniaki tymotki łąkowej w czasie bukowania wiechliny łąkowej i wiechliny błotnej zostają nie tylko odplewione, ale w większości także uszkodzone.

LITERATURA

1. Ader, F. und O. Siegel: Das Vorkommen der Helminthia echioides in Rheinland-Pfalz und ihre Eignung als Leitunkraut. Saatgut-Wirtschaft **5**, 126—128, 1953.
2. Amann, F.: Untersuchungen über die Bekämpfung des Franzosenkrautes in Hackfrucht- und Gemüsekulturen, insbesondere mit Kalkstickstoff und Hederichkainit. Diss., Hohenheim 1956.
3. Anhaeusser, H.: Zur Echtheitsbestimmung von Raps- und Rübsensaatgut. Angewandte Botanik **28**, 13—40, 1954.
4. Aufhammer, G. und W. Simon: Die Samen landwirtschaftlicher Kulturpflanzen im Grundstein des ehemaligen Nürnberger Stadttheaters und ihre Keimfähigkeit. Z. f. Acker- und Pflanzenbau **103**, 454—472, 1957.
5. Bachthaler, G.: Die Bekämpfung von Flughafer und Windhalm nach dem derzeitigen Stand der wissenschaftlichen Forschung. Prakt. Bl. f. Pfl. bau und Pfl. schutz **53**, 101—109, 1958.
6. Becker, A.: Beobachtungen und Erfahrungen bei Unkrautbekämpfung in Zwiebeln und Möhren mit neuzeitlichen Bekämpfungsmitteln. Gesunde Pflanzen **10**, 71—77, 1958.
7. Behrens, H.: Beiträge zur Kenntnis der Hartschaligkeit bei Leguminosen. Diss., Hamburg 1934.
8. Blackman, G. E. und K. Holly: Unkrautbekämpfung in Faser- und Öllein J. Minist. Agric., London, **54**, 538—542, 1948.
9. Böhme, L.: Erfahrungen mit den Unkrautbekämpfungsmitteln Hormit, Hormin und UT 10 Leuna. Die Deutsche Landwirtschaft **3**, 632—635, 1952.
10. Böhning, K. und Fr. Wagner: Erfolgreiche Versuche über eine chemische Bekämpfung des Gerstenflugbrandes (*Ustilago nuda* (Jens.) Rostr.). Angewandte Botanik **31**, 197—209, 1957.
11. Brouwer, W. und A. Stählin: Handbuch der Samenkunde. Frankfurt am Main 1955: DLG-Verlag.
12. Carter, H. W., H. W. Norton and G. H. Dungan: Wheat and cheat (Weizen und Roggentrespe) Agronomy **49**, 261—267, 1957.
13. Daiber, C. Ch.: Untersuchungen zur Stadienempfindlichkeit verschiedener Wiesenunkräuter und -leguminosen gegen herbizide Wuchsstoffe und zur Bedeutung des Behandlungszwischenraumes bei wiederholten Wuchsstoffgaben. Zeitschr. f. Acker- und Pfl. bau **102**, 409—442, 1957.
14. Dame: Zur Bekämpfung der Rasenschmiele (*Deschampsia caespitosa*). Gesunde Pflanzen **10**, 53—55, 1958.
15. Demala, J.: Die Vertilgung des Wiesenpippaus in Grassamenbeständen. Die Presse der Sowjetunion (Nr. 100) 2163—2165, 1957.

16. D i e r c k s, R.: Möglichkeiten der Bekämpfung des Stumpfblättrigen Ampfers. Prakt. Blätter für Pfl. bau und Pfl. schutz, **53**, 92—100, 1958.
17. E d m o n d, D. B.: The effect of MCPB (sodium 2-methyl-4-chlorphenoxybutyrate) on young red clover (*Trifolium pratense*) and weeds. [Die Wirkung von MCPB (Natriumsalz der 2-Methyl-4-chlorphenoxybuttersäure) auf jungen Rotklee (*Trif. pratense*) und Unkräuter] New Zealand J. Sci. Technol. Sect. A. **38**, 397—402, 1956.
18. E l l e n b e r g, H.: Unkrautgemeinschaften als Zeiger für Klima und Boden. Ludwigsburg 1950: Verl. Eugen Ulmer.
19. E b e r h a r d, Chr.: Ackerunkrautgesellschaften und ihre Abhängigkeit von Boden und Bewirtschaftung auf verschiedenen Böden Württembergs. Diss., Hohenheim 1950.
20. E s s e r, P.: Die Giftpflanzen Deutschland. Braunschweig 1910: Verlag von Friedrich Vieweg und Sohn.
20a. F e y e r a b e n d, G.: Unkrautbekämpfung in gärtnerischen Kulturen mit chemischen Mitteln unter Berücksichtigung des Arbeitszeitaufwandes. Der Deutsche Gartenbau **5**, 137—138, 1958.
21. F i n k e n z e l l e r, R.: Das Körnerbrechen beim Dreschen, seine Ursache und Beseitigung. Schriften des Reichskuratoriums für Technik in der Landw., H. **102**, 1—77, 1941.
22. F i s c h e r, W.: Samengewinnung und Saatgutbereitung bei den wichtigsten Klee- und Grasarten. Berlin 1928: Verl. Oskar Schlegel.
23. F i s c h e r, W. E.: Dreschversuche mit verschiedenen Schlag- und Korbleisten. Die Technik in der Ldw. **72**, 313—317, 1935.
24. F r a g e, K.: Sukzessionsstudien an Unkrautgesellschaften der Kleeäcker. Diss., Kiel 1952.
25. G e r m, H.: Das Vorkommen der Samen von *Helminthia echioides* im Luzernesaatgut österreichischer Herkunft. Die Bodenkultur **5**. Sonderheft, 26—28, 1954.
26. G o i l e, H.: Über die Unkrautbekämpfung mit Hormonpräparaten in Getreide. Die Deutsche Landw. **3**, 146—147, 1952.
27. G r i s c h, A.: Die Herkunftsbestimmung der Klee- und Grassamen. Mitt. Intern. Verein. Samenkontr. **13**, 147, 1944.
28. G r o s s m a n n, Fr.-K.: Chemische Unkrautbekämpfung (Entwicklung und Anwendung der heutigen Mittel). Leipzig/Jena 1957: Urania-Verlag.
29. G r ü m m e r, G.: Die Beeinflussung des Leinertrages durch *Camelina*-Arten. Flora 146, 158 bis 177, 1958.
30. H a b e l, W.: Über die Wirkungsweise der Eggen von Samenunkräuter sowie deren Empfindlichgeit gegen den Eggvorgang. Z. Acker- und Pflanzenbau **104**, 39—70, 1957.
31. H a n f, M.: Pflanzengesellschaften des Ackerbodens. Pflanzenbau **13**, 449—476, 1936/37 und **14**, 29—48, 1938.
32. H a n f, M.: Bestandsänderung in Grünland durch wuchsstoffhaltige Unkrautbekämpfungsmittel. Mittl. d. Biol. Zentralanstalt H. **75**, 109—114, 1953.
33. H a n f, M.: 10 Jahre Unkrautbekämpfung in Getreide mit Wuchsstoffen. Mittl. d. DLG **72**, 308—309, 1957.
34. H a n f, M.: Bekämpfung des Klettenlabkrautes. Mittl. d. DLG **73**, 509—510, 1958.
35. H e i n i s c h, O.: Das landwirtschaftliche Saatgut. 2. Auflage. Berlin 1955: Deutscher Bauernverlag.
36. H e i n i s c h, O.: Samenatlas der wichtigsten Futterpflanzen und deren Unkräuter. Berlin 1955: Deutscher Bauernverlag.
37. H o l z, W.: Erfahrungen mit Hormonen bei der Unkrautbekämpfung in Getreide. Gesunde Pflanze, **2**, 30—32, 1950.

38. H o l z, W.: Unkrautbekämpfung in Spezialkulturen (Flachs, Erbsen, Möhren und Zwiebeln) Sonderheft „Gesunde Pflanzen" 33—37, 1952.
39. H o l z, W.: Wuchsstoffe zur Unkrautbekämpfung. Landwirtschaftsblatt. Weser--Ems **102**, 1583—1584, 1955.
40. H o l z, W.: Versuche mit Wuchsstoffkombinationen zur Dannessel- und Knöterichbekämpfung im Getreide. Angew. Botanik **32**, 77—90, 1958.
41. H u b e r t, K.: Drei Jahre chemische Unkrautbekämpfung in Sachsen Anhalt. Die Deutsche Landw. **4**, 87—90, 1953.
42. H u b e r t, K.: Weitere Erfahrungen aus den Jahren 1954 und 1955 bei der chemischen Unkrautbekämpfung in Sachsen-Anhalt. Die Deutsche Landwirtschaft **7**, 138—142, 1956.
42a. H u b e r t, K.: Weitere Erkenntnisse zur chemischen Unkrautbekämpfung in Sachsen-Anhalt aus dem Jahre 1956. Die Deutsche Landw. **8**, 235—237, 1957.
43. H ü b n e r, R.: Der Same in der Landwirtschaft. Sein Aufbau, seine Bedeutung und Bestimmung. Radebeul 1955: Neumann-Verlag.
44. I b i e l s k i, E.: Die Kleedreschmaschine, ihre Bedeutung, Aufbau und Wirkungsweise. Sonderdruck aus „Der Landmaschinen-Händler Nr. 49/50 1941.
45. K a s p e r l i k, H.: Vergleichende physiologische Untersuchungen an 2,4-D-empfindlichen und -resistenten Pflanzen. Flora **2**, 307—342, 1955.
46. K e r s t i n g, F.: Wuchsanomalien bei Kulturgräsern durch wuchsstoffhaltige Unkrautbekämpfungsmittel. Nachrichtenblat d. Deutschen Pfl. schutzdienstes **7**, 17—30, 1955.
47. K e r s t i n g, F.: Zur Queckenbekämpfung mit TCA. Mittl. a. d. Biol. Bundesanstalt H. **87**, 90—94, 1957.
48. K i n d l e r, R.: Unkrautbekämpfung mit Kalkstickstoff. Die Deutsche Landw. **3**, 526—531, 1952.
49. K i e f m a n n, R.: Morphologie und Systematik der landw. bedeutsamen Wicken- und Linsenarten. Ztschr. Acker- und Pflanzenbau **94**, 422—479, 1952.
50. K i r c h n e r, A.: Der Gemeine Löwenzahn, *Taraxacum officinale* Web. Der Versuch einer Monographie in landw. Betrachtung. Zeitschr. Acker- un Pflanzenbau **99**, 488—518, 1955.
51. K i r c h n e r, H.-A.: Binsenbekämpfung auf Wiesen und Weiden mit dem Wuchsstoffherbizid „Spritz-Hormit". Die Deutsche Landwirtschaft **9**, 20—24, 1958.
52. K l e i n, W.: Untersuchungen zur Bestimmung des Keimungsminimums landwirtschaftlicher Unkräuter. Zeitschr. f. Acker- und Pflanzenbau **101**, 395—430, 1956.
53. K o c h, F.: Die Unkrautgemeinschaften der deutschen Dauerdüngungsversuche auf Ackerland. Bayrisches Landw. Jahrbuch **34**, 403—457, 1957.
54. K ö n i g, F r.: Der Futterwert der Grünlandkräuter. Mittl. d. DLG **69**, 497—498, 526—532, 1954.
55. K ö n n e c k e, G. und M. Z o s c h k e: Alte und neue Verfahren der Unkrautbekämpfung. Die Deutsche Landw. **3**, 59—65, 1952.
56. K o r s m o, E.: Unkräuter im Ackerbau der Neuzeit. Berlin 1930: Verlag Julius Springer.
57. K r a c h, W. E.: Untersuchungen über die Ausscheidung unverdauter Klee-, Gras- und Unkrautsamen durch Vögel und die Beeinflussung ihrer Keimwerte durch die Magen- und Darmpassage. Acker- und Pflanzenbau **107**, 405—434, 1959.
58. K r ü g e r, H.: Isopropyl-N-phenyl-carbamat (IPC) — ein als Mitosegift selektiv wirkendes Herbicid. Nachrichtenbl. f. d. dtsch. Pflanzenschutzdienst **11**, 1—6, 1957.
59. K r ü g e r, H.: Chemische Unkrautbekämpfung in Öl- und Faserlein. Die Deutsche Landw. **8**, 231—235, 1957.

60. Krüger, H.: Untersuchungen über Anwendung und Wirkung verschiedener Herbicide (2,4-D, MCP, DNC, DNBP, IPC und Kalkstickstoff) zur Unkrautbekämpfung in Erbsen und Lein. Kühn-Archiv **71**, 384—450, 1958.

61. Krüger, H.: Unkrautbekämpfung in Zwiebeln und Erbsen. Deutsche Landw. **10**, 237—240, 1959.

62. Kühn, J.: Biologischer Daseinskampf zwischen Unkraut und Kulturpflanze. Mittl. DLG **47**, 7—8, 1932.

63. Lakon, G.: Über das Auftreten von *Helminthia echioides* Gaertn. in Württemberg. Saatgut-Wirtsch. **8**, 344—346, 1956.

64. Lampeter, W.: Die häufigsten Fehler beim Samenbau mehrjähriger Gräser. Die Deutsche Landwirtschaft **2**, 351—354, 1951.

65. Lampeter, W.: Untersuchungen über den Wert entspelzter Glatthaferfrüchte (*Arrhenatherum elatius* J. et C. Presl) sowie über das Ausmaß und die Ursachen des Entspelzens. Zeitschr. f. Acker- und Pflanzenbau **102**, 227—240, 1956.

66. Lampeter, W.: Untersuchungen über Verluste beim Grassamendrusch und beim Kleereiben. Die Deutsche Landw. **8**, 448—454, 1957.

67. Lampeter, W.: Die Saatgutaufbereitung im besonderen für Futterpflanzen sowie Möhren und Leinsaatgut. Berlin 1957: Deutscher Bauernverlag.

68. Lazenby, A.: Germination and establishment of *Juncus effusus* L. — Journal of ecology, Vol. 43, 595—605, 1955.

69. Lechner, L.: Wie beeinflussen Mähdrusch und Trocknung das Getreidekorn? Mittl. d. DLG **72**, 411—413, 1957.

70. Lehmann, U.: Ackerfuchsschwanz und Grassamenbau. Mitt. d. DLG **58**, 640—641, 1943.

71. Lindner, H.: Ein Beitrag zur Echtheitsbestimmung von Getreide- und *Brassica*-Arten. Ztschr. f. landw. Versuchs- und Untersuchungswesen **2**, 359—372, 1957.

72. Linden, G.: Chemische Unkrautbekämpfung in Mais. Mittl. a. d. Biol. Bundesanstalt **H. 87**, 68—73, 1957.

73. Linser, H. und W. Frohner: Zur Prüfung der Wirksamkeit verschiedener Herbizide unter vergleichbaren Bedingungen. Acker- und Pflanzenbau **98**, 369—382, 1954.

74. Lyre, H.-H.: Beiträge zur Biologie und Ökologie der Vogelmiere, *Stellaria media* (L.) Cyr. Diss., Hohenheim 1957.

75. Maier, F.: Über den Einfluß von mechanischen Verletzungen auf Wasseraufnahme und Keimfähigkeitswerte der Getreidefrüchte. Diss., Hohenheim 1950.

76. Maiss, I. M.: Aufbereitungsversuche mit Glatthafer als Beitrag zur Frage seiner Drillfähigkeit sowie morphologische Untersuchungen der Spelzfrüchte als Grundlage für Züchtung unbehaarter Formen. Diss., Leipzig 1957.

77. Mansfeld, R.: Verzeichnis der Farn- und Blütenpflanzen des Deutschen Reiches. Jena 1940: Verlag G. Fischer.

78. Martell, P.: Die Kleeseide und ihre Bekämpfung. Die kranke Pflanze **12**, 116—118, 1935.

79. Mayer, Fr.: Untersuchungen über den Einfluß von Cyanamid auf die Atmung von pflanzlichen Gewebe. Z. f. Pfl.ernährung, Düngung und Bodenkunde **77**, 129—140, 1957.

80. Meyer-Hermann, K.: Erkennen und Bekämpfung der Ackerunkräuter im Jugendstadium. Berlin 1938: Paul Parey.

81. Naumann, D.: Die Ackerunkrautgesellschaften des Bonner Raumes und ihre Beziehung zum Standort. Diss., Bonn 1951.

82. Nieser, O.: *Helminthia echioides* Gaertn. (*Picris echioides* L.) Natterkopfartiger Wurmsalat. Saatgut-Wirtschaft **4**, 280—281, 1952.

83. Orth, H.: Zur Bekämpfung von Allium vineale in Weiden und Wiesen. Zeitschr. f. Acker- und Pflanzenbau **99**, 479—487, 1955.

84. Pape: Bestehen Möglichkeiten zur Bekämpfung des Kleekrebses. Mittl. d. DLG **69**, 101—103, 1954.

85. Payrebrune, Baron de St. Sève: Möglichkeiten der chemischen Unkrautbekämpfung im Gemüsebau. Acker- und Pflanzenbau **99**, 335—360, 1955.

86. Peiker, Alb.: Über die Energiereserven von Samen landwirtschaftlicher Kulturpflanzen. Ein Beitrag zum Problem der Triebkraft. Diss., Wien 1952.

87. Petersen, A.: Klee und Kleeartige als Futterpflanzen auf Acker, Wiese und Weide. Berlin 1935: Verlag R. Kühn A. G.

88. Petersen, A.: Die Gräser als Kulturpflanzen und Unkräuter auf Wiese, Weide und Acker. Berlin 1954: Akademie-Verlag.

89. Petersen, A.: Die Bekämpfung der Ackerunkräuter durch Kulturmaßnahmen des jeweiligen Anbau- und Betriebssystems. Berlin 1951: Akademie-Verlag.

90. Petzold, K.: Mähdrusch und Unkraut. Landtechnik, **11**, 468—470, 1955.

91. Petzold, K.: Untersuchungen über die Wirkung des Mähdruschverfahrens auf die Verunkrautung. Mittl. a. d. Biol. Bundesanstalt **H. 87**, 84—90, 1957.

92. Pohjakallio, O.: Untersuchungen über den Kleekrebs und seinen Anteil am Verschwinden des Klees in Kleegrasgemischen. Pflanzenbau **16**, 136—160 und 201—205, 1940.

93. Rademacher, B.: Gedanken zur Fortentwicklung der Unkrautbekämpfung in Getreide. Pflanzenbau **14**, 449—465, 1938.

94. Rademacher, B.: Über den antagonistischen Einfluß von Roggen und Weizen auf Keimung und Entwicklung mancher Unkräuter. Pflanzenbau **17**, 131—143, 1940.

95. Rademacher, B.: Über die Lichtverhältnisse in Kulturpflanzenbeständen, insbesondere im Hinblick auf den Unkrautwuchs. Zeitschr. f. Acker- und Pflanzenbau **92**, 129—165, 1950.

96. Rademacher, B.: Über die Auswirkung einer Behandlung mit 2,4-Dichlorphenoxyessigsäure (2,4-D) auf dem Grünland unter besonderer Berücksichtigung ihrer Anwendung gegen die Herbstzeitlose. Ztschr. f. Acker- und Pflanzenbau, **96**, 415—456, 1953.

97. Rademacher, B.: Stand der Unkrautbekämpfung mit herbiziden Wuchsstoffen auf dem Grünland. Mitt. a. d. Biol. Zentralanstalt, **H. 75**, 100—109, 1953.

98. Rademacher, B.: Das Verhalten der wichtigsten Grünlandpflanzen gegen herbizide Wuchsstoffe. Ztschr. f. Acker- und Pflanzenbau **97**, 1—34, 1954.

99. Rademacher, B.: Wuchsstoffe mit günstiger Selektivität für Leguminosen (2,4 DB u. a.). Mittl. a. d. Biol. Bundesanstalt **H. 87**, 37—43, 1957.

99a. Rademacher, B.: Aussichten auf Bekämpfung des Ackerfuchsschwanzes in den Winterungen. Mitt. d. DLG **74**, 1047—1049, 1959.

100. Rademacher, B. und J. Ozolins: Einfluß der Getreidekonkurrenz und des Nährstoffgehalts im Keimsubstrat auf Keimung und Jugendentwicklung verschiedener Unkräuter. Angewandte Botanik **26**, 69—93, 1951/52.

101. Rademacher, B. und A. Flock: Untersuchungen über die Anwendung von Kalkstickstoff und Feinkainit gegen die Ackerunkräuter der Lehm- und Sandböden. Z. f. Acker- und Pflanzenbau **94**, 1—54, 1952.

102. Saal, G.: Trifolium arvense. Diss., Braunschweig 1945.

103. Schering: Unkrautfibel. 4. Aufl. Berlin (o. Jahresangabe).

104. Schindler, B.: Minderreinheit und Minderkeimfähigkeit durch Keimlingsbeschädigung bei Inkarnatklee. Saatgut-Wirtschaft **2**, 247—248, 1950.

105. v. Schlechtendal, D. F. L. und L. E. Langenthal: Flora von Deutschland. Gera-Untermhaus 1880—1888: Verlag Eugen Köhler.

106. Schmidt, H. H.: Untersuchungen zu den Fluoreszenzerscheinungen der Keim-

pflanzen von *Lolium* ssp. im ultravioletten Licht. Angewandte Botanik, **27**, 1—16, 1953.

107. Schmidt, O.: Vergleichende Untersuchungen über die herbizide Wirkung der systemischen Wuchsstoffe 2,4 D und MCPA. Mittl. a. d. Biol. Zentralanst. **H. 77**, 1—119, 1954.
108. Schramm, G.: Die Beziehungen der Ackerunkräuter und ihre Gemeinschaften zum Reaktionszustand und zur Struktur des Ackerbodens im Gebiete des tertiären Hügellandes. Zeitschr. f. Acker- und Pflanzenbau **97**, 485—512, 1954.
109. Schröppel, H.: Ein Beitrag zur Kenntnis des Ackerhohlzahnes mit Berücksichtigung seiner Bekämpfung. Z. f. Acker- und Pflanzenbau **100**, 367—378, 1956.
110. Schulze, K. H.: Der Dreschvorgang unter der Zeitlupe. Umschau **58**, 169—171, 1958.
111. Seiffert, M. und H. G. Becker: Verbreitung des Ackerruchgrases (*Anthoxanthum aristatum* Boiss.) und die Möglichkeiten seiner Bekämpfung. Die Deutsche Landw. **11**, 29—32, 1960.
112. Simon, U.: Zur Keimfähigkeit alter Samen. Z. f. Acker- und Pflanzenbau **106**, 108—118, 1958.
113. Skirde, W.: Untersuchungen über den Rotkleesamenbau in Schweden und die Möglichkeit der Steigerung der Rotkleesamenerträge in der Deutschen Demokratischen Republik. Diss., Rostock 1957.
114. Skirde, W.: Ergebnisse und Erfahrungen aus Rotklee-Nachdruschprüfungen der Erntejahre 1956 und 1957. Die Deutsche Landwirtschaft **9**, 510—513, 1958.
115. Skirde, W.: Über die Beeinflussung der Saatgutqualität bei Rotklee durch Erntewitterung und Erntemethoden. Z. f. landw. Versuchs- und Untersuchungswesen **4**, 267—282, 1958.
116. Springensguth, W.: Zum Stand der Ackerfuchsschwanzbekämpfung. Prax. und Forsch. **9**, 57—59, 1957.
117. Springensguth, W.: Untersuchungen über die Anwendung von Kalkstickstoff und Kalidüngermitteln zur Bekämpfung des Ackerfuchsschwanzes (*Alopecurus agrestis* L.). Z. f. Acker- und Pflanzenbau **110**, 69—81, 1960.
118. Stählin, A.: Beiträge zu einer Monographie der Klee- und Grassaaten. Der Besatz von Thüringer Gelbklee. Zeitschr. f. Acker- und Pflanzenbau **92**, 349—372, 1950.
119. Stählin, A.: Über die Darstellung von Futterpflanzensämereien in Unterricht und Veröffentlichungen. Grünland **6**, 49—53, 1957.
120. Stählin, A. und G. Voigtländer: Die Lagerflora auf den Alpenweiden, ihre Herkunft und ihre Beseitigung. Zeitschr. f. Acker- und Pflanzenbau **94**, 353—373, 1952.
121. Stieglitz, H.: Die Erkennung der Herkunft württembergischer Kleesaaten. Saatgut-Wirtschaft **3**, 180—182, 205—217, 230—231, 1951.
122. v. Strotha: Die Beurteilung der Fremdbestandteile bei der Anlage von reinen Grassamenflächen. Pflanzenbau **3**, 87—90, 1926/27.
123. Troll, W.: Vergleichende Morphologie der höheren Pflanzen. 1. Band: Vegetationsorgane. Berlin 1937: Verlag Borntraeger.
124. Uhl, H.: Die Anwendung von Kalkstickstoff und Feinkainit gegen die Ackerunkräuter auf Kalkböden sowie Untersuchungen über deren Keimlinge und Keimungsbiologie. Zeitschr. f. Acker- und Pflanzenbau **95**, 121—158, 1952.
125. Wagner, H.: Pflanzensoziologie des Acker- und Grünlandes. Sonderausg. Gerold's Handb. d. Landwirtschaft, Wien 1950.
126. Wagner, F.: Bekämpfung des Gerstenflugbrandes mit chemischen Mitteln. Praktische Blätter für Pflanzenbau und Pflanzenschutz **53**, 73—83, 1958.
127. Walczyk, F.: Versuche mit chemischen Unkrautbekämpfungsmitteln bei Flachs. Zeitschr. f. Acker- und Pflanzenbau **97**, 231—234, 1954.

128. W e h s a r g, O.: Ackerunkräuter (Biologie, Allgemeine Bekämpfung und Einzelbekämpfung). Berlin 1954: Akademie-Verlag.
129. W e i n m a n n, I.: Untersuchungen zur Samendiagnostik von Brassica-Arten und -Sorten unter besonderer Berücksichtigung chemisch-physikalischer Methoden. Zeitschr. f. Pflanzenzüchtung **36**, 1—36, 1956.
130. W e l t e, E.: Queckenbekämpfung. Mitt. d. DLG **73**, 34—35, 1958.
131. W i c k, H. H.: Ein Beitrag zur Kenntnis der Keimverhältnisse bespelzter und entspelzter Samen einiger wichtiger Wiesengräser. Pflanzenbau **3**, 186—190, 1926/27.
132. W i t t m a c k, L.: Landwirtschaftliche Samenkunde. Berlin 1922: Paul Parey.
133. W i t t m a n n, O.: Wuchsleistungen von kleeartigen Futterpflanzen in Beziehung zu anliegenden Unkrautgemeinschaften. Zeitschr. f. Acker- und Pflanzenbau **100**, 239—257, 1955.
134. Z e i h e r, E.: Untersuchungen über die Möglichkeiten der Unterscheidung der Spelzfrüchte von *Phleum pratense* L. und *P. nodosum* L. — Pflanzenbau **15**, 161—195, 1939.
135. Z e m a n e k, J.: Herbizide zur Unkrautbekämpfung in Getreidebeständen. Internat. Zeitschr. d. Landw. H. Nr. **2**, 155—159, 1957.
136. Z i e g e n b e i n, G.: Unkrautbekämpfung im Grassamenbau. Das Grünland **4**, 5—7, 1955.
137. Z i e g e n b e i n, G.: Weitere Erfahrungen mit chemischer Unkrautbekämpfung im Grassamenbau. Das Grünland **5**, 95—96, 1956.
138. Z i e g e n b e i n, G.: Unkrautbekämpfung im Grassamenbau. Mitt. d. Biol. Zentralanstalt Berlin-Dahlem, **H. 87**, 44—48, 1957.
139. Z o s c h k e, M.: Studien über die Wirkung synthetischer Wuchsstoff-Herbizide auf Kulturpflanzen und Unkrautflora. Kühn-Archiv **71**, 305—383, 1958.
140. Pflanzenwuchsstoffe als Unkrautbekämpfungsmittel. „Bayer" Pflanzenschutz Leverkusen 1952.
141. Unkrautbekämpfung in Zuckerrüben. Mitt. d. DLG **75**, 279—280, 1960.

CHEMICZNE ZWALCZANIE CHWASTÓW

DODATEK UZUPEŁNIONY POLSKIMI DANYMI

Chemiczne zwalczanie chwastów także w produkcji nasiennej zyskuje coraz większe znaczenie. Byłoby więc niesłuszne, gdyby w pracy o chwastach i domieszkach roślin innych gatunków występujących na plantacjach nasiennych pominąć to szczególnie ważne zagadnienie. Należy się jednak liczyć z tym, że wobec prowadzonych obecnie intensywnych badań nad środkami chwastobójczymi i ich skutecznością, zostaną w najbliższych latach osiągnięte nowe wyniki doświadczeń, co spowoduje, że podane w niniejszej książce informacje mogą się okazać nieaktualne. Dlatego też postanowiono je podać na końcu książki.

CHEMICZNE ZWALCZANIE CHWASTÓW W PRODUKCJI NASIENNEJ

Wraz z uprawą roli podjął człowiek również walkę z chwastami. Początkowo chwasty usuwał ręcznie, potem motyką, a wreszcie rozmaitymi, przystosowanymi do pociągu konnego lub maszynowego narzędziami, jednocześnie spulchniającymi ziemię i niszczącymi chwasty. W ostatnich latach coraz bardziej rozpowszechnia się chemiczne zwalczanie chwastów. Chociaż nie zawsze może ono zastąpić mechaniczne zwalczanie chwastów, ponieważ nie spulchnia gleby, to jednak we wszystkich krajach zyskuje coraz szersze zastosowanie, co można tłumaczyć tym, że chemiczne zwalczanie chwastów, zwłaszcza w gospodarstwach dużych, daje się łatwo zmechanizować i jednocześnie pozwala na zniszczenie chwastów rosnących w rzędach roślin uprawnych. W porównaniu z mechanicznym zwalczaniem chwastów zwalczanie chemiczne jest mniej pracochłonne, skuteczniejsze, a nierzadko o wiele tańsze. W przyszłości oczywiście również będzie się dążyć do zwalczania chwastów za pomocą racjonalnej uprawy gleby i odpowiednich płodozmianów, ażeby móc zupełnie zrezygnować ze zwalczania chemicznego. Niestety jednak, nie we wszystkich wypadkach będzie to możliwe do osiągnięcia.

Chemiczne środki chwastobójcze są pospolicie nazywane herbicydami (od łac. słów *herba* — roślina, *occidere* — zabijać). Obok środków chwastobójczych o tzw. totalnym działaniu zyskują ostatnio coraz większe znaczenie środki działające na rośliny selektywnie (*selectus* — wybrany). Niszczą one tylko niektóre gatunki, zwłaszcza chwastów, nie szkodząc jednocześnie roślinom uprawnym.

Mimo że przemysł stara się dostarczać na rynki coraz więcej i coraz skuteczniej działających środków chwastobójczych, to jednak dają się one podzielić zaledwie na kilka grup, mianowicie: a) herbicydy typu regulatorów wzrostu, b) herbicydy kontaktowe, czyli parzące, c) środki o działaniu doglebowym, d) nawozy mineralne o działaniu chwastobójczym oraz e) herbicydy o działaniu totalnym.

Gdybyśmy chcieli ułożyć je w kolejności chronologicznej ich wynalezienia, to na pierwszym miejscu jako najstarsze środki chwastobójcze musielibyśmy postawić parzące nawozy mineralne, a dopiero po nich herbicydy o działaniu totalnym; po nich należałoby podać środki parzące, regulatory wzrostu i wreszcie środki o działaniu doglebowym. Jednak ten układ nie powinien stanowić podstawy do omawiania poszczególnych środków chwastobójczych.

Tabela 1

Chemiczne środki chwastobójcze stosowane w Polsce, NRD i NRF

Substancja czynna	Nazwa preparatów u producentów		
	Polska	NRD	NRF
I. Regulatory wzrostu:			
1. MCPA (kwas 2-metylo--4-chlorofenoksyoctowy)	Chwastox	Leuna M	M 52 flüssig, M 52 Pulver, Hedonal M, U 46 M Pulver, U 46 M Fluid
2. MCPP [kwas α-(2-metylo-4-chlorofenoksy)-propionowy]			MP 58, U 46 KV Pulver, U 46 KV Fluid konz.
3. 2,4-D (kwas 2,4-dwuchlorofenoksyoctowy lub jego sól)	Pielik	Hormit Hormin Sprümittel FHA/57, Streu-Hormin	Hedonol — Pulver Hedonol — flüssig, U 46 Fluid
4. MCPA + 2,4-D	—	—	Bi-Hedonal, U 46 Pulver, U 46 Combi Fluid, U 46 Combi Streu--konz.
5. 2,4-D + 2,4,5-T (kwas 2,4,5-trójchlorofenoksyoctowy)	—	Selest	Tributon, U 46 Spezial, Tormona
II. Herbicydy kontaktowe (środki parzące)			
1. DNOC (dwunitroortokresol)	Krezotol Krezamon	Hedolit	Raphanit — flüssig, Raphatox — Pulver
2. DNBP (4,6-dwunitro-2--IIrz-butylofenol)	—	—	BNP 30 „Schering", Aatox, Sevotox
3. Pjenolester	—	—	Aretit
III. Środki o działaniu doglebowym			
1. PCP (pięciochlorofenol)	—	Vorauflauf-Herbizid EP-30	Prevenol, Penta 50
2. CIPC (chloro-izopropylokarbaminian)	—	—	Prevenol 56, Prevenol-Spezial = (CIPC + CMU)
3. CMU (pochodne 2-metylomocznika)	—	—	Alipur
4. Pochodne trójazyny	—	W-6658	Simazin, Atrazin

ciąg dalszy tab. 1

Substancja czynna	Nazwa preparatów u producentów		
	Polska	NRD	NRF
IV. Herbicydy o totalnym działaniu, jednakże przy niskich dawkach działające niszcząco przede wszystkim na jednoliścienne			
1. TCA (kwas trójchlorooctowy)	Antyperz	Anforsten Herbizid 3Ef	Nata
2. TCP (kwas trójchloropropionowy)	—	Omnidel	—
3. DCP (kwas dwuchloropropionowy)	—	Omnidel Spezial (= Dalapon)	Dowpon
4. DCM (kwas dwuchloromasłowy)	—	—	Basinex

V. Nawozy mineralne działające parząco:

a) kainit (mieszanina sztuczna lub naturalna chlorku potasowego i siarczanu magnezowego)

b) azotniak (mieszanina cyjanamidu wapniowego, tlenku wapnia, wolnego węgla i innych związków w małych ilościach)

c) kainit + azotniak (6 : 1,6 — 8 q/ha lub 4 : 1 i około 5 q/ha)

Uwaga: Herbicydów MCPB [kwas γ-(2-metylo-4-chlorofenoksy)-masłowy], 2,4-DB [kwas γ-(2,4-dwuchlorofenoksy)-masłowy] oraz (N-fenylokarbaminian izopropylu) nie ma jeszcze w sprzedaży rynkowej na terenie NRD i NRF.

W tabeli 1 podane są chemiczne środki chwastobójcze produkowane i stosowane w Polsce i w Niemieckiej Republice Demokratycznej oraz kilka ważniejszych produkowanych w Niemieckiej Republice Federalnej. Prócz wymienionych jest kilka innych środków, które nie dadzą się włączyć do podanego wykazu, bądź z powodu niespotykania ich na rynku, jak np. środek Bulpur, którego głównym składnikiem jest cyjanek potasu, bądź z powodu ich ograniczonego zastosowania, np. różne frakcje olejów mineralnych, stosowanych do zwalczania chwastów w marchwi, selerach, w kminku zwyczajnym i pietruszce.

1. Działanie różnych środków chwastobójczych

A. Herbicydy typu regulatorów wzrostu. Pobierane są przez wszystkie organy roślinne (liście, łodygi, korzenie) i rozchodzą się po całej roślinie, pobudzając daną roślinę do szybkiego wzrostu. Jednocześnie pobudzony zostaje proces oddychania, a zarazem ograniczone pobieranie składników pokarmowych. W kilka dni potem łodygi i liście skręcają się, jak gdyby nadmierny wzrost przebiegał nierównomiernie. Po pewnym czasie roślina wycieńcza się i obumiera. W wykazie nie zostały podane fizjologiczno-chemiczne procesy przebiegające w komórce roślinnej pod wływem herbicydu typu regulatora wzrostu, ponieważ dotychczas nie są one dostatecznie wyjaśnione.

Selektywne działanie środków chwastobójczych polega na tym, że na rośliny z rodziny *Gramineae,* do których należą zboża i wszystkie gatunki traw, regulatory wzrostu nie działają z powodu wąskich i obficie pokrytych kutikulą liści tych roślin, natomiast chwasty dwuliścienne łatwo i szybko wchłaniają te środki. Dlatego syntetyczne regulatory wzrostu mogą być stosowane jako środki chwastobójcze w zasiewach zbóż i traw nasiennych. Z tych samych powodów mają one pewne znaczenie przy zwalczaniu chwastów na trwałych użytkach zielonych.

Ostatnio regulatory wzrostu zbadano pod kątem możliwości ich stosowania do zwalczania chwastów w roślinach motylkowatych (koniczyna łąkowa i biała, lucerna, groch, bobik). Chodzi tu głównie o grupę związków chemicznych MCPB i 2,4-DB. Środki te niewiele szkodzą lub nie szkodzą wcale roślinom motylkowatym, niszcząc jednocześnie wiele chwastów.

W kraju i zagranicą spotyka się mnóstwo rozmaitych środków chwastobójczych typu regulatorów wzrostu. Jednak każdy z nich zawiera jedną z następujących substancji wzrostowych:

MCPA — kwas 2-metylo-4-chlorofenoksyoctowy,
MCPP — kwas γ-(2-metylo-4-chlorofenoksy)-propionowy,
MCPB — kwas γ-(2-metylo-4-chlorofenoksy)-masłowy,
2,4-D — kwas 2,4-dwuchlorofenoksyoctowy,
2,4-DB — kwas γ-(2,4-dwuchlorofenoksy)-masłowy,
2,4,5-T — kwas 2,4,5-trójchlorofenoksyoctowy.

Dane tabeli 1 wskazują, że dla szczególnych celów istnieją środki herbicydowe utworzone przez połączenie dwóch regulatorów wzrostu (Selest, Tributon).

Prawie każda substancja czynna może występować bądź jako sól — w połączeniu z sodem lub potasem i wtedy środek taki nazywamy np. solą sodową MCPA lub solą potasową MCPA itd.; bądź jako ciecz, np. jako ester butylowy lub ester etylowy i wtedy mówimy o butylowym estrze MCPA lub etylowym estrze MCPA itd., przy czym właściwości herbicydów jako regulatorów wzrostu w zasadzie ulegają nieznacznym tylko zmianom. Wiele istniejących możliwości syntetyzowania nowych środków owadobójczych ze znanych kwasów organicznych nie jest jeszcze wykorzystanych przez przemysł chemiczny.

Poszczególne grupy regulatorów wzrostu wykazują znaczne różnice w działaniu chwastobójczym. Herbicydy z grupy MCPA szkodzą roślinom zbożowym i trawom mniej niż herbicydy z grupy 2,4-D. Herbicydy z grupy MCPA działają łagodniej na rośliny zbożowe, natomiast na chwasty nierzadko działają lepiej niż środki z grupy 2,4-D, np. na gatunki poziewnika, rośliny rdestowe, na gwiazdnicę pospolitą, jaskry i skrzypy. Do odchwaszczania więc zbóż z wsiewką koniczyny należałoby używać tylko herbicydów MCPA lub MCPB. Wiele doświadczeń wykazało, że kukurydzy mniej szkodzi preparat 2,4-D niż MCPA. Wskazuje to, że regulatory wzrostu pochodne 2,4-D będą miały większe znaczenie przy odchwaszczaniu zasiewów kukurydzy niż MCPA.

Preparat MCPP, w którym kwas octowy zastąpiono kwasem propionowym, w przeciwieństwie do herbicydów MCPA działa przy zwalczaniu przytulii czepnej, gwiazdnicy pospolitej i rdestu powojowatego nie szkodząc trawom.

Herbicydy MCPB i 2,4-DB po zastąpieniu kwasu octowego kwasem masłowym uszkadzają wiele roślin dwuliściennych dopiero w wysokich dawkach i dlatego według wyników zagranicznych badań, mogą być stosowane do odchwaszczania koniczyn, lucerny, grochu i bobiku, a także ziemniaków i selerów.

Doświadczenia wykazały, że lucerna i koniczyna biała lepiej znoszą preparat 2,4-DB niż MCPB, natomiast koniczyna łąkowa i wszystkie grochy przeciwnie — lepiej znoszą MCPB. Rozmaite odmiany grochu wykazują jednakże duże różnice we wrażliwości na herbicydy pochodne kwasu masłowego. Zauważono również, że zboża także o wiele lepiej znoszą środki chwastobójcze pochodne kwasu masłowego niż pochodne kwasu octowego. Dlatego właśnie herbicydy MCPB i 2,4-DB możemy używać w zbożach od fazy pierwszego liścia do początku strzelania w źdźbło, natomiast znane środki typu regulatorów wzrostu mające za główny składnik MCPA i 2,4-D możemy skutecznie stosować tylko w okresie od pełnego krzewienia do początku strzelania w źdźbło.

Preparaty 2,4, 5-T znajdują zastosowanie w niszczeniu uporczywych chwastów. Mają one szczególne znaczenie w leśnictwie, mniejsze — w rolnictwie, najbardziej nadają się do niszczenia niepożądanych bylin i krzewów. Po wymieszaniu z niewielką ilością preparatów MCPA mogą skutecznie niszczyć także niektóre chwasty (poziewnik polny) w zbożach, bez szkody dla tych ostatnich. Mieszanie ich z preparatami 2,4-D jest raczej niesłuszne.

B. Herbicydy kontaktowe (parzące). Działają żrąco na opryskiwane nadziemne części roślin. Dlatego nazwane zostały żrącymi lub parzącymi środkami chwastobójczymi. Niemiecka nazwa „żółte środki do opryskiwania" pochodzi stąd, że barwią one na żółto pracownikom włosy, skórę, paznokcie i ubrania. W przeciwieństwie do regulatorów wzrostu kontaktowe środki chwastobójcze są dla człowieka trujące. Dlatego przed jedzeniem zawsze trzeba gruntownie umyć ręce, a podczas spryskiwania roślin nie powinno się palić papierosów.

Selektywne działanie tych preparatów polega na tym, że podczas spryskiwania one szybko spływają z pionowo stojących liści, o woskowatej powierzchni, dzięki czemu nie uszkadzają ich, natomiast do bardziej lub mniej poziomo ustawionych liści przylegają i wypalają je. Wynik działania tych preparatów jest widoczny już po kilku godzinach, zwłaszcza w czasie suchej pogody. Porażone chwasty obumierają, gdy nie zniszczone części nie wystarczają już do utrzymania przy życiu całej rośliny.

W przeciwieństwie do środków typu regulatorów wzrostu, środki parzące nie wnikają do nadziemnych części roślin i nie przemieszczają się w tkankach roślin, wskutek tego nie wywierają one żadnego wpływu na korzenie i podziemne rozłogi. Z tego też powodu środki chwastobójcze kontaktowe nie nadają się do zwalczania chwastów wieloletnich tworzących podziemne organy spichrzowe.

Środki parzące z powodzeniem można stosować do zwalczania chwastów w zbożach, na plantacjach nasiennych traw oraz w zasiewach lnu, grochu i bobiku. Bez zastrzeżeń mogą być stosowane w zbożach i trawach przed ich rozkrzewieniem się. Opryskiwanie lnu musi poprzedzić kilka słonecznych dni, aby na liściach mogła się wytworzyć warstwa woskowa, przy czym rośliny lnu nie powinny przekroczyć 5—8 cm. Środki te mogą być także stosowane doglebowo do walki z chwastami przed wschodami roślin uprawnych, np. marchwi i cebuli, a więc w okresie między wysiewem a wzejściem roślin.

Przy stosowaniu dwunitrozwiązków sprawą o decydującym znaczeniu jest to, ażeby rozpryskiwana ciecz spływała z roślin uprawnych i zatrzymywała się na chwastach. Oprócz ustawienia liści właściwości ich górnej powierzchni zarówno u roślin uprawnych jak i chwastów, duże znaczenie ma sposób rozpryskiwania cieczy. Środki parzące należy rozpryskiwać dużymi kroplami. W tym celu trzeba:

1. używać dyszy opryskiwacza o odpowiednio dużym przekroju poprzecznym,
2. spryskiwać przy niskim ciśnieniu, zawsze poniżej 3 Atm. oraz
3. zużywać około 800 litrów cieczy na ha, a najmniej — 600 l/ha.

Jeżeli wymienione warunki nie będą przestrzegane, to zbyt małe kropelki nie będą spływać nawet z prosto stojących liści roślin uprawnych, co w konsekwencji prowadzić będzie do mniejszego lub większego poparzenia zasiewów. Środki parzące najlepiej działają, gdy są stosowane na chwasty kiełkujące do okresu utworzenia przez nie małej rozetki, to znaczy do rozwinięcia się 3 lub 4 liścia. Ponieważ stosowanie tych środków przed okresem krzewienia się zbóż i traw nie jest dla tych roślin niebezpieczne, dlatego właśnie w tym okresie środki parzące powinny być stosowane.

C. Herbicydy doglebowe. Przy uprawie określonych, wolno kiełkujących specjalnych roślin uprawnych zachwaszczenie pola występuje często jeszcze przed wzejściem rośliny uprawnej. Dotychczas starano się nie dopuszczać do zachwaszczania się takiego pola i przeciwdziałano temu za pomocą chwastownika, przez motyczenie, albo nawet pracochłonne pielenie ręczne. Obecnie w okresie wschodów roślin uprawnych próbuje się stosować środki doglebowe, takie, jak pięciochlorofenol (PCP) lub chloroizopropylokarbaminian. Środki doglebowe działają podobnie jak herbicydy typu regulatorów wzrostu, a więc nie tak gwałtownie, jak środki o działaniu kontaktowym. Chwasty po zetknięciu się z preparatem częściowo jeszcze wschodzą, a następnie zwijają się i w końcu obumierają. Środki te nadają się szczególnie do stosowania w zasiewach roślin wolno kiełkujących takich, jak marchew, cebula, pory i pietruszka.

Środkami doglebowymi można prawie całkowicie zniszczyć: gwiazdnicę pospolitą, tobołki polne, komosę białą, gorczycę polną, pokrzywę, rdest, a także jednoroczne trawy, takie jak wiechlina roczna i palusznik krwawy. Trudniej natomiast zniszczyć kiełkujące w ciągu całego roku starca i późno kiełkującą żółtlicę drobnokwiatową.

D. Nawozy mineralne jako środki chwastobójcze. Mają duże znaczenie. Do nich zalicza się azotniak i kainit. Działanie tych dwóch środków chwastobójczych jest całkowicie różne.

Azotniak działa trująco na korzenie, ale może także poparzyć liście, zwłaszcza wtedy, gdy pylisty azotniak osiądzie na mokrych roślinach. Cyjanamid wapnia pod wpływem wody rozpada się hydrolitycznie na parzący wodorotlenek wapnia i trujący cyjanamid ($NC \cdot NH_2$). Po kilku dniach cyjanamid pod wpływem działania bakterii glebowych przechodzi w mocznik, a ten — w węglan amonu. Przechodzenie azotniaku w przyswajalne dla roślin formy amonowe przebiega tym szybciej, im czynniejsza jest gleba. W glebach lekkich, ubogich w próchnicę, azotniak najczęściej nie spełnia swojego zadania nawożącego, ponieważ cyjanamid jest słabo amonizowany przez bakterie i jako łatwo rozpuszczalny w wodzie szybko zostaje wypłukany z gleby.

Chwastobójcze działanie azotniaku polega na tym, że cyjanamid przenika przez korzenie do młodej siewki. Dotyczy to przede wszystkim miotły zbożowej, kiełkującej na powierzchni gleby, natomiast głębiej korzeniącym się roślinom zbożowym nie szkodzi. Zanim cyjanamid przeniknie do głębi korzeni zboża, jest już zamieniony w obojętny mocznik lub jeszcze dalej — w węglan amonu. Jeżeli po wysiewie azotniaku następuje okres niepogody z dużymi opadami, może się wówczas zdarzyć, że cyjanamid zostanie wypłukany do głębszych warstw gleby; wtedy oczekiwane chwastobójcze działanie cyjanamidu nie ujawni się, ponieważ jego koncentracja w górnej warstwie gleby będzie niedostateczna. W pewnym stopniu może to spowodować uszkodzenie zboża; niebezpieczeństwo jest tym większe, im gleba jest lżejsza i uboższa w próchnicę.

Zasadniczo nie ma znaczenia, czy stosuje się azotniak olejowany, czy nie. Jedynie do niszczenia chwastów w ziemniakach, w kukurydzy itp., gdzie istnieje możliwość uszkodzenia liści roślin uprawnych, bardziej nadaje się azotniak granulowany, ponieważ zawsze stoczy się z suchej rośliny.

Znaczenie azotniaku jako środka chwastobójczego polega głównie na tym, że niszczy on miotłę zbożową, której nie można zwalczyć żadnymi innymi środkami. Do zwalczania chwastów używa się 1,5—2,5 q azotniaku na ha, stosując go na 10—14 dni przed siewem rośliny uprawnej; na zboża można go dawać pogłównie, kiedy wytworzy się trzeci lub czwarty liść. Według Huberta miotłę zbożową azotniak niszczy najskuteczniej, jeżeli jest rozsypywany w 4—6 tygodni po wysiewie zboża. Działa on najlepiej wtedy, gdy przynajmniej w ciągu 24 godzin nie spadnie większy deszcz. Najlepsze wyniki osiąga się wówczas, gdy w czasie rozsypywania azotniaku rośliny są suche, a gleba wilgotna, i przez cztery dni potem nie pada deszcz. Wtedy azotniak rozpuszcza się, a cyjanamid utrzymuje się w wierzchniej warstwie gleby około 4 dni, w stężeniu wystarczającym do skutecznego zniszczenia kiełkujących chwastów, a zwłaszcza miotły zbożowej.

Kainit pylisty odciąga wodę z roślin i wskutek plazmolizy powoduje obumieranie komórek roślinnych. Należy go rozsypywać na wilgotne rośliny w dawkach wynoszących od 6 do 12 q/ha. Na zbożach powinno się go rozsypywać nie wcześniej jak po wytworzeniu przez nie 2—4 liścia. Bardzo dobrze działa mieszanka azotniaku z kainitem (w stosunku 1 : 6). Selektywne działanie tego nawozu polega, podobnie jak środków parzących, na tym, że nie niszczy on zbóż ani traw, ponieważ ich wierzchołki wzrostu są zakryte, a liście chronione silną kutikulą i nalotem woskowym. Są więc odporne na parzące działanie kainitu, w przeciwieństwie do dużej i chropowatej powierzchni liści gorczycy polnej oraz rzodkwi świerzepy (łopuchy).

E. Herbicydy totalne. Moglibyśmy nie brać ich pod uwagę, gdyby wśród nich nie było środków, działających selektywnie w wypadku stosowania małych dawek. Do środków tych należą przede wszystkim sole kwasu trójchlorooctowego, kwasu dwuchloropropionowego, kwasu trójchloropropionowego i kwasu dwuchloromasłowego (tab. 1).

Te środki chwastobójcze mają szczególne znaczenie, ponieważ uszkadzają rośliny jednoliścienne łatwiej niż dwuliścienne; stanowią one uzupełnienie środków działających na wzrost roślin, lecz nie niszczących chwastów trawiastych. W niektórych krajach tę grupę środków chwastobójczych stosuje się coraz częściej (Dalapon!) do zwalczania chwastów trawiastych (perzu, chwastnicy itp.) w lucernie, burakach i w wielu innych roślinach uprawnych. Nie chodzi tu jedynie o środki chwastobójcze, stosowane do niszczenia i hamowania wzrostu chwastów na drogach, torach kolejowych, w rowach itp., spełniające niejako rolę „chemicznej orki", lecz o takie, które by można było wykorzystywać do prowadzenia selektywnej walki z chwastami trawiastymi w różnych roślinach uprawnych. Chodzi tu nie tylko o skuteczne zwalczanie perzu i wszystkich wieloletnich chwastów trawiastych, ale także o niszczenie traw jednorocznych zachwaszczających pola, takich jak owies głuchy, wyczyniec polny i inne. Na czym polega selektywne działanie tych substancji o zmiennych właściwościach trujących, nie można jeszcze z całą pewnością powiedzieć.

Wadą wszystkich herbicydów tej grupy jest to, że po ich zastosowaniu przez jakiś czas nie można na danych polach uprawiać pastewnych roślin trawiastych. Po zastosowaniu soli kwasu dwuchloropropionowego (Omnidel Spezial = Dalapon) można wcześniej wejść na pole niż po wysianiu soli kwasu trójchlorooctowego, kwasu trójchloropropionowego, czy też dwuchloromasłowego. To jest między innymi powodem wyjątkowego znaczenia preparatu Omnidel Spezial (kwas dwuchloropropionowy), w przeciwieństwie do innych środków tej grupy, zwłaszcza wykazuje on jednocześnie bardzo dobre działanie chwastobójcze. Należy się więc liczyć, że herbicydy działające totalnie będą w przyszłości jeszcze powszechniej stosowane do selektywnej walki z chwastami niż obecnie. Przedtem jednak trzeba będzie przeprowadzić wiele prób i doświadczeń z różnymi roślinami uprawnymi w różnych warunkach siedliskowych.

2. Mieszanie różnych środków chwastobójczych

Niektóre środki typu regulatorów wzrostu można mieszać i stosować w postaci mieszanek; np. można zwiększyć działanie preparatu MCPA przez dodanie do niego środka 2,4,5-T, bez obawy uszkodzenia roślin uprawnych. Obecnie (tab. 1) przemysł chemiczny produkuje już różne mieszaniny środków typu regulatorów wzrostu (Bi-Hedonal, Tributon w NRF i Selest w NRD).

Można mieszać herbicydy typu regulatorów wzrostu nie tylko między sobą, ale także ze środkami parzącymi. Stwierdzono, że wiele chwastów odpornych na działanie samego preparatu MCPA zostało zniszczonych w wypadku zastosowania MCPA + DNOC (DNC) jako mieszanki. Uwaga ta szczególnie dotyczy różnych gatunków rdestu. Trzeba jednak wyraźnie podkreślić, że mieszać możemy tylko te preparaty chwastobójcze, które wskaże nam przemysł. Przez samowolne zmieszanie dwóch środków mogą wytworzyć się różne połączenia trujące lub zupełnie nieskuteczne.

Jest na ogół rzeczą powszechnie znaną, że azotniak można zmieszać z kainitem. Rademacher proponuje mieszaninę 1 : 6, to znaczy do 1,5 q azotniaku dodać 8 q kainitu i dobrze wymieszać, a następnie mieszaninę tę stosować 5,25 q/ha.

Często okazuje się, że działanie obydwu składników w mieszaninie przewyższa działanie tych nawozów w wypadku pojedynczego ich stosowania. W tabeli 2, w której wykazane jest działanie różnych środków chwastobójczych, w ostatniej kolumnie wykazana jest skuteczność mieszaniny azotniaku z kainitem, według **Rademachera** i **Flocka.** Niestety w tabeli 2 nie można było jeszcze podać wyników wielu przeprowadzonych ostatnio doświadczeń z mieszankami różnych środków typu regulatorów wzrostu, a także mieszankami tych środków z preparatami parzącymi.

3. Terminy zwalczania chwastów

Zarówno poszczególne środki chwastobójcze, jak i zabiegi prowadzące do zniszczenia chwastów, działają najkorzystniej tylko przez stosunkowo krótki okres czasu. Jeżeli zostaną zastosowane w niewłaściwym terminie, mogą okazać się zupełnie nieskuteczne lub nawet szkodzić roślinie uprawnej. Na przykład zastosowanie brony a także chwastownika daje najlepsze wyniki wtedy, kiedy ten zabieg mechaniczny przeprowadzony jest w fazie kiełkowania chwastów, to jest w okresie, gdy po zruszeniu ziemi nogą zobaczymy kiełki chwastów w postaci białych nitek.

Gdy chwasty znajdują się w fazie liścieni, a więc już po wydobyciu się tych ostatnich na powierzchnię ziemi można jeszcze stosować bronę i chwastownik; najlepiej jednak w tym okresie stosować azotniak i kainit.

Chwasty znajdujące się w fazie małej rozetki lub w fazie drugiego do czwartego liścia, trzeba już niszczyć środkami parzącymi, które w tym czasie działają najlepiej. W fazie dużej rozetki, w fazie piątego albo szóstego liścia, lub pięciu okółków liści, środki o działaniu kontaktowym (parzące) już nie wystarczają. Niezawodnymi preparatami chwastobójczymi w tym okresie są środki typu regulatorów wzrostu.

O terminie stosowania różnych środków chwastobójczych decyduje tylko faza rozwoju chwastów, ale niejednokrotnie, i to w znacznie większym stopniu, faza rozwoju rośliny uprawnej.

Środki parzące bez żadnej wątpliwości mogą być stosowane w zbożach przed ich rozkrzewieniem się. Na plantacjach nasiennych traw w roku wysiewu również mogą być stosowane tylko środki parzące.

Środki chwastobójcze typu regulatorów wzrostu w zasiewach roślin zbożowych można stosować tylko w okresie od zakończenia krzewienia się do początku kłoszenia. Jeżeli zbyt młode rośliny zbóż potraktuje się środkami typu regulatorów wzrostu, to można ponieść pewne straty. Liście zwijają się wówczas, a plon się zmniejsza pomimo zniszczenia chwastów. Również w wypadku spóźnionego zastosowania regulatorów wzrostu mogą powstać niepożądane skutki, z powodu deformacji kłosów.

Doświadczenia **Ziegenbeina** wykazały, że na plantacjach traw zbyt wczesne lub spóźnione zastosowanie środków typu regulatorów wzrostu także daje negatywne wyniki. Wyniki swoich doświadczeń, zgodne zasadniczo z wynikami badań zagranicznych, Ziegenbein streszcza następująco. W roku wysiewu trawy prawie w każdym terminie można bez żadnych obaw traktować herbicydami kontaktowymi. Trawy nie ucierpią, nawet jeżeli końce ich liści zostaną nieco poparzone. Liście te bowiem będą szybko przerośnięte. Należy jednak przestrzec przed stosowaniem w roku wysiewu traw środków chwastobójczych typu regulatorów wzrostu. Mogą one powodować deformacje liści i prowadzić w konsekwencji do tzw. zasitowienia traw, kiedy wskutek zwiniętych liści trawy robią wrażenie łanu złożonego z sitów.

Natomiast na plantacjach nasiennych traw w latach zbioru nasion można bez zastrzeżeń stosować środki chwastobójcze typu regulatorów wzrostu, jednakże trzeba poczekać na sprzyjającą wzrostowi wczesnowiosenną pogodę i stosować te preparaty przed okresem strzelania w źdźbło. W wypadku późniejszego stosowania następują zdeformowania kwiatostanów podobne do obserwowanych na zbożach.

Jak to już zostało podkreślone, działanie środków chwastobójczych typu regulatorów wzrostu jest wtedy najbardziej skuteczne, gdy po ich zastosowaniu będą panować odpowiednie warunki atmosferyczne. Do intensywnego wzrostu można także pobudzić rośliny przez zastosowanie od 1 do 2 q saletrzanego nawozu azotowego na ha.

Poniżej podany jest szczegółowy wykaz okresów stosowania różnych środków chwastobójczych w zasiewach poszczególnych roślin uprawnych.

4. Najkorzystniejsze terminy stosowania herbicydów w zasiewach różnych roślin polowych

I. Zboża

a) po rozwinięciu się 3 lub 4 liścia (4—6 tygodni od dnia wysiewu): 150—200 kg/ha azotniaku, gdy rośliny są suche, a gleba wilgotna, albo po rozwinięciu się 2 lub 4 liścia (szczególnie przy zbożach jarych): 8—12 q/ha kainitu na wilgotne rośliny;

b) po rozwinięciu się 3 liścia do końca krzewienia się: herbicydy kontaktowe (DNOC);

c) od końca krzewienia się do początku strzelania w źdźbło: środki typu regulatorów wzrostu (MCPA i MCPB przy wsiewce koniczyny, bez wsiewki 2,4-D).

II. Trawy nasienne

a) w roku wysiewu po zbiorze rośliny ochronnej: herbicydy kontaktowe (DNOC);

b) w latach zbioru nasion przed początkiem okresu strzelania w źdźbło: herbicydy typu regulatorów wzrostu (MCPA lub 2,4-D);

c) w latach zbioru nasion po sprzęcie, na jesieni, w wypadku zachwaszczenia miotłą zbożową: azotniak na suche rośliny, po spulchnieniu gleby.

III. Plantacje nasienne motylkowatych roślin pastewnych

Chemicznej walki z chwastami w trawach nasiennych nie można zalecać do powszechnego stosowania, ponieważ w tej dziedzinie przeprowadzono jeszcze zbyt mało doświadczeń. Na ogół z dotychczas znanych i omawianych środków chwastobójczych najlepiej nadają się tutaj MCPB i 2,4-DB. Na podstawie doświadczeń zagranicznych o zwalczaniu chwastów w poszczególnych gatunkach można zalecać, co następuje.

a. **Lucerna.** W czystym siewie po wykształceniu się pierwszego liścia albo jeszcze lepiej po wytworzeniu pierwszego trójlistka — 1,5 do 2,0 kg/ha preparatu 2,4-DB. Herbicydy typu MCPB stosowane w tych samych dawkach znacznie bardziej szkodzą lucernie.

Innych środków typu regulatorów wzrostu w ogóle nie należy stosować w lucernie. Jeżeli lucerna została wsiana w zboże, zwalczanie chemiczne należy stosować z największą ostrożnością, ażeby jej nie uszkodzić. Najbardziej nadają się środki pochodne kwasu masłowego.

Chociaż chemiczne zwalczanie chwastów zasadniczo możliwe jest na każdej plantacji lucerny, to jednak w roku zbioru nasion nie zaleca się stosować herbicydów również na pierwszy odrost, ponieważ wpływ takich środków jak MCPB i Dalapon na kwitnienie i plon lucerny nie został jeszcze dostatecznie zbadany; wyniki niektórych doświadczeń wskazują, że wpływ ich na plon nasion jest raczej negatywny.

b. **Koniczyna łąkowa.** Chociaż wiadomo, że środki typu regulatorów wzrostu pochodne kwasu masłowego (MCBP i 2,4-DB) w dawkach 1,5—3 kg/ha specjalnie nie są szkodliwe dla koniczyny łąkowej, to jednak z chwilą rozwinięcia się pierwszego trójlistka, zgodnie z dotychczasowymi wiadomościami z tego zakresu, wymienionych środków chwastobójczych nie można już stosować. Fizjologiczny bowiem wpływ tych środków na koniczynę łąkową nie został jeszcze dostatecznie zbadany, a według wyników kilku doświadczeń środki te mogą spowodować zniżkę plonu nasion.

W zasiewach z wsiewką koniczyny łąkowej powinno się stosować raczej preparaty MCPA niż 2,4-D, ponieważ mniej szkodzą koniczynie. Dopiero potrójne dawki środków MCPB wywołują uszkodzenie podobne do wywoływanych przez preparaty MCPA.

c. **Koniczyna biała.** Postępować podobnie jak przy koniczynie łąkowej; jednakże środki 2,4-DB należy uznać za lepsze od preparatów MCPB. Toksyczność jest ośmiokrotnie mniejsza od preparatów MCPA.

d. **Groch.** Preparaty MCPB nadają się lepiej niż 2,4-DB. Ale również na środki chwastobójcze MCPB poszczególne odmiany grochu wykazują niejednakową wrażliwość.

IV. Kukurydza

a) przed siewem lub podczas wschodów: około 200 kg/ha granulowanego azotniaku;

b) kukurydza po wyrośnięciu na wysokość dłoni: 200 kg/ha granulowanego azotniaku;

c) kukurydza wysokości 5—15 cm: środki chwastobójcze kontaktowe DNOC (dawki małe do średnich); 4—6 kg krezotolu w 600 l wody na hektar, na ciężkie gleby — 5 kg również w 600 l wody na każdy hektar;

d) kukurydza wysokości 15—30 cm: środki chwastobójcze typu regulatorów wzrostu (preparaty 2,4-D lepiej nadają się aniżeli MCPA); od 1 do 1,5 kg roztworu Pieliku w 400 do 600 l wody na hektar albo w postaci pylistej — 25 do 30 kg/ha;

e) duże nadzieje wiąże się ze zwalczaniem chwastów w kukurydzy za pomocą Simazinu. Simazin jest to środek chwastobójczy o działaniu totalnym, stosowany doglebowo, w kukurydzy działa selektywnie. Szwajcarska firma Geigy, produkująca ten preparat, określa go jako 2-chloro-4,6-bis-etyloamino-3-triazynę. Simazin powinno się stosować na lekkich glebach w ilości 2 kg/ha, a na lepszych glebach — 4 kg/ha, rozpuszczony w 1000 l wody. Preparatu W 6658, który jest odpowiednikiem Simazinu, zaleca się na każdy hektar dawać 4 kg, rozpuszczone w 600 l wody.

V. Ziemniaki

a) po wysadzeniu, ale przed wschodami — około 200 kg/ha azotniaku;

b) po upływie 10—12 dni od ostatniego obredlenia (ziemniaki wysokości około 15 cm) — mniej więcej 200 kg azotniaku granulowanego na ha (bezwarunkowo odradza się stosowania azotniaku pylistego).

c) w okresie dojrzewania ziemniaków opryskiwanie naci i chwastów w celu całkowitego ich zniszczenia: duże dawki środków parzących (DNOC).

VI. Buraki

Na 10—14 dni przed wysiewem nasion: około 200 kg azotniaku na ha.

Uwaga: Do chwili obecnej nie mamy żadnego chemicznego środka chwastobójczego, który można by zalecić bez zastrzeżeń do późniejszego stosowania w burakach.

VII. Marchew

a) na 14 dni przed wysiewem: 200 kg/ha azotniaku (w suchych latach na lekkich glebach tylko 100 kg — **Feyerabend, 1958**);

b) w kilka dni po wysiewie, ale jeszcze jednak przed wschodami, przy suchej pogodzie: środki doglebowe (PCP);

c) w przybliżeniu na 14 dni przed wschodami: 3 kg/ha Hedolitu w 600 l wody (według Feyerabenda, 1958);

d) w fazie drugiego liścia: oleje mineralne (600 l/ha nie rozcieńczonej nafty — Feyerabend, 1958).

VIII. Cebula i pory

a) przed wysiewem: około 200 kg azotniaku na ha;

b) w 3 dni po wysiewie aż do momentu bezpośrednio poprzedzającego wschody: około 200 kg/ha azotniaku na wilgotną glebę albo środki doglebowe (PCP) na suchą glebę;

c) w przybliżeniu na 2 tygodnie przed wschodami cebuli: 3 kg/ha Krezotolu lub Krezamonu w 600 l wody (na piaszczystych glebach tylko 2,1 kg/ha w 600 l wody (**Feyerabend,** 1958);

d) po przejściu w fazę szczypioru: 200—250 kg/ha azotniaku granulowanego lub pylistego, zwłaszcza przy zwalczaniu żółtlicy drobnokwiatowej; albo 3 kg/ha Krezotolu lub Krezamonu w 600 l wody, przy czym moment zastosowania należy tak dopasować, ażeby poprzedziło go kilka suchych dni i w ciągu 24 godzin po zastosowaniu nie padał deszcz (**Feyerabend, 1958**).

IX. Groch i bób

a) przy wysokości roślin 6—15 cm: herbicydy kontaktowe — 2,1 do 2,3 kg/ha Krezotolu lub Krezamonu w 600 l wody (**Feyerabend**, 1958) lub 5 l/ha preparatu DNBP (preparaty DNBP bardziej nadają się niż DNOC, ponieważ mniej szkodzą roślinie uprawnej; stosowanie powinno poprzedzać kilka suchych dni).

X. Len oleisty i włóknisty

a) na 10—14 dni przed wysiewem: około 200 kg azotniaku na ha;

b) przy wysokości roślin 5—8 cm: środki chwastobójcze kontaktowe (2—3 kg Krezotolu lub Krezamonu w 600 l wody na ha do opryskiwania) według **Huberta** (lub 3 l/ha preparatu DNBP w 800 l wody);

c) przy wysokości roślin 8—15 cm: 2,1 kg Krezotolu lub Krezamonu + 0,5 kg Chwastoxu w 600 l wody na ha (według Huberta);

d) przy wysokości roślin 8—15 cm: 0,4 do 0,6 kg Chwastoxu w 600 l wody na ha.

5. Forma środków chwastobójczych

Większość herbicydów rozpryskujemy w stanie rozpuszczonym. Mamy jednak kilka środków typu regulatorów wzrostu w postaci pylistej; azotniaku i kainitu również nie rozpuszczamy, tylko stosujemy je w postaci pylistej.

Środki pyliste mają tę zaletę, że nie wymagają transportu wody, dzięki czemu przewozi się niewielkie ich ilości; można więc je stosować nawet na terenach o dużych wzniesieniach. Wadą środków pylistych jest przenoszenie ich na sąsiadujące zasiewy. Fakt ten może decydować o wyborze środków chwastobójczych typu regulatorów wzrostu, jeżeli w sąsiedztwie będą rosły rośliny uprawne wrażliwe na tego rodzaju środki.

Wszystkie herbicydy pyliste, z wyjątkiem azotniaku, który, jak już powiedziano, działa trująco przede wszystkim na korzenie, a nie jako środek parzący, powinny być stosowane na rośliny wilgotne lub wręcz mokre (zaraz po deszczu). Silne opady bezpośrednio po zastosowaniu środków chwastobójczych znacznie zmniejszają ich skuteczność.

6. Wrażliwość roślin uprawnych na środki chwastobójcze

Poszczególne rośliny uprawne wykazują bardzo różną wrażliwość na środki chwastobójcze typu regulatorów wzrostu. Na przykład na zboża z wsiewką koniczyn tylko z największą ostrożnością można stosować środki chwastobójcze typu regulatorów wzrostu, i to tylko preparaty MCPA. W zasiewach roślin uprawnych nie można oczywiście stosować tych preparatów do niszczenia chwastów, ponieważ razem z chwastami, lub nawet jeszcze wcześniej, można zniszczyć rośliny uprawne. Ze względu na wrażliwość na środki chwastobójcze typu regulatorów można podzielić rośliny uprawne na następujące grupy:

a) bardzo wrażliwe
rzepak, rzepik, gorczyca, len, mak, rośliny kapustne i winorośl;

b) wrażliwe

buraki cukrowe i pastewne, koniczyna łąkowa, lucerna nerkowata (chmielowa), koniczyna krwistoczerwona (inkarnatka), wyka, fasola i cebula;

c) mniej wrażliwe

groch, ziemniaki, koniczyna biała i lucerna.

Wszystkie wymienione rośliny mogą zostać uszkodzone, lub przynajmniej zagrożone wskutek roznoszenia przez wiatr rozpylonych preparatów typu regulatorów wzrostu. Dlatego zwalczanie tymi środkami chwastów w wymienionych roślinach uprawnych w żadnym wypadku nie jest dopuszczalne.

7. Wrażliwość chwastów na środki chwastobójcze

Chwasty wykazują bardzo zróżnicowaną wrażliwość na działanie określonych herbicydów. Przytulia czepna (*Galium aparine*) jest dosyć odporna na wszystkie znane do niedawna środki chwastobójcze typu regulatorów wzrostu i do pewnego stopnia zwalczana jedynie środkami parzącymi. Najskuteczniejszym środkiem okazał się kainit pylisty. Ostatnio jednak udało się wyprodukować środek chwastobójczy MP-58, którego podstawowym składnikiem jest kwas α-(2-metylo-4-chlorofenoksy)-propionowy (MCPP); środek ten bardzo dobrze niszczy przytulię czepną.

Wrażliwość poszczególnych gatunków chwastów na różne grupy herbicydów podana jest w tabeli 2. Wiele czynników wpływa na sprzeczność wyników podawanych obecnie przez różne stacje doświadczalne. Jednym z czynników, który — jak wiadomo — decydująco wpływa na skuteczność środków chwastobójczych, jest przebieg pogody podczas ich stosowania i po zastosowaniu. Faza rozwojowa roślin też niemały wywiera wpływ na działanie różnych herbicydów. Oprócz tego należy uwzględnić, że wymienieni w tabeli 2 autorzy nie stosowali jednego schematu w prowadzonych przez siebie doświadczeniach dotyczących stosowania jednych i tych samych środków chwastobójczych. Wobec tego, że wyniki doświadczeń zostały w tej książce podane w jednolitym schemacie i bez komentarzy, nie można było w zupełności uniknąć niebezpieczeństwa ewentualnego ich zniekształcenia.

Przeglądając uważnie tabelę 2 można stwierdzić od razu, że stosowanie w jednym gospodarstwie tylko jednego środka chwastobójczego jest w zasadzie bezcelowe. W takim bowiem wypadku zniszczy się jedynie pewne, określone gatunki chwastów, gatunki zaś odporne na dany środek chwastobójczy będą się rozwijały nadal bez przeszkód i z czasem mogą się silnie rozprzestrzenić. Na przykład w gospodarstwach, które przez kilka lat używały tylko środków chwastobójczych typu regulatorów wzrostu można już dzisiaj zauważyć silne rozprzestrzenienie się rdestu powojowego (*Polygonum convolvulus*) i przytulii czepnej (*Galium aparine*). Można więc stwierdzić, że wskutek stosowania przez dłuższy czas tylko jednego i tego samego środka chwastobójczego, zmniejsza się z roku na rok skuteczność jego działania, ponieważ udział gatunków odpornych stale się zwiększa.

Również przy zwalczaniu bardzo wrażliwych chwastów można — po przeprowadzeniu zabiegu odchwaszczającego — zawsze stwierdzić, że pojedyncze chwasty nie zostały zniszczone i mogą jeszcze produkować nasiona. Zjawisko to można wytłumaczyć tym, że dana roślina albo miała za małą styczność ze środkiem chwastobójczym, albo też ma pewną indywidualną odporność.

W tym ostatnim wypadku dany gatunek z czasem może się uodpornić na używane rokrocznie herbicydy. Ale nigdzie nie jest podane, że chwast odporny na preparat 2,4-D, będzie odporny również na preparaty MCPA. Zależnie od okoliczności może się właśnie okazać, że ten chwast będzie bardzo podatny na preparat DNOC itd. Z tych rozważań odnoszących się również do przygotowania materiału siewnego wynika, że w każdym gospodarstwie powinno się stosować kilka środków do zwalczania chwastów, a nie polegać jedynie na jednym określonym środku uniwersalnym.

W tabeli 2 wymienione są również chwasty, nie odgrywające żadnej roli w produkcji nasiennej, lecz mające duże znaczenie na polach uprawnych i trwałych użytkach zielonych. Jednocześnie w zestawieniu tym nie podano niebezpiecznych w produkcji nasiennej kilku gatunków chwastów, a to z tego względu, że albo są one odporne na wszelkie znane dotychczas środki chwastobójcze (większość naszych chwastów trawiastych), albo też musiały być pominięte z powodu braku wyników badań (np. rumian psi i austriacki, goryczel żmijowcowy itp.).

Wrażliwość poszczególnych gatunków roślin na herbicydy

Objaśnienie:

1 = bardzo łatwy do zwalczania; 80—100% roślin niszczy azotniak lub kainit;

2 = łatwy do zwalczania; azotniakiem lub kainitem można zniszczyć 60—80% roślin;

3 = zwalczany jedynie przy zastosowaniu większych dawek; azotniakiem lub kainitem można zniszczyć 40—60% roślin;

4 = nie dające się zniszczyć; azotniakiem lub kainitem można zniszczyć mniej niż 40% roślin;

5 = traktowanie rośliny preparatem pobudza jeszcze bardziej jej wzrost.

Autor	Rademacher	Grossmann			Linser i Frohner			Schmidt	
Preparat	2,4-D	MCPA	2,4-D	DNOC	MCPA	2,4-D	2, 4, 5-T	MCPA	2,4-D
Stadium									
1. Achillea millefolium	4	3–4	3–4	4	—	—	—	4	4
2. Agrostemma githago	—	2	—	2–3	—	3	3	2	3
3. Aegopodium podagraria	5	4	4	4	—	—	—	5	—
4. Alectorolophus major	—	—	—	—	—	—	—	—	—
5. **Alopecurus myosuroides**	—	—	—	—	—	—	—	—	—
6. **Amaranthus retroflexus**	—	—	—	—	—	4	4	—	—
7. **Anthemis arvensis**	—	—	3	3	3	2	1	4	4
8. Anthoxanthum aristatum	—	—	—	—	—	—	—	—	—
9. Anthriscus silvestris	5	4	4	4	—	—	—	5	5
10. **Apera spica venti**	—	—	—	—	—	—	—	—	—
11. Atriplex patula	—	—	—	—	—	—	—	—	—
12. Capsella bursa pastoris	—	2–3	2–3	3	1	1	—	2	2
13. **Centaurea cyanus**	—	—	2	2	—	—	—	2	1
14. **Chenopodium album**	—	1–2	—	1–2	—	1	—	1	2
15. Chrysanthemum leucanthemum	—	4	4	4	—	—	—	5	5
16. Chrysanthemum segetum	—	4	4	2–3	—	—	—	5	5
17. Cirsium arvense	—	2	2	—	—	1	2–3	2	2
18. Cirsium vulgare	—	2	2	—	—	—	—	3	3

Tabela 2

według wyników doświadczeń różnych autorów

I = od kiełkowania do fazy liścieni,
II = w fazie małej rozetki,
III = w fazie dużej rozetki.
Niebezpieczne w produkcji materiału siewnego chwasty nasienne podano tłustym drukiem; rzadsze, ale często z trudnością oddzielone od materiału siewnego zostały podane spacją.

Fa. Bayer		Fa. Schering		Rademacher i Flock									Roślina
MCPA	2,4-D	MCPA	DNOC	Azotniak 1,5 q/ha			Kainit 8 q/ha			Mieszanina azotniaku z kainitem (1 : 6) 5,25 q/ha			
				I	II	III	I	II	III	I	II	III	
3	3	3—4	—	—	—	—	—	—	—	—	—	—	1. Krwawnik pospolity
2—3	2	2	3	1	4	4	2	3	3	1	3	3	2. Kąkol polny
3	3	4	4	—	—	—	—	—	—	—	—	—	3. Podagrycznik pospolity
3	3	2—3	4	—	—	—	—	—	—	—	—	—	4. Szelężnik większy
—	—	—	—	3	4	4	4	4	4	4	4	4	5. Wyczyniec polny
—	—	—	—	—	—	—	—	—	—	—	—	—	6. Szarłat szorstki
2	2	3	3	1	2	4	1	1	2*	1	1	2	7. Rumian polny
—	—	—	—	1	3	4	1	4	4	1	3	4	8. Tomka oścista
—	—	4	4	—	—	—	—	—	—	—	—	—	9. Trybula leśna
4	4	—	—	1	1	4	2	4	4	1	2	4	10. Miotła zbożowa
—	—	2	3	1	1	wg Oswalda i Aberga						—	11. Łoboda rozłożysta
3	3	2—3	3	1	1	3	1	1	2	1	1	1	12. Tasznik pospolity
1—2	1—2	2	2—3	1	2	4	1	2	4	1	1	3	13. Chaber bławatek
2	2	1	2	1	1	3	3	3	4				14. Komosa biała
3	3	4	4	—	—	—	—	—	—	—	—	—	15. Złocień właściwy
4	4	4	3—4	1	4	4	1	4	4	1	4	4	16. Złocień polny
2	2	2	—	—	—	—	—	—	—	—	—	—	17. Ostrożeń polny
2	2	2—3	—	—	—	—	—	—	—	—	—	—	18. Ostrożeń zwyczajny

Autor	Rademacher	Grossmann			Linser i Frohner			Schmidt	
Preparat	2,4-D	MCPA	2,4-D	DNOC	MCPA	2,4-D	2, 4, 5-T	MCPA	2,4-D
Stadium									
19. Convolvulus arvensis	—	—	—	—	—	—	—	—	—
20. Daucus carota	2—3	3	2	—	—	—	—	2	—
21. **Echinochloa crus-galli**	—	—	—	—	—	—	—	—	—
22. Echium vulgare	—	—	—	—	—	—	—	—	—
23. **Erodium cicutarium**	—	2	2	2	—	1	1—2	2	2
24. **Galeopsis tetrahit**	—	3	4	2	—	—	—	3	5
25. Galinsoga parviflora	—	—	—	—	—	1—3	1	—	—
26. **Galium * aparine**	4	4	4	2—3	—	4	—	5	5
27. **Galium mollugo**	4	—	—	—	—	—	—	—	—
28. **Geranium dissectum**	—	—	—	—	—	—	—	2	—
29. **Geranium molle**	—	—	—	—	—	1	—	—	—
30. **Geranium pusillum**	—	—	—	—	—	—	—	—	—
31. Juncus bufonius	—	3—4	3—4	4	—	—	—	—	—
32. Juncus effusus	—	3—4	3—4	4	—	—	—	—	—
33. Lamium amplexicaule	—	3—4	3—4	2	—	—	—	4	—
34. **Lapsana communis**	—	—	—	—	—	—	—	(2—3)	(2—3)
35. Leontodon autumnalis	—	1—2	1—2	4	—	—	—	1	1
36. Lithospermum arvense	—	3	3	3	—	—	—	4	—
37. Lycopsis arvensis	—	3—4	3—4	2	—	—	—	4	—
38. Matricaria chamomilla	—	—	—	—	—	—	—	4	4
39. **Matricaria maritima**	—	—	3	3	2—3	2—3	2—3	4	4
40. **Melandrium album**	—	—	—	—	—	2—3	2—4	—	—
41. Melilotus albus	2	—	—	—	—	—	—	—	—
42. Melilotus officinalis	2	—	—	—	—	—	—	—	—

* Może być zniszczona (1—2) środkiem M-58 (jeden z preparatów MCPP)

Fa. Bayer		Fa. Schering		Rademacher i Flock									Roślina
MCPA	2,4-D	MCPA	DNOC	Azotniak 1,5 q/ha			Kainit 8 q/ha			Mieszanina azotniaku z kainitem (1 : 6) 5,25 q/ha			
				I	II	III	I	II	III	I	II	III	
2–3	2–3	2–3	—	—	—	—	—	—	—	—	—	—	19. Powój polny
2–3	2–3	2–3	—	—	—	—	—	—	—	—	—	—	20. Marchew zwyczajna
—	—	—	—		4	4		4	4		4	4	21. Chwastnica jednostronna
4	4	—	—	—	—	—		—	—	—	—		22. Żmijowiec zwyczajny
—	—	2	2–3	—	—	—		—	—	—	—		23. Iglica pospolita
2	3	2–3	2–3		2			1			1		24. Poziewnik szorstki
1	1	2–3	2	1	1		1	1		1	1		25. Żółtlica drobnokwiatowa
4	4	4*	2–3	3	3	4	1	1	1	1	1	1	26. Przytulia czepna
—	—	—		—	—	—	—	—	—	—	—	—	27. Przytulia pospolita
—	—	—	—		1	—	—	—	—	—	—	—	28. Bodziszek porozcinany
—	—	—	—	—	—	—	—	—	—	—	—	—	29. Bodziszek kosmaty
—	—	—	—	—	—	—	—	—	—	—	—	—	30. Bodziszek drobny
—	—	3	—	—	—	—	—	—	—	—	—	—	31. Sit dwudzielny
—	—	3	—	—	—	—	—	—	—	—	—	—	32. Sit rozpierzchły
3	3	3–4	2	1	2	4	1	1	1	1	1	1	33. Jasnota różowa
—	—	—	—	—	—	—	—	—	—	—	—	—	34. Łoczyga pospolita
—	—	2	—	—	—	—	—	—	—	—	—	—	35. Brodawnik jesienny
—	—	3	2	3	4	4	2	4	4	1	3	4	36. Nawrot polny
3	3	3	2	—	2	—	—	—	—	—	—	—	37. Krzywoszyj polny
—	—	—	—	1	3	4	1	2	2	1	1	2	38. Rumianek pospolity
2–3	3	—	—	1	3	4	1	1	2	1	1	3	39. Maruna bezwonna
—	—	—	—	—	—	—	—	—	—	—	—	—	40. Bniec biały
—	—	—	—	—	—	—	—	—	—	—	—	—	41. Nostrzyk biały
—	—	—	—	—	—	—	—	—	—	—	—	—	42. Nostrzyk żółty

Autor	Rademacher	Grossman			Linser i Frohner			Schmidt	
Preparat	2,4-D	MCPA	2,4-D	DNOC	CMPA	2,4-D	2, 4, 5-T	MCPA	2,4-D
Stadium									
43. Myosotis arvensis	2—3	2—3	2—3	2	—	—	—	—	—
44. Myosotis stricta	2—3	2—3	2—3	2	—	—	—	—	—
45. Papaver rhoeas	—	1—2	1—2	1—2	—	—	—	2	2
46. **Plantago lanceolata**	2	—	—	—	—	1	—	3	3
47. Plantago major	2	2	2	4	—	1—3	2	3	—
48. Poa annua	—	—	—	—	—	—	—	—	—
49. Poa trivialis	5	—	—	—	—	—	—	—	—
50. Polygonum aviculare	—	3	3	2	—	—	—	3	3
51. **Polygonum convolvulus**	—	3	3	2	—	—	—	3	3
52. **Polygonum lapathifolium**	—	3	3	2	—	—	—	4	3
53. **Polygonum persicaria**	—	3	3	2	—	—	—	4	3
54. Prunella vulgaris	3	—	—	—	—	—	—	—	—
55. Ranunculus acer	2	2	3	4	—	1	4	1—2	2
56. **Ranunculus arvensis**	2	2	3	2—3	—	1	—	1—2	2
57. Ranunculus repens	—	2	3	4	—	—	—	1	2
58. **Raphanus raphanistrum**	—	1	1	1	—	—	—	1	1
59. Reseda lutea	—	—	—	—	2	1	—	—	—
60. Rumex acetosa	1	3	3	4	—	—	—	3	3
61. **Rumex acetosella**	2	3	3	4	—	—	—	3	3
62. **Rumex crispus**	2—3	2	2	4	—	—	—	2	2
63. **Rumex obtusifolius**	2—3	2—3	2—3	4	—	—	—	2—3	2—3
64. **Scleranthus annuus**	—	—	—	—	—	1—2	2	4	4
65. Senecio vulgaris	—	2—3	2	2	—	1	1	—	—
66. **Sinapis arvensis**	—	1	1	1	—	1	1	1	1
67. Sonchus arvensis	—	2—3	2—3	4	—	1	—	2	2
68. Spergula arvensis	—	2—3	3	2	—	1	—	2	3
69. Stachys arvensis 70. Stachys palustris		według zagranicznych doświadczeń dobrze niszczą (2) preparaty MCPA, a także 2,4-D							

c. d. tabeli 2

Fa. Bayer		Fa. Schering		Rademacher i Flock									Roślina
MCPA	2,4-D	MCPA	DNOC	Azotniak 1,5 q/ha			Kainit 8 q/ha			Mieszanina azotniaku z kainitem (1 : 6) 5,25 q/ha			
				I	II	III	I	II	III	I	II	III	
2	2	3	2	1	1	3	1	1	3	1	1	2	43. Niezapominajka polna
2	2	3	2	1	1	3	1	1	3	1	1	2	44. Niezapominajka piaskowa
1—2	1—2	2	2	1	1		1	3		1	1		45. Mak polny
2	2	2	—	—	—	—	—	—	—	—	—	—	46. Babka lancetowata
1	1	2—3	—	—	—	—	—	—	—	—	—	—	47. Babka zwyczajna
—	—	—	—	2	4	4	3	4	4	2	4	4	48. Wiechlina roczna
—	—	—	—	1	4	4	1	4	4	1	4	4	49. Wiechlina zwyczajna
2—3	2—3	3	2	2	2	—	—	—	—	—	—	—	50. Rdest ptasi
2—3	2—3	3	2	2	2	—	2	2	—	—	—	—	51. Rdest powojowy
2—3	2—3	3	2	2	2	—	—	—	—	—	—	—	52. Rdest kolankowaty
2—3	2—3	3	2	2	2	2	—	—	—	1	2	2	53. Rdest plamisty
3	3	3	—	—	—	—	—	—	—	—	—	—	54. Głowienka pospolita
1—2	2	1	—	3	4	4	1	3	4	1	3	4	55. Jaskier ostry
1—2	2	1	—	3	4	4	1	3	4	1	3	4	56. Jaskier polny
1—2	2	1	—	3	4	4	1	3	4	1	3	4	57. Jaskier rozłogowy
1	1	1	1	1	1	1	1	1	1	1	1	1	58. Rzodkiew świrzepa
—	—	—	—	—	—	—	—	—	—	—	—	—	59. Rezeda żółta
1	1	2—3	—	—	—	—	—	—	—	—	—	—	60. Szczaw zwyczajny
2	2	2—3	—	—	—	—	—	—	—	—	—	—	61. Szczaw polny
2	3	2—3	—	—	—	—	—	—	—	—	—	—	62. Szczaw kędzierzawy
—	—	2—3	—	—	—	—	—	—	—	—	—	—	63. Szczaw tępolistny
—	—	—	—	1	1	4	2	3	4	1	1	3	64. Czerwiec roczny
1	1	2—3	2—3	1	2	4	1	1	3	—	—	—	65. Starzec zwyczajny
1	1	1	1	1	1	1	1	1	1	1	1	1	66. Gorczyca polna
2	2	2—3	—	—	—	—	—	—	—	—	—	—	67. Mlecz polny
2	2	2	2	1	2	4	1	2	1	1	1	1	68. Sporek polny
													69. Czyściec polny
													70. Czyściec błotny

Autor	Rademacher	Grossmann			Linser i Frohner			Schmidt	
Preparat	2,4-D	MCPA	2,4-D	DNOC	MCPA	2,4-D	2, 4, 5-T	MCPA	2,4-D
Stadium									
71. **Stellaria media** *	—	3–4	3–4	2–3	—	—	—	3–4	3–4
72. Taraxacum officinale	2	3	2	4	—	—	—	2	2
73. Thlaspi arvense	—	2	2	2	—	1–2	—	1	1
74. Veronica arvensis	—	3–4	3–4	2–3	—	—	—	—	—
75. Veronica hederaefolia	—				—	—	—	—	—
76. Veronica persica	—				—	—	—	—	—
77. Veronica triphyllos	—				—	—	—	—	—
78. Vicia angustifolia	—	1	1	1	—	—	—	1	1
79. Vicia cracca	1	1	1	1	—	—	—	1	1
80. **Vicia hirsuta**	—	1	1	1	—	—	—	1	1
81. **Vicia tetrasperma**	—	1	1	1	—	—	—	1	1
82. Vicia villosa	—	1	1	1	—	—	—	1	1
83. Viola tricolor	—	3–4	3–4	2	—	1–2	1–2	4	4

* bardzo skutecznie działa (1) preparat MCPP

<table>
<tr><th colspan="2">Fa. Bayer</th><th colspan="2">Fa. Schering</th><th colspan="9">Rademacher i Flock</th><th rowspan="3">Roślina</th></tr>
<tr><th rowspan="2">MCPA</th><th rowspan="2">2,4-D</th><th rowspan="2">MCPA</th><th rowspan="2">DNOC</th><th colspan="3">Azotniak
1,5 h/ha</th><th colspan="3">Kainit
8 q/ha</th><th colspan="3">Mieszanina azotniaku z kainitem (1 : 6)
5,25 q/ha</th></tr>
<tr><th>I</th><th>II</th><th>III</th><th>I</th><th>II</th><th>III</th><th>I</th><th>II</th><th>III</th></tr>
<tr><td>3</td><td>3</td><td>2</td><td>2</td><td>1</td><td>2</td><td>4</td><td>1</td><td>1</td><td>3</td><td>1</td><td>1</td><td>2</td><td>71. Gwiazdnica pospolita</td></tr>
<tr><td>1–2</td><td>1–2</td><td>2</td><td>—</td><td>—</td><td>—</td><td>—</td><td>—</td><td>—</td><td>—</td><td>—</td><td>—</td><td>—</td><td>72. Mniszek lekarski</td></tr>
<tr><td>2</td><td>2</td><td>2</td><td>2</td><td>1</td><td>3</td><td>4</td><td>1</td><td>2</td><td>2</td><td>1</td><td>1</td><td>1</td><td>73. Tobołki polne</td></tr>
<tr><td rowspan="4">3–4</td><td rowspan="4">3–4</td><td rowspan="4">3–4</td><td rowspan="4">2–3</td><td>1</td><td>3</td><td>4</td><td>1</td><td>1</td><td>1</td><td>1</td><td>1</td><td>1</td><td>74. Przetacznik polny</td></tr>
<tr><td>1</td><td>3</td><td>4</td><td>1</td><td>1</td><td>1</td><td>1</td><td>1</td><td>1</td><td>75. Przetacznik bluszczykowy</td></tr>
<tr><td>1</td><td>1</td><td>4</td><td>1</td><td>1</td><td>1</td><td>1</td><td>1</td><td>1</td><td>76. Przetacznik perski</td></tr>
<tr><td>1</td><td>1</td><td>4</td><td>1</td><td>1</td><td>1</td><td>1</td><td>1</td><td>1</td><td>77. Przetacznik trójlistkowy</td></tr>
<tr><td>1</td><td>1</td><td>—</td><td>—</td><td>4</td><td>3</td><td>4</td><td>3</td><td>1</td><td>1</td><td>3</td><td>1</td><td>1</td><td>78. Wyka wąskolistna</td></tr>
<tr><td>1</td><td>1</td><td>—</td><td>—</td><td>—</td><td>—</td><td>—</td><td>—</td><td>—</td><td>—</td><td>—</td><td>—</td><td>—</td><td>79. Wyka ptasia</td></tr>
<tr><td>1</td><td>1</td><td>—</td><td>—</td><td>4</td><td>3</td><td>4</td><td>3</td><td>1</td><td>2</td><td>2</td><td>1</td><td>2</td><td>80. Wyka drobnokwiatowa</td></tr>
<tr><td>1</td><td>1</td><td>—</td><td>—</td><td>4</td><td>4</td><td>4</td><td>3</td><td>4</td><td>4</td><td>2</td><td>3</td><td>4</td><td>81. Wyka czteronasienna</td></tr>
<tr><td>1</td><td>1</td><td>1–2</td><td>—</td><td>—</td><td>—</td><td>—</td><td>—</td><td>—</td><td>—</td><td>—</td><td>—</td><td>—</td><td>82. Wyka kosmata</td></tr>
<tr><td>2</td><td>2</td><td>3</td><td>2</td><td>1</td><td>2</td><td>4</td><td>1</td><td>2</td><td>2</td><td>1</td><td>1</td><td>2</td><td>83. Fiołek trójbarwny</td></tr>
</table>

Ważniejsze błędy dostrzeżone w druku

Str.	Wiersz—Kolumna	Jest	Powinno być
IV	3 g.	Anteilung	Anleitung
VIII	26 g.	*acetostella*	*acetosella*
1	7 d.	wielokwiatowa	drobnokwiatowa
40	3 d.	wiechliny łąkowej nasion	wiechliny łąkowej od nasion
161	10 d.	rozłupka	niełupka
162	15 g.	rozłupkach	niełupkach
168	3 g.	*matricacarioides*	*matricarioides*
213	18 d.	plewiony	oplewiony
217	10 g.	cechami	cepami
232	6—5 d.	ziarniak smukły wąsko-lancetowaty, wysklepienie plewki	ziarniak smukły wąsko-lancetowaty wysklepienie plewki
235	3 g.	ciemna, cienka	długa, cienka
241	V kol. 20 d.	—	1
241	XII kol. 13 g.	1 I	1 (I)
243	1 kol. 2 d.	⊙	⊙
258	13 d.	owadobójczych	chwastobójczych

W. Lampeter — *Zwalczanie chwastów w produkcji nasiennej*

Okładkę projektowała B. Bratkowska

PAŃSTWOWE WYDAWNICTWO ROLNICZE I LEŚNE
Redaktor mgr A. Rudowska, M. Kujawa
Redaktor techn. Z. Rosochacki
Korektor J. Święcka
Zam. 2886. Warszawa 1966 r.
Nakład 10 000+229 egz.
Ark. druk. 18,50, ark. wyd. 26,39
Papier powlekany 100 g III kl. 70×100
Do składu oddano w lutym 1966 r.
Druk ukończono w marcu 1967 r.
Cena zł 47,—

PRASOWE ZAKŁADY GRAFICZNE RSW „PRASA"
Bydgoszcz, ul. Dworcowa 13. Zam. 881 F-9